工业和信息化精品系列教材

JavaScript
前端开发程序设计
项目式教程

微课版｜第2版

李玉臣 臧金梅 ◉ 主编

朱丽兰 王国强 宋春雨 高海霞 ◉ 副主编

PROJECT TUTORIAL OF JAVASCRIPT
FRONT-END DEVELOPMENT

人民邮电出版社
北京

图书在版编目（ＣＩＰ）数据

JavaScript前端开发程序设计项目式教程：微课版 / 李玉臣，臧金梅主编. -- 2版. -- 北京：人民邮电出版社，2022.7
工业和信息化精品系列教材
ISBN 978-7-115-58211-9

Ⅰ．①J… Ⅱ．①李… ②臧… Ⅲ．①JAVA语言—程序设计—教材 Ⅳ．①TP312.8

中国版本图书馆CIP数据核字(2021)第257116号

内 容 提 要

JavaScript 是一种广泛应用于 Web 前端开发的脚本语言，能够为网页添加各式各样的动态效果，为用户提供流畅、美观的浏览效果，具有简单、易学的特点。

为了加深读者对知识的理解，本书采用项目驱动教学的思路编写，内容包括 9 个小项目和 1 个综合项目：抽奖页面——初识 JavaScript、体脂率计算器——JavaScript 程序设计基础、猜数字游戏——JavaScript 流程控制、计算个人所得税——JavaScript 函数、毕业倒计时——JavaScript 对象、商品放大镜——DOM 对象、故宫轮播图——BOM 对象、滑块验证码——事件和事件处理、异步获取用户信息——AJAX 技术、综合项目——学生成绩查询。各个项目通过情境导入引出教学核心内容，明确教学任务。本书在全面系统地讲解知识的基础上，配备精彩的任务实践，有助于读者对知识的理解。

本书可以作为普通高等学校、高职高专院校计算机相关专业的教材，也可以作为 JavaScript 爱好者及相关技术人员自学的参考资料。

◆ 主　　编　李玉臣　臧金梅

　　副 主 编　朱丽兰　王国强　宋春雨　高海霞

　　责任编辑　马小霞

　　责任印制　王　郁　焦志炜

◆ 人民邮电出版社出版发行　　北京市丰台区成寿寺路 11 号

　　邮编　100164　电子邮件　315@ptpress.com.cn

　　网址　https://www.ptpress.com.cn

　　北京市艺辉印刷有限公司印刷

◆ 开本：787×1092　1/16

　　印张：18.25　　　　　　　　　2022 年 7 月第 2 版

　　字数：475 千字　　　　　　　 2025 年 1 月北京第 14 次印刷

定价：59.80 元

读者服务热线：(010)81055256　印装质量热线：(010)81055316
反盗版热线：(010)81055315
广告经营许可证：京东市监广登字 20170147 号

前言 PREFACE

一、出版背景

教育是国之大计、党之大计。党的二十大报告首次把教育、科技、人才进行"三位一体"统筹安排、一体部署，强调"坚持教育优先发展、科技自立自强、人才引领驱动，加快建设教育强国、科技强国、人才强国"，深刻体现对未来世界发展大势的洞察与把握，深刻回答事关社会主义现代化建设的关键问题，为新时代我国教育发展、科技进步、人才培养提供了根本遵循。

移动互联网的普及和各种终端设备的大量应用，对 Web 开发的需求越来越高。JavaScript 作为一种流行的脚本语言，可以实现网页的各种动态交互效果，为用户提供流畅的网页浏览体验，已经成为 Web 开发的主流语言之一，可满足新的互动式网络应用的开发需求。

随着"Web 3.0 时代"的到来，前后端分离逐渐成为 Web 开发技术的主流，即在 Web 开发中将项目分为前端和后端两部分。在前端开发中，JavaScript 开发技术是其中较重要的一环，读者通过学习 JavaScript 开发技术，可掌握使用 JavaScript 实现各种 Web 前端动态交互效果的方法，提高分析问题和解决问题的能力，解决 Web 开发中的实际问题。为了方便读者理解 Web 开发的过程，本书通过从易到难、逐级递进的项目开发案例，深入介绍 Web 开发技术的整体框架，如图 1 所示。

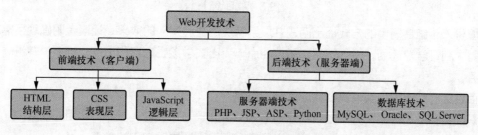

图 1　Web 开发技术的整体框架

二、本书结构

1. 内容设计

本书从前端开发人员的角度，以逐级推进的方式，介绍 JavaScript 的基本语法、函数、对象、DOM、BOM、事件驱动、AJAX 技术等 Web 前端开发技术。本书侧重于教学和培训，遵循现代教学理念，以项目为引导，注重知识点的系统性、技能点的完整性，重点和难点突出，浅显易懂。本书共 9 个小项目和 1 个综合项目，从基本概念到常用技能都进行了详细的介绍，并且扩展 ES6 标准的知识点，方便读者及时掌握 JavaScript 语法动态。本书框架如图 2 所示。

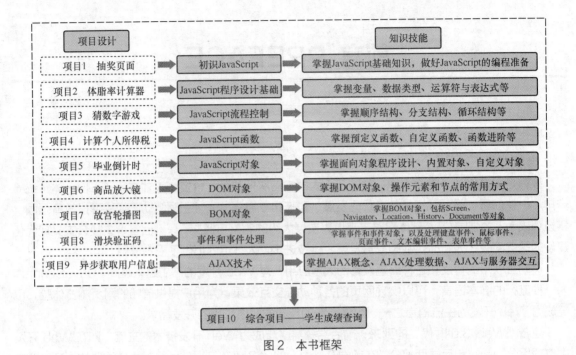

图2　本书框架

2. 项目设计

为适应读者循序渐进的学习习惯，每个项目都遵循提出问题、分析问题、解决问题的思路来进行设计，具体如图3所示。

图3　项目设计过程

情境导入：结合情境的方式提出问题并展示解决问题后实现的效果，让读者明确项目需求。根据项目需求制订学习计划，引入知识点和技能点，突出教学核心内容和重点、难点，并进一步明确教学任务。

项目目标：给出项目实现需要完成的知识目标。

知识储备：通过提出任务→任务实践的方式，将抽象的知识融入具体、实用的任务中。

项目分析：分析项目需实现的功能，以及完成项目所需知识点和技能点。

项目实施：依据学生的认知规律来分解项目，实现功能，解决问题。

项目实训：在完成项目的基础上，提供进一步巩固相关知识点和技能点的项目实训案例。

三、本书特色

1. 传承传统文化，弘扬爱国精神，提升综合素养

本书在修订过程中，深刻贯彻党的二十大精神，以培养高层次技术技能型专业人才为基本原则，提高 Web 前端开发技术的应用能力。在前端开发专业内容的讲解中融入中华传统文化、科学精神和爱国情怀，引用新技术，体现科技发展的新成果。例如，采用火箭升空，唤醒学生对祖国强大科技力量的自豪感；古诗词，让学生体会传统文化的底蕴；健身案例，让学生能够体会健康体魄对个人的重要性。弘扬精益求精的专业精神、职业精神和工匠精神，将"为学"和"为人"相结合，具体如图4所示。

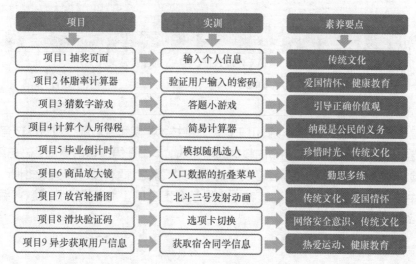

图 4 思政元素分布

2. 校企"双元"合作开发,真实项目和案例驱动

本书精选企业真实案例,将前端开发的工作过程真实再现到本书中,在教学过程中培养学生的项目开发能力。以项目驱动的方式展开知识介绍,提升学生学习和认知的热情。每个项目的设定、任务实践案例的选择都经过编者的深思熟虑。

3. 融入 ES6 标准,参考"1+X"证书标准安排内容

本书参照"1+X"Web 前端开发职业技能等级证书标准,在重点介绍 JavaScript 函数、对象、事件等内容的基础上,详细介绍 ES6 标准,在函数、对象、DOM 等知识点上补充 ES6 标准相关内容,并以任务实践的方式加以讲解,帮助读者及时了解 ES6 标准。本书可以作为"1+X"证书考试参考用书。

四、教学建议

本书作为教材时,建议采用理论实践一体化教学模式,课堂教学建议安排 42 学时左右,上机指导建议安排 42 学时左右。各项目主要内容和学时分配建议如下,教师可以根据实际教学情况进行调整。

学时分配表

项目	内容	课堂教学学时	上机指导学时
项目 1	初识 JavaScript,包括 JavaScript 简介、JavaScript 的编程准备	2	2
项目 2	JavaScript 程序设计基础,包括变量、数据类型、运算符与表达式等	2	2
项目 3	JavaScript 流程控制,包括顺序结构、分支结构、循环结构等	2	2
项目 4	JavaScript 函数,包括预定义函数、自定义函数、函数进阶等	4	4
项目 5	JavaScript 对象,包括面向对象程序设计、内置对象、自定义对象等	8	8
项目 6	DOM 对象,包括 DOM 对象的基本概念、操作元素和节点的常用方式	8	8
项目 7	BOM 对象,包括 Screen、Navigator、Location、History、Document 等对象	4	4
项目 8	事件和事件处理,包括事件和事件对象,以及处理键盘事件、鼠标事件、页面事件、文本编辑事件、表单事件等	4	4

续表

项目	内容	课堂教学学时	上机指导学时
项目 9	AJAX 技术，包括 AJAX 概念、AJAX 处理数据、AJAX 与服务器交互	4	4
项目 10	综合项目，AJAX 与后台数据库交互技术	4	4
学时总计		42	42

　　本书编写成员来自潍坊职业学院、山东信息职业技术学院和潍坊聚辉网络科技有限公司等单位，组成了一支学校、行业企业紧密结合的教材编写团队。本书在第 1 版的基础上，总结多年教学和项目开发经验，由企业提供案例，几经修改而成，既具积累之深厚，又具改革之创新。由于编者水平有限，书中难免有不足之处，欢迎读者来函给予宝贵意见，我们将不胜感激。编者电子邮箱：wflyc028@163.com。

编者

2023 年 5 月

目录 CONTENTS

项目1

抽奖页面——初识 JavaScript ·········· 1
情境导入 ··· 1
项目目标（含素养要点） ···················· 1
知识储备 ··· 2
任务 1.1 认识 JavaScript ················ 2
1.1.1 JavaScript 的发展概况和特点······· 2
1.1.2 JavaScript 的应用场景 ············ 4
【任务实践 1-1】简单 JavaScript——认识
JavaScript ······························ 5
任务 1.2 开启 JavaScript 编程 ········· 6
1.2.1 支持 JavaScript 的浏览器 ········ 6
1.2.2 代码编辑器 ························· 6
1.2.3 JavaScript 在 HTML 中的应用 ····· 6
【任务实践 1-2】希望你可以努力成为自己
想要的样子——内嵌式 ··········· 7
1.2.4 JavaScript 常用的输入输出方式 ···9
【任务实践 1-3】欢迎学习 JavaScript——
简单输入输出 ···················· 10
1.2.5 JavaScript 的注释 ············· 10
项目分析 ··· 11
项目实施 ··· 11
项目实训——输出个人信息 ·············· 13
小结 ·· 14
拓展阅读——阿特伍德定律 ·············· 14
习题 ·· 14

项目2

**体脂率计算器——JavaScript 程序
设计基础** ···································· 15
情境导入 ··· 15
项目目标（含素养要点） ·················· 16
知识储备 ··· 16

任务 2.1 使用变量 ······················· 16
2.1.1 标识符 ····························· 16
2.1.2 关键字和保留字 ·················· 16
2.1.3 变量的命名 ······················· 17
2.1.4 变量的声明和赋值 ··············· 18
【任务实践 2-1】求圆的周长——var 和
const ································· 19
2.1.5 变量的类型 ······················· 20
【任务实践 2-2】输出课程成绩——变量声
明和变量赋值 ····················· 20
2.1.6 变量的作用域 ···················· 21
任务 2.2 认识数据类型 ·················· 21
2.2.1 数据类型分类 ···················· 21
2.2.2 基本数据类型 ···················· 21
2.2.3 引用数据类型 ···················· 22
2.2.4 特殊数据类型 ···················· 22
2.2.5 数据类型判断 ···················· 24
【任务实践 2-3】测试变量类型——
typeof ······························ 24
2.2.6 数据类型转换 ···················· 25
任务 2.3 使用运算符 ···················· 26
2.3.1 算术运算符 ······················· 27
【任务实践 2-4】计算账单金额——
算术运算符 ························· 27
2.3.2 关系运算符 ······················· 28
【任务实践 2-5】比较两个数的大小——
关系运算符 ························· 28
2.3.3 赋值运算符 ······················· 29
【任务实践 2-6】变量赋值——
赋值运算符 ························· 30
2.3.4 逻辑运算符 ······················· 31
【任务实践 2-7】判断某年是否为闰年——
逻辑运算符 ························· 31
2.3.5 条件运算符 ······················· 32
【任务实践 2-8】判断是否成年——

条件运算符 ·················· 32
2.3.6 位操作运算符 ·············· 32
【任务实践 2-9】交换两个变量的值——
位操作运算符 ·············· 33
2.3.7 运算符优先级 ·············· 34
任务 2.4 认识表达式 ·············· 34
【任务实践 2-10】人民币和美元换算——
表达式 ·················· 34
项目分析 ····················· 35
项目实施 ····················· 35
项目实训——验证用户输入的密码 ····· 35
小结 ······················· 36
扩展阅读——symbol 类型 ·········· 36
习题 ······················· 37

项目 3

猜数字游戏——JavaScript 流程控制

······················· 39
情境导入 ····················· 39
项目目标（含素养要点）············ 40
知识储备 ····················· 40
任务 3.1 认识流程控制 ············ 40
【任务实践 3-1】显示个人信息——
顺序结构 ················· 40
任务 3.2 使用分支结构 ············ 41
3.2.1 单分支结构（if 语句）········ 41
3.2.2 双分支结构（if…else 语句）···· 42
【任务实践 3-2】判断最大值——双分支
语句 ··················· 42
3.2.3 分支结构（if…else 语句）嵌套 ··· 43
【任务实践 3-3】评定成绩等级——分支
结构嵌套 ················· 44
3.2.4 多分支结构（if…else if…else
语句）·················· 45
【任务实践 3-4】分时问候——多分支
结构 ··················· 47
3.2.5 多分支结构（switch 语句）···· 48
【任务实践 3-5】判断今天是星期几——
switch 语句 ··············· 50
任务 3.3 使用循环结构 ············ 51
3.3.1 while 循环语句 ··········· 51
【任务实践 3-6】求 1 到 100 的奇数累加和
——while 循环 ·············· 52
3.3.2 do…while 循环语句 ········· 53
【任务实践 3-7】求 1 到 100 的偶数累加和
——do…while 循环 ············ 53
3.3.3 for 循环语句 ············ 54
【任务实践 3-8】求 1 到 100 的累加和——
for 循环 ················· 54
3.3.4 循环语句嵌套 ············ 55
【任务实践 3-9】输出直角三角形图案——
循环嵌套语句 ·············· 55
3.3.5 break 和 continue 语句 ······ 56
【任务实践 3-10】数值累加——continue
和 break ················· 56
项目分析 ····················· 57
项目实施 ····················· 58
项目实训——答题小游戏 ··········· 59
小结 ······················· 60
扩展阅读——其他 for 循环语句 ······· 60
习题 ······················· 61

项目 4

计算个人所得税——JavaScript 函数

······················· 62
情境导入 ····················· 62
项目目标（含素养要点）············ 63
知识储备 ····················· 63
任务 4.1 认识函数 ··············· 63
【任务实践 4-1】输出个人信息——函数的
应用 ··················· 63
任务 4.2 使用预定义函数 ··········· 64
4.2.1 消息对话框函数 ··········· 64
【任务实践 4-2】新学期寄语——警示
对话框 ·················· 65
【任务实践 4-3】确定诗句作者——确认
对话框 ·················· 65
【任务实践 4-4】诗词对答——提示
对话框 ·················· 66
4.2.2 数值处理函数 ············ 67
【任务实践 4-5】判断数据是否为数字——
isNaN()函数 ··············· 68
【任务实践 4-6】格式化数据——
parseFloat()和 parseInt()函数 ······· 68

4.2.3　字符串处理函数 ·············· 69

【任务实践 4-7】计算表达式的值——
　　　eval()函数 ························ 70

任务 4.3　使用自定义函数 ············ 70

4.3.1　声明自定义函数 ·············· 71

【任务实践 4-8】计算商品总价——函数
　　　定义 ···························· 71

4.3.2　调用自定义函数 ·············· 72

【任务实践 4-9】计算商品总价——使用
　　　函数名调用函数 ··············· 72

【任务实践 4-10】计算商品总价——使用
　　　超链接调用函数 ··············· 73

4.3.3　函数的参数和返回值 ·········· 74

【任务实践 4-11】计算任意商品总价——
　　　有参函数 ······················ 74

【任务实践 4-12】求两个数的最大数——
　　　return 语句 ···················· 75

4.3.4　函数变量的作用域 ············ 77

【任务实践 4-13】输出变量的值——变量
　　　的作用域 ······················ 77

4.3.5　函数的嵌套 ·················· 78

【任务实践 4-14】求 1+（1+2）+（1+2+3）
　　　+…+（1+2+…+n）的值——函数嵌套
　　　······························· 78

任务 4.4　运用函数进阶 ·············· 79

4.4.1　函数表达式 ·················· 79

4.4.2　匿名函数 ···················· 80

4.4.3　箭头函数 ···················· 80

【任务实践 4-15】使用箭头函数实现不同
　　　层数的三角形图案——箭头函数
　　　······························· 81

项目分析 ·························· 82

项目实施 ·························· 82

项目实训——简易计算器 ·········· 83

小结 ······························ 84

扩展阅读——Java Script 中的闭包函数
　　　······························· 84

习题 ······························ 85

项目 5

毕业倒计时——JavaScript 对象

　　　······························· 87

情境导入 ···························· 87

项目目标（含素养要点） ·············· 87

知识储备 ···························· 88

任务 5.1　认识对象 ·················· 88

5.1.1　认识面向过程与面向对象 ······ 88

【任务实践 5-1】模拟洗衣机洗衣服——
　　　面向过程 ······················ 88

【任务实践 5-2】模拟洗衣机洗衣服——
　　　面向对象 ······················ 89

5.1.2　对象的基本概念 ·············· 90

5.1.3　JavaScript 的对象框架 ········ 92

任务 5.2　使用内置对象 ·············· 92

5.2.1　Object 对象类 ··············· 93

5.2.2　Date 对象类 ················· 93

【任务实践 5-3】显示指定格式日期——
　　　Date 对象方法 ················· 95

【任务实践 5-4】计算已经度过的时光——
　　　getTime()方法 ················· 96

5.2.3　String 对象类 ··············· 97

【任务实践 5-5】提取数字——charAt()
　　　方法 ·························· 99

【任务实践 5-6】将字符串反向并转换为大写
　　　形式——toUpperCase()方法 ······ 102

5.2.4　Array 对象类 ··············· 105

【任务实践 5-7】输出今天是星期几——
　　　Array 对象 ···················· 107

【任务实践 5-8】输出十二生肖——
　　　for 循环 ······················ 109

【任务实践 5-9】输出十二生肖——
　　　for…in 语句 ··················· 110

【任务实践 5-10】数组连接——concat()
　　　方法 ·························· 111

【任务实践 5-11】数组元素升序排序——
　　　sort()方法 ···················· 113

5.2.5　Math 对象类 ················ 114

【任务实践 5-12】计算圆的面积——Math
　　　对象属性 ······················ 114

【任务实践 5-13】求圆周率的 4 次方——
　　　Math.round()方法 ·············· 115

【任务实践 5-14】模拟抽奖过程——
　　　Math.random()方法 ············· 116

5.2.6　Number 对象类 ·············· 117

【任务实践 5-15】输出 JavaScript 能够处

理的数值区间——Number 对象 …… 117

任务 5.3 　使用自定义对象 ………… 118

　　5.3.1 　通过 Object 对象创建对象 ……… 118

【任务实践 5-16】创建对象——Object
对象类 ……………… 119

　　5.3.2 　通过字面量对象创建对象 …… 119

【任务实践 5-17】创建对象——字面量
对象 ……………… 119

　　5.3.3 　通过构造函数创建对象 ……… 120

【任务实践 5-18】创建对象——构造函数
…………………… 123

　　5.3.4 　通过 Function 对象定义方法 …… 124

【任务实践 5-19】创建方法——显示创建
Function 对象 ………… 125

【任务实践 5-20】创建方法——隐式创建
Function 对象 ………… 126

　　5.3.5 　通过原型对象定义方法 ……… 126

【任务实践 5-21】访问共享方法——原型
对象 ……………… 126

　　5.3.6 　通过 for…in 语句访问对象的属性
…………………… 127

【任务实践 5-22】遍历对象的属性——
for…in 语句 ………… 127

　　5.3.7 　通过 with 语句访问对象的属性
和方法 …………… 128

【任务实践 5-23】输出当前日期——with
语句 ……………… 129

　　5.3.8 　继承 ……………… 129

【任务实践 5-24】子类拥有父类的属性和
方法——继承 ………… 130

项目分析 ……………… 131
项目实施 ……………… 131
项目实训——模拟随机选人 ………… 133
小结 …………………… 133
扩展阅读——ES6 新增面向对象 ……… 134
习题 …………………… 134

项目6

商品放大镜——DOM 对象 ……… 136
情境导入 ……………… 136
项目目标（含素养要点）………… 137
知识储备 ……………… 137

任务 6.1 　认识 DOM 对象 …………… 137

　　6.1.1 　DOM 概述 …………… 137

　　6.1.2 　核心 DOM …………… 137

【任务实践 6-1】枚举 Node 对象——
核心 DOM 对象 ………… 138

　　6.1.3 　Document 对象 ………… 139

任务 6.2 　认识 HTML DOM ………… 139

　　6.2.1 　DOM 树 ……………… 139

　　6.2.2 　HTML DOM 节点类型 …… 140

【任务实践 6-2】节点类型——HTML
DOM 节点类型 ………… 140

　　6.2.3 　HTML DOM 对象分类 …… 141

任务 6.3 　操作元素 ……………… 142

　　6.3.1 　获取 HTML 文档元素 …… 142

【任务实践 6-3】显示实时时间——
document.getElementById()
方法 ……………… 143

　　6.3.2 　获取元素的集合对象 …… 145

【任务实践 6-4】显示文档的所有标签——
DOM 集合对象 ………… 145

【任务实践 6-5】全选购物车商品——
document.querySelectorAll()
方法 ……………… 147

　　6.3.3 　改变元素样式 …………… 147

【任务实践 6-6】隔行换色——设置元素
样式 ……………… 148

　　6.3.4 　改变元素内容 …………… 149

【任务实践 6-7】显示当前日期和时间——
innerHTML、innerText 和
textContent ………… 150

　　6.3.5 　改变元素位置和大小 …… 151

【任务实践 6-8】商品放大镜的移动——
offset 系列属性 ……… 152

任务 6.4 　操作节点 ……………… 154

　　6.4.1 　节点关系 …………… 154

　　6.4.2 　创建和添加节点 ……… 158

【任务实践 6-9】列表移动——移动节点
…………………… 159

　　6.4.3 　复制和替换节点 ……… 160

【任务实践 6-10】复制表单——复制节点
…………………… 160

【任务实践 6-11】替换内容——替换节点
…………………… 162

6.4.4　删除节点 ················· 163

【任务实践6-12】删除水平线——删除节点
··· 163

项目分析 ······························ 164

项目实施 ······························ 165

项目实训——各地人口数据的折叠菜单
··· 167

小结 ···································· 168

扩展阅读——循环遍历 ············· 168

习题 ···································· 169

项目7

故宫轮播图——BOM 对象 ······ 170

情境导入 ······························ 170

项目目标（含素养要点） ········· 171

知识储备 ······························ 171

任务 7.1　认识 BOM ··············· 171

【任务实践7-1】实时变化的时钟——
定时器 ······························ 174

【任务实践7-2】打开/关闭新窗口——
open()方法 ························· 176

【任务实践7-3】改变窗口大小——
resizeTo ()和 resizeBy()方法 ··· 177

【任务实践7-4】改变窗口位置——
moveTo()和 moveBy()方法 ··· 179

任务 7.2　使用 Screen 对象 ·········· 181

【任务实践7-5】显示当前屏幕分辨率和
可用区域——Screen 对象 ·········· 181

任务 7.3　使用 Navigator 对象 ········ 182

【任务实践7-6】显示当前浏览器和操作
系统信息——Navigator 对象 ······ 182

【任务实践7-7】显示当前窗口占据显示器
的区域大小——Navigator 对象 ···· 183

任务 7.4　使用 Location 对象 ········· 184

【任务实践7-8】登录成功，自动跳转——
Location 对象 ······················ 185

任务 7.5　使用 History 对象 ·········· 186

【任务实践7-9】页面"前进"和"后退"
——History 对象 ·················· 187

任务 7.6　使用 Document 对象 ······· 188

【任务实践7-10】显示浏览某页面的
时间——Document 对象 ········· 188

项目分析 ······························ 190

项目实施 ······························ 190

项目实训——北斗三号发射动画 ···· 192

小结 ···································· 193

扩展阅读——轮播图的 Swiper 插件
··· 193

习题 ···································· 194

项目8

滑块验证码——事件和事件处理
··· 196

情境导入 ······························ 196

项目目标（含素养要点） ········· 196

知识储备 ······························ 197

任务 8.1　认识事件 ················· 197

8.1.1　事件的基本概念 ··········· 197

8.1.2　事件处理 ··················· 198

【任务实践8-1】天干地支——行内绑定
··· 200

【任务实践8-2】天干地支——动态绑定
··· 202

【任务实践8-3】天干地支——事件监听
··· 203

任务 8.2　认识事件对象 ············· 204

8.2.1　Event 对象 ·················· 205

【任务实践8-4】显示触发事件——Event
对象 ································· 205

8.2.2　Event 对象常用属性和方法 ······· 206

【任务实践8-5】显示触发事件名称——
Event 对象的属性 ·················· 206

任务 8.3　处理键盘事件 ············· 207

8.3.1　键盘事件 ··················· 207

8.3.2　处理键盘事件 ············· 207

【任务实践8-6】按键以上、下、左、右
移动图片——处理字符键 ·········· 210

【任务实践8-7】使用方向键改变图片
大小——处理非字符键 ············· 212

【任务实践8-8】取消组合键的全选功能
——处理组合键 ··················· 213

任务 8.4　处理鼠标事件 ············· 214

8.4.1　鼠标事件 ··················· 215

【任务实践8-9】鼠标指针滑过显示不同

图形——鼠标指针移入和移出 ········ 215

8.4.2 处理鼠标事件 ············· 216

【任务实践 8-10】判断鼠标按键——Event
对象的 button 属性 ············ 216

【任务实践 8-11】跟随鼠标移动的雪花
——鼠标事件的位置属性 ········ 217

任务 8.5 处理页面事件 ············· 218

8.5.1 页面加载 ··············· 219

【任务实践 8-12】网页加载时缩小图片——
onload 事件 ················· 220

8.5.2 页面大小事件 ············ 221

【任务实践 8-13】改变浏览器大小时弹出
提示——onresize 事件 ········· 221

任务 8.6 处理文本编辑事件 ·········· 222

【任务实践 8-14】禁止使用复制、粘贴
方式输入密码——复制、剪切和
粘贴操作 ··················· 222

任务 8.7 处理表单事件 ············· 223

8.7.1 表单和表单对象 ·········· 224

【任务实践 8-15】会员注册表单——
表单元素 ··················· 226

8.7.2 访问表单和表单元素 ······· 227

【任务实践 8-16】随机生成指定位数的
验证码——访问表单元素 ········ 230

8.7.3 操作表单对象 ············ 232

【任务实践 8-17】验证表单合法性——
表单验证 ··················· 236

项目分析 ······················· 237

项目实施 ······················· 238

项目实训——选项卡切换 ············ 241

小结 ·························· 241

扩展阅读——事件流 ··············· 242

习题 ·························· 242

项目 9

异步获取用户信息——AJAX 技术

······························ 244

情境导入 ······················· 244

项目目标(含素养要点) ············ 244

知识储备 ······················· 245

任务 9.1 认识 AJAX ··············· 245

9.1.1 XMLHttpRequest 对象 ········ 245

9.1.2 XMLHttpRequest 对象的常用
属性 ······················ 246

9.1.3 XMLHttpRequest 对象的常用
方法 ······················ 246

9.1.4 AJAX 请求 ··············· 247

【任务实践 9-1】读取文本文件信息——
AJAX 异步获取文件 ··········· 248

任务 9.2 AJAX 处理数据 ············ 249

9.2.1 AJAX 处理文本数据 ········ 250

【任务实践 9-2】读取"健走的好处"页面
——AJAX 异步获取 HTML 文件 ···· 250

9.2.2 AJAX 处理 XML 数据 ········ 251

【任务实践 9-3】读取学生信息——AJAX
异步获取 XML 数据 ··········· 252

9.2.3 AJAX 处理 JSON 数据 ········ 253

【任务实践 9-4】读取信息——AJAX 异步
获取 JSON 文件数据 ··········· 254

任务 9.3 AJAX 与服务器数据交互 ······· 255

9.3.1 与 PHP 服务器交互 ········· 255

【任务实践 9-5】验证表单用户名(一)
——AJAX 访问 PHP 服务器 ······ 258

9.3.2 与 Java 服务器交互 ········· 260

【任务实践 9-6】验证表单用户名(二)
——AJAX 访问 Java 后台服务器 ······ 263

项目分析 ······················· 265

项目实施 ······················· 266

项目实训——获取宿舍学生信息 ········ 268

小结 ·························· 269

扩展阅读——jQuery 实现 AJAX ······· 269

习题 ·························· 270

项目 10

综合项目——学生成绩查询

······························ 271

情境导入 ······················· 271

项目目标(含素养要点) ············ 271

项目分析 ······················· 272

项目实施 ······················· 272

小结 ·························· 280

项目1
抽奖页面——初识 JavaScript

情境导入

张华同学刚刚学习了超文本标记语言（HyperText Markup Language，HTML）和层叠样式表（Cascading Style Sheets，CSS）的基础知识，已经能够制作简单的网站，但他发现自己制作的网站没有动态交互效果，于是向李老师请教，如何给网页添加一些动态交互效果呢？

李老师告诉他，使用 JavaScript 可以实现动态交互效果，它是一种可以嵌入 HTML 页面中的脚本语言，目前，已成为最受欢迎的开发语言之一。

李老师说他要做一个抽奖项目，让张华参与进来，正好可以让张华了解用 JavaScript 可以实现的动态交互效果，体验一下 JavaScript 的编写方法与技巧。实现的抽奖页面如图 1-1、图 1-2 所示。

图 1-1 开始抽奖界面

图 1-2 停止抽奖界面

李老师告诉张华，要想学好这门语言，需要从搭建开发环境入手，然后学习相关的语法知识，最后运用 JavaScript 来实现网页中常见的动态交互效果。

张华明白"九层之台，起于累土；千里之行，始于足下"的道理，制订了详细的学习计划，学习分为以下两步。

第 1 步：认识 JavaScript，了解这门语言的基本应用。

第 2 步：学习 JavaScript 在 HTML 中的应用方法，掌握常见的输入输出方式。

项目目标（含素养要点）

- 了解 JavaScript 的发展概况及其主要特点
- 了解 JavaScript 的应用场景（传统文化）
- 掌握 JavaScript 的基本应用入门

知识储备

1-1 初识
JavaScript

任务 1.1 认识 JavaScript

JavaScript（JS）是基于对象和事件驱动的客户端脚本语言，主要用来进行 Web 前端开发。火箭发射动画（见图 1-3）、商品放大镜（见图 1-4）、弹球小游戏（见图 1-5）等，都是典型的 JavaScript 网页特效。

图 1-3 火箭发射动画

图 1-4 商品放大镜

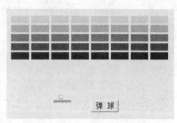

图 1-5 弹球小游戏

什么是 Web 前端开发？可以通过常见的项目开发基本框架来了解，如图 1-6 所示。

项目开发基本框架一般分为 3 层。第 1 层是 Web 前端页面开发，这个页面是用 HTML、CSS 和 JavaScript 开发的，其中用 HTML+CSS 实现前端页面的结构和样式，用 JavaScript 实现动态交互、网页特效等功能，这一层也就是常说的 Web 前端开发；第 2 层是 Web 后端开发，也叫服务器端的程序开发，主要进行业务逻辑处理；第 3 层是数据库开发。在 Web 前端开发中，把纯粹的用 HTML+CSS 开发的页面称为静态页面。静态页

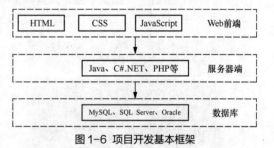

图 1-6 项目开发基本框架

面是固定的，没有用户交互功能，也没有什么特效，用户体验度低。这个问题需要用 JavaScript 来解决，这也是本书主要介绍的内容。

1.1.1 JavaScript 的发展概况和特点

JavaScript 是怎么来的？它的特点是什么？要回答这些问题，需先了解一下 JavaScript 的发展概况。

1. JavaScript 的发展概况

（1）JavaScript 语言的诞生

最早的 JavaScript 语言思想是从嵌入式脚本语言发展来的。大概在 1992 年，诺姆巴（Nombas）公司开发出了嵌入式脚本语言 C--，简称为 Cmm，后来改名为 ScriptEase。这种将脚本嵌入网页中的设计方法成为 JavaScript 诞生的理论基础。1995 年，网景（Netscape）公司的布兰登•艾奇（Brendan Eich）为解决类似于"向服务器提交数据之前对数据进行验证"的问题，通过 Netscape Navigator 2.0，与 Sun 公司联手开发出了一个称为 LiveScript 的脚本语言，后来为了营销的便利，借助于当时"如日中天"的 Java，将其更名为 JavaScript，JavaScript 1.0 就这样诞生了。

Java 程序设计语言是 Sun 公司于 1995 年 5 月 23 日在 Sunworld 会议上正式发布的程序设计语言，是一门面向对象编程语言，与 JavaScript 是两种不同的语言。

（2）JavaScript 与 ECMAScript

JavaScript 诞生后，成功地得以推广。这刺激了微软公司，所以微软公司也决定向浏览器领域进军，并发布了 JavaScript 克隆版，叫作 JScript，并将其搭载到 IE 中。加上后来 Cenvi 公司的 ScriptEase，已有 3 种不同的 JavaScript 版本。此时就需要一个统一的标准来进行语法和特性的统一，JavaScript 标准的制定提上了日程。

1997 年，JavaScript 1.1 作为草案被提交给欧洲计算机制造商协会（European Computer Manufacturers Association，ECMA）。当时第 39 技术委员会（Technical Com- mittee 39，TC39）承担了制定一个标准化语法和语义的"通用、跨平台、中立于厂商"的脚本语言的任务。TC39 集合了来自网景公司、Sun 公司、微软公司、Borland 公司和其他对脚本编程感兴趣的公司的程序员，共同制定了 ECMA-262 标准。该标准定义了一个名为 ECMAScript 的全新脚本语言，规定了脚本语言的语法、类型、语句、关键字、保留字、操作符和对象等方面的基础内容。

ECMAScript 规定了脚本语言的标准，网景公司的 JavaScript 和微软公司的 JScript 都是依照这个标准来实现的，与 ECMAScript 相兼容。所以现在的 JavaScript、JScript 和 ECMAScript 常被通称为 JavaScript。

因此，ECMAScript 是一个语言标准，JavaScript 可以认为是 ECMAScript 的一个实现，两者在大多数情况下是可以互换的。

（3）JavaScript 标准的发展历程

截至 2020 年 12 月 31 日，ECMAScript（以下简称 ES）经历了 ES1~ES10 这 10 个语言版本。

1997~2011 年，十几年的时间，经历了 ES1~ES5，其中较重要的是 ES1、ES3 和 ES5。1997 年 6 月，ES1 语言标准奠定了 ECMAScript 语言发展的基础。1999 年 12 月发布了 ES3，该版本取得了巨大成功，在业界得到了广泛支持，并成为通行标准。该版本增加了大量的语言特性，对正则表达式的表单应用、点运算符的文字链处理、异常处理及控制指令等都进行了升级。2009 年 12 月发布了 ES5，该版本澄清了许多 ES3 的模糊规范，扩展了 Object、Array、Function 等对象的功能，并增加了严格模式（Strict Mode），使编程变得更加严谨。2011 年 6 月，ES5.1 发布，它是当前较为稳定的一个版本，并且成为国际标准。

2015 年 6 月 17 日发布了 ECMAScript 6，官方名称是 ECMAScript 2015。该版本是继 ES5 之后改动最大的，增加了大量新的语言特性，对原有对象进行了扩展，如类型数组（Map、Set、Promise）等，同时还新增了很多语法特性。目前，仍没有任何一款执行引擎实现对所有 ES6 标准的支持，但通过 Babel 等转译器，人们已经可以使用全部 ES6 特性，甚至 ES7、ES8 特性。可以说，ECMAScript 2015 是较具里程碑意义的一个版本。

从 2016 年开始，发布了 ES7~ES10，其中 2017 年 6 月正式发布了 ES8，代表性特征包括字符串填充、对象值遍历、对象的属性描述符获取等。自到 2019 年，ECMAScript 语言标准的第 10 个版本发布，增加了一些新功能。Symbol 对象的 description 属性、可选的 catch 绑定等都得到了相应的改善。

考虑到有很多用户还在使用旧版本的浏览器，为了保证网页的兼容性，不建议开发人员使用 ES6~ES10。但为了顺应技术更新，本书在讲解时会为大家补充一些关于 ES6 的新技术。

（4）JavaScript 的组成

JavaScript 是由 ECMAScript、DOM、BOM 这 3 部分组成的。

① ECMAScript：JavaScript 的核心。ECMAScript 规定了 JavaScript 的编程语法和基础

核心内容，是所有浏览器厂商共同遵守的一套 JavaScript 语法工业标准。

② DOM（Document Object Model，文档对象模型）：万维网联盟（World Wide Web Consortium，W3C）推荐的处理可扩展标记语言的标准编程接口。浏览器中的 DOM 把整个网页规划成由节点层级构成的树状结构的文档，使用 DOM API 可以轻松地删除、添加和替换文档树结构中的节点。

③ BOM（Browser Object Model，浏览器对象模型）：提供了独立于内容的、可以与浏览器窗口进行互动的对象结构。通过 BOM，可以对浏览器窗口进行操作。

2. JavaScript 的语言特性

JavaScript 语言流行的主要原因是其具备了以下众多的优秀特性。

（1）解释型脚本语言：JavaScript 是一种解释型语言，其源代码不需要编译就可以通过浏览器解释运行。在编写代码时，可以和 HTML 代码结合在一起解释执行。

（2）基于对象：JavaScript 是一种基于对象的语言，在运行时，可以运用对象的属性和方法来实现各种功能，这个特点使 JavaScript 变得很强大。它可以使用内置对象，也可以使用自定义对象来实现比较复杂的功能。

（3）数据安全性：JavaScript 是一种安全的语言，它不允许访问本地的硬盘，也不能将数据存到网络服务器中，不允许对网络文档进行修改和删除，只能通过浏览器进行信息浏览和动态交互，防止数据的丢失。

（4）跨平台性：JavaScript 在运行时，只依赖于浏览器，与操作环境无关，只要有支持 JavaScript 的浏览器其就可以正确地运行，对操作平台无要求。

（5）动态性：JavaScript 是动态的，它对用户的输入直接做出响应，不需要经过 Web 服务器。它对用户的响应，是通过事件驱动的形式进行的。在页面中执行了某种操作所产生的动作，如按下鼠标、移动窗口、选择菜单等，都可以视为事件。所谓事件驱动是指当事件发生后，可能会引起相应的事件响应。

因为有以上五大基本特性，JavaScript 在软件开发，特别是 Web 前端开发中受到了越来越多的关注，其应用范围也就越来越广。

1-2 JavaScript 的
应用场景

1.1.2 JavaScript 的应用场景

JavaScript 的功能十分强大，可以实现多种应用。JavaScript 可用来实现执行计算、验证表单、添加特殊效果、选择自定义图形及创建安全密码等功能，这些功能都有助于增强站点的动态效果和交互性。网站轮播图效果如图 1-7 所示，表单验证效果如图 1-8 所示。

图 1-7 网站轮播图效果　　　　　　　　　　图 1-8 表单验证效果

具体的应用场景主要有以下几点。

1. 动态交互效果

随着信息技术的飞速发展，网页内容的呈现越来越注重动态效果的艺术展示，这些效果给我们带来了视觉的冲击和美的享受。JavaScript 能使这些网页元素"动起来",这是 JavaScript 的功能之一,如各大电商平台首页的轮播图、电梯导航、抽奖转盘等动态特效都可以使用 JavaScript 来实现。

2. 数据验证

使用 JavaScript 可以验证用户填写的表单内容,如某个字段是否必填、密码和确认密码是否一致、手机号和身份证号码是否符合要求等。在向 Web 服务器提交表单前,经客户端验证就可以发现错误,并提示警告信息。

3. 结合流行框架开发移动应用

JavaScript 并不仅仅用于网页和网站程序,还可以结合时下 3 大流行框架——Vue.js、Angular、React 进行微信公众号、小程序、混合 App 等移动应用开发。

4. 使用 AJAX 等技术与后端进行数据交互

使用 AJAX 技术可以在进行表单注册时,判断填写的用户名是否符合要求及是否已被注册过,登录时可以判断用户名是否正确,以及不刷新页面显示数据等。

【任务实践 1-1】简单 JavaScript——认识 JavaScript

任务描述:在页面中输出"雄关漫道真如铁,而今迈步从头越。"

(1)任务分析

① 将下面的所有代码复制到 HTML 编写环境中。

② 保存文件,将其通过浏览器打开。

(2)实现代码

```html
<!DOCTYPE html>
<html lang="en">
<head>
    <meta charset="UTF-8">
    <title>简单JavaScript</title>
    <script type="text/javascript">
        alert("雄关漫道真如铁,而今迈步从头越。"); //在弹出的对话框中显示
    </script>
</head>
<body>
</body>
</html>
```

(3)实现效果

实现效果如图 1-9 所示。

在【任务实践 1-1】中,读者通过浏览器观察代码的演示效果,可简单认识 JavaScript 的使用方法。

图 1-9 简单 JavaScript

任务 1.2 开启 JavaScript 编程

相对于其他语言而言，JavaScript 的优势在于不需要安装或者配置复杂的环境，只要计算机上有浏览器即可。为了运行本书中的代码，建议安装浏览器和合适的代码编辑器，具体如下。

1.2.1 支持 JavaScript 的浏览器

众所周知，最初开发出 JavaScript 就是为了其代码能够嵌入浏览器中使用，浏览器对 JavaScript 支持也是 JavaScript 代码能够正常解析运行的基础。那么，支持 JavaScript 的浏览器有哪些呢？其实现在市场上主流的浏览器都支持 JavaScript，图 1-10 所示的几款浏览器，都对 JavaScript 有很好的支持。

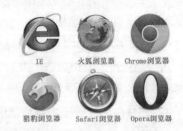

图 1-10 支持 JavaScript 的浏览器示例

为了更好地运行本书中的代码，建议使用 Chrome 浏览器或者火狐浏览器。

1.2.2 代码编辑器

从原理上来说，我们可以用任何一种文本编辑工具来编写 JavaScript 程序，如记事本、Notepad++、EditPlus 等，但这一类编辑工具在写代码时很不方便。因为 JavaScript 代码是嵌入 HTML 网页文档中的，所以可以用任何一款 HTML 网页文件的编辑工具来完成对 JavaScript 程序的编写，如 HBuilderX、Visual Studio Code、WebStorm 等。运用这些工具来编写程序的优点，一是代码自动提示，可减少编写代码的失误和提高编写代码的速度；二是这些工具都有强大的纠错能力，可帮助我们减少错误；三是提供编写代码的模板，可以帮助我们提高代码编写速度和代码质量。这些软件编辑工具从网上很容易找到，本书选用 HBuilderX，这是一款非常优秀的国产软件。将代码编辑器安装到计算机上以后，就可以开始我们的"JavaScript 征程"了。Hbuilder X 和 Visual Studio Code 的操作界面如图 1-11 和图 1-12 所示。

1-3 Web 前端开发编辑器

图 1-11 Hbuilder X 操作界面

图 1-12 Visual Studio Code 操作界面

为了让初学者能够更顺利地学习这门课程，本任务将为大家介绍 JavaScript 语言的简单使用规范。有了基本的认识之后，读者学习后续项目的内容就方便多了。

1.2.3 JavaScript 在 HTML 中的应用

通过前面的介绍，我们知道 JavaScript 代码主要是嵌入 HTML 中使用的，到底怎么使用呢？JavaScript 在 HTML 中的应用很灵活，大致有下面 3 种使用方式。

1. 直接将 JavaScript 代码嵌入 HTML 中（内嵌式）

JavaScript 代码可以直接在 HTML 中编写，使用<script>...</script>标签嵌入 HTML 中，

标签中的代码会被浏览器自动解释为 JavaScript 代码，而不是 HTML 代码。<script>标签还有一些其他属性，如表 1-1 所示。

表 1-1 <script>标签属性说明

属性	属性说明
type	设置所使用的脚本语言，默认是"text/javascript"
src	设置引入外部文件的路径位置，如"js/hello.js"

常用的在 HTML 中嵌入脚本的语法格式如下。

```
<script type="text/javascript">...</script>
```

 <script>标签可以放在<head>...</head>中，也可以放在<body>...</body>中。为了在网页加载时能够先解析 JavaScript 代码，一般将 JavaScript 代码放在<head>...</head>标签中。

【任务实践 1-2】希望你可以努力成为自己想要的样子——内嵌式

任务描述：通过使用内嵌式输出"张华，希望你可以努力成为自己想要的样子"。

（1）任务分析

① 使用 HBuilderX 工具编写代码，在 HTML 中直接嵌入 JavaScript 脚本。

② 通过 window.alert()输出"张华，希望你可以努力成为自己想要的样子"。

（2）实现代码

1-4 直接将
JavaScript 代码嵌入
HTML 中（内嵌式）

```html
<!DOCTYPE html>
<html lang="en">
<head>
    <meta charset="UTF-8">
    <title>内嵌式</title>
    <script type="text/javascript">
        window.alert("张华，希望你可以努力成为自己想要的样子"); //在弹出的对话框中显示
    </script>
</head>
<body>
</body>
</html>
```

（3）实现效果

实现效果如图 1-13 所示。

图 1-13 内嵌式

1-5 链接外部的
JavaScript 文件（外链式）

2. 链接外部的 JavaScript 文件（外链式）

链接外部的 JavaScript 文件是通过<script>...</script>标签的 src 属性来实现的，实现步骤如下。

（1）建立一个 JavaScript 文件，JavaScript 文件的扩展名是 js，并且在单独建立 JavaScript 文件时不需要添加<script>...</script>标签，直接写脚本代码即可，如下。

```
alert("张华，欢迎来到JavaScript世界！");//在弹出的对话框中显示
document.write("希望你成为前端开发技术的高手！");//将字符串输出到页面上
```

（2）将建立好的以 js 为扩展名的文件保存到与链接它的 HTML 文件相同的目录下。

（3）在 HTML 文件中使用<script>标签的 src 属性链接该文件，如下。

```
<script type="text/javascript" src="1.js">...</script>
```

例如，在 HTML 文件 hello.html 的同一路径下创建 JavaScript 文件"hello.js"，然后使用<script>标签的 src 属性链接该文件，如图 1-14 所示。

图 1-14 链接外部的 JavaScript 文件

提示

在使用<script>标签的 src 属性链接外部 js 文件时，外部 js 文件要同 HTML 文件在同一目录下，因为 src 的文件路径一般使用相对路径来表示。

1-6 直接在 HTML 标签中使
用 JavaScript 代码（行内式）

3. 直接在 HTML 标签中使用 JavaScript 代码（行内式）

有时需要使用 JavaScript 代码实现简单的页面效果，可以直接在标签中使用 JavaScript 代码实现，有如下两种方式。

（1）使用"javascript:"调用

在 HTML 代码中，使用"javascript:"的方式来调用简单的 JavaScript 语句，如图 1-15 所示。

```
<!DOCTYPE html>
<html>
    <head>
        <meta charset="UTF-8">
        <title></title>
    </head>
    <body>
        <a href="javascript:alert('希望你成为前端开发技术的高手！');">
                欢迎来到JavaScript世界
        </a>
    </body>
</html>
```

图 1-15 使用"javascript:"方式调用

（2）结合事件调用

JavaScript 支持事件驱动，如常见的鼠标单击、鼠标滑过、按下键盘等事件。我们可将 JavaScript 代码与事件结合，实现一些特效，如下。

```
<input type="button" value="显示Hello" onclick="alert('Welcome!');" />
```

1-7 JavaScript 常
用的输入输出方式

1.2.4 JavaScript 常用的输入输出方式

了解了如何在 HTML 中添加 JavaScript，接下来看一下它的基本使用方式。JavaScript 可以在网页中实现用户交互。例如，打开网页，自动弹出输入框，提示用户输入内容，然后程序进行简单的处理，在页面上显示结果。下面介绍如何在 JavaScript 中进行简单的输入输出。

1. 使用 window.prompt()输入数据

在 JavaScript 中，提供了 window.prompt()方法，用于弹出提示用户输入数据的对话框，可以返回用户输入的字符串，基本语法如下。

```
window.prompt("提示部分"[,"输入文本"]);
```

示例代码如下。

```
var name = window.prompt("你叫什么名字");
```

通过上述方式，我们输入了数据 name，那么如何将数据输出呢？

2. 使用 document.write()将内容输出到页面

使用 document.write()可以在 HTML 文档中写入内容，并将其显示在页面上。参数可以是变量、字符串或表达式，还可以包含 HTML 标签，基本语法如下。

```
document.write("输出内容");
```

示例代码如下。

```
var name = window.prompt("你叫什么名字？");//给name变量赋值
document.write(name+",希望你成为前端开发技术的高手！");//将字符串输出到页面上
```

3. 使用 window.alert()弹出对话框输出内容

window.alert()相当于 alert()，用于弹出一个警示对话框，输出结果，经常用于调试程序。参数可以是变量、字符串或表达式，具体如下。

```
alert("输出内容");
```

示例代码如下。

```
var name = window.prompt("你叫什么名字？");//给name变量赋值
window.alert("欢迎来到JavaScript世界！"+name);//连接变量并在弹出的对话框中显示
```

4. 使用 console.log()在控制台输出内容

console.log()用于在浏览器的控制台中输出内容，同时也是可视化的故障调试工具。具体如下。

```
console.log("你好！");
```

在网页空白区域单击鼠标右键，在弹出的菜单中选择“检查”或者“审查元素”来启动开发者工具，单击控制台中的“Console”标签，如图 1-16 所示。

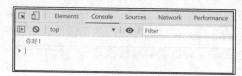

图 1-16 浏览器控制台

【任务实践 1-3】欢迎学习 JavaScript——简单输入输出

任务描述：通过简单输入输出方式显示欢迎学习 JavaScript 的信息。

（1）任务分析

① 通过 window.prompt() 输入自己的姓名，并对其进行简单的处理。

② 使用 window.alert() 和 document.write() 两种方式输出内容。

（2）实现代码

```javascript
<script type="text/javascript">
/*简单输入输出*/
    var name = window.prompt("你叫什么名字？");//给name变量赋值
    window.alert(name+"，欢迎来到JavaScript世界！");//连接变量并在弹出的对话框中显示
    document.write("希望你成为前端开发的高手！");//将字符串输出到页面上
</script>
```

（3）实现效果

实现效果如图 1-17~图 1-19 所示。

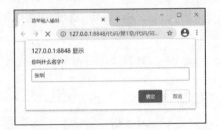

图 1-17 通过 window.prompt() 输入内容

图 1-18 通过 window.alert() 输出内容

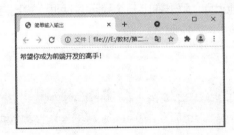

图 1-19 通过 document.write() 输出内容

1.2.5 JavaScript 的注释

学习了基本的输入输出以后，就可以进行一些简单的开发。在 JavaScript 代码中，除了简单的代码以外，还有一些描述说明性的文字，这就是注释。注释是嵌套在程序代码行中的，但是它不执行，不影响程序的执行，在页面上也不输出。注释只对代码或者代码段进行说明，或者暂时禁用某些代码。在代码中添加适当的注释，可以增加代码的可读性，有助于代码的维护和修改。注释通常用于说明代码的功能，描述复杂运算或者解释编程方法，记录程序名称、作者姓名、主要代码的更改日期等。

1. 单行注释符

单行注释符是双斜线"//"。这种注释符可以与执行的代码处在同一行，也可以另起一行。从"//"开始到行结束都表示注释。如果用单行注释符，必须在每个注释行的开头都使用"//"，如【例 1-1】所示。

【例 1-1】使用"//"添加注释。

```
<script>
    var name = window.prompt("你叫什么名字？");//给name变量赋值
    window.alert(name+"，欢迎来到JavaScript世界！");//连接变量并在弹出的对话框中显示
    document.write("希望你成为前端开发的高手！");//将字符串输出到页面上
</script>
```

2. 多行注释符

多行注释符是"/*...*/"。这种注释符可以与执行的代码处在同一行，也可以另起一行，甚至可以放在可执行的代码内。使用"/*...*/"，必须使用"/*"开始注释，用"*/"结束注释。在注释行上不应出现注释符"//"，如【例 1-2】所示。

【例 1-2】使用"/*...*/"添加注释。

```
<script type="text/javascript">
    /* 演示使用简单输入输出
       作者：张华
       日期：2023-12-20
    */
    var name = window.prompt("你叫什么名字？");//给name变量赋值
    window.alert(name+"，欢迎来到JavaScript世界！");//连接变量并在弹出的对话框中显示
    document.write("希望你成为前端开发的高手！");//将字符串输出到页面上
</script>
```

项目分析

本项目主要通过在 HTML 中嵌入 JavaScript 代码实现随机抽奖，单击"开始抽奖"按钮开始随机抽奖，单击"停止抽奖"按钮结束随机抽奖，显示抽奖结果。通过这个项目，读者可初步认识 JavaScript 脚本在 HTML 中的应用，其效果如图 1-1 和图 1-2 所示。

项目实施

HTML 页面代码如下。

```
<body id="bodybj">
    <div id="box">准备好了，开始抽奖了</div>
    <div id="bt" onclick="doit()">开始抽奖</div>
    <div style="text-align:center;margin:50px 0; font:normal 14px/24px 'MicroSoft YaHei';">
            <p>努力的归努力，运气的归锦鲤
                <br />
                每个人都会成为自己的锦鲤
```

```html
        </p>
    </div>
</body>
```

CSS 样式代码如下。

```css
<style type="text/css">
    * {
        margin: 0;
        padding: 0;
        list-style-type: none;
    }
    a, img {
        border: 0;
    }
    body {
        font: 12px/180% "Microsoft YaHei", "微软雅黑", "宋体";
    }
    #bodybj {
        background: url(images/bg.jpg) no-repeat center top;
    }
    #box {
        margin: auto;
        width: 660px;
        font-size: 66px;
        height: 94px;
        line-height: 94px;
        overflow: hidden;
        color: #138eee;
        text-align: center;
        padding: 0 30px;
        margin-top: 200px;
    }
    #bt {
        margin: auto;
        width: 200px;
        text-align: center;
        margin-top: 75px;
        color: #fff;
        font-size: 25px;
        line-height: 28px;
        cursor: pointer;
    }
</style>
```

实现动态效果的脚本代码如下。

```html
<script type="text/javascript">
```

```
        var namelist = [ "1号球", "2号球", "3号球", "4号球", "5号球", "6号球", "7号球", "8号球",
"9号球", "10号球" ];
        var mytime = null;
        function doit() {
            var bt = window.document.getElementById("bt");
            if (mytime == null) {
                bt.innerHTML = "停止抽奖";
                show();
            } else {
                bt.innerHTML = "开始抽奖";
                clearTimeout(mytime);
                mytime = null;
            }
        }
        function show() {
            var box = window.document.getElementById("box");
            var num = Math.floor((Math.random() * 100000)) % namelist.length;
            box.innerHTML = namelist[num];
            mytime = setTimeout("show()", 1);
        }
</script>
```

项目实训——输出个人信息

【实训目的】

练习 JavaScript 在 HTML 中的应用。

【实训内容】

编写脚本实现图 1-20 所示的输出个人信息。

图 1-20 项目实训输出结果

【具体要求】

编写脚本，实现输出个人信息，具体要求如下。

① 通过 document.write()输出自己的姓名。

② 通过 window.alert()输出自己的专业。

小结

本项目通过制作抽奖页面，介绍了 JavaScript 的发展概况、JavaScript 的开发环境及编写简单 JavaScript 程序的基础知识等，任务分解如图 1-21 所示。

通过趣味项目的学习，读者体验了 JavaScript 编程的简单应用。读者只需要拥有 HTML 和 CSS 的基础知识，学习 JavaScript 就是一件非常轻松的事情。在众多编程语言中优先选择 JavaScript 的一个重要原因在于，JavaScript 得到了软件行业的广泛支持，如谷歌公司、微软公司等科技"巨头"都在使用 JavaScript。很多人都在努力改善 JavaScript 的性能，开发扩展浏览器功能的 JavaScript API，JavaScript 已成为标准的 Web 脚本语言。

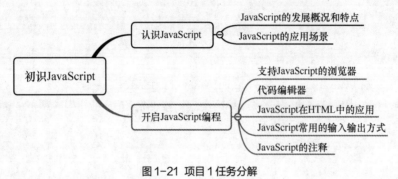

图 1-21 项目 1 任务分解

拓展阅读——阿特伍德定律

杰夫·阿特伍德（Jeff Atwood）在 2007 年的一篇博客文章"The Principle of Least Power"中提出"Any application that can be written in JavaScript, will eventually be written in JavaScript"，即"任何可以用 JavaScript 来写的应用，最终都将用 JavaScript 来写"。这就是所谓的阿特伍德定律（Atwood's Law）。

对于初学者来说，我们对这句话的理解可能并不透彻，但是我们可以看出，JavaScript 将"无所不能"，它广泛应用于各行各业，学好 JavaScript，将助我们一臂之力。

习题

1. 自行下载安装 HBuilderX 或者 Visual Studio Code 软件，体验 JavaScript 代码的使用。
2. 搜索关于 JavaScript 的信息，了解其特点、历史和应用等。

项目2
体脂率计算器——
JavaScript程序设计基础

情境导入

上一届奥运会已经结束，中国选手在赛场拼搏的画面在张华脑海中挥之不去，他心中激动不已，他明白只有身体素质好，才能好好学习，报效祖国，于是决定也要强身健体。他开始了解一些体脂率（Body Fat Rate，BFR）的相关知识。体脂率是指人体内脂肪质量占人体总体质量的比例，又称体脂百分数，它反映人体内脂肪含量的多少，正常成年人的体脂率分别是男性 15%～18%、女性 20%～25%。

体脂率可通过身体质量指数（Body Mass Index，BMI）计算得出，计算公式如下。

BMI=体重（kg）/［身高（m）×身高（m）］

BFR=1.2×BMI+0.23×年龄-5.4-10.8×性别系数（男=1，女=0）

张华想编写一个体脂率计算器，输入性别、年龄、体重、身高，计算出对应的体脂率，如图2-1～图2-5所示。

图 2-1 输入性别

图 2-2 输入年龄

图 2-3 输入体重

图 2-4 输入身高

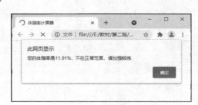

图 2-5 显示结果

李老师告诉他，要想实现体脂率计算器，首先需要掌握 JavaScript 的语法规则。针对张华目前的学习状况，李老师给张华制订了由易到难的学习计划，具体如下。

第 1 步：学习 JavaScript 变量的声明和赋值。

第 2 步：认识常见的数据类型。

第 3 步：会用常见的运算符，进行表达式的计算。

项目目标（含素养要点）

■ 掌握 JavaScript 的变量的定义及使用（爱国情怀）
■ 了解 JavaScript 的基本数据类型
■ 掌握 JavaScript 的运算符和表达式，并具备运用表达式解决问题的能力（健康教育）

知识储备

任务 2.1 使用变量

2-1 标识符

在程序设计中，我们经常需要定义一些符号来标记变量、函数等，这些符号就是标识符。

2.1.1 标识符

标识符实际上是名称，在 JavaScript 中可以用来命名变量、函数、自定义对象或者属性。在 JavaScript 中，标识符必须符合命名规范，主要命名规范如下。

（1）标识符第一个字符必须是字母、下画线（_）或美元符号（$），其后的字符可以是字母、数字、下画线或美元符号。

（2）自定义的标识符不能和 JavaScript 中的关键字或保留字同名，但可以包含关键字或保留字的字符，关键字及保留字的内容见 2.1.2 小节。

（3）标识符里面不能有除了下画线、美元符号以外的符号，如空格、"+" "-" "@" 等符号都是不允许出现的。

（4）标识符的命名尽量见名知意，如可以用由多个单词组成的复合标识符命名，其主要有两种方式：一种是使用下画线连接各个单词，每个单词全部小写，如 stu_name；另一种是使用驼峰规则，包括大驼峰和小驼峰。大驼峰的规则是每个单词的首字母大写，其余字母小写，如 StuName。小驼峰的规则是第一个单词的首字母小写，第二个及以后的单词首字母大写，其余字母小写，如 stuName。

如下所示均为合法的标识符。

```
Liu
my_name
_name
$str
n1
```

2.1.2 关键字和保留字

JavaScript 关键字是指在 JavaScript 语言中有特定含义的，被 JavaScript 自身所用的单词。

比如用于表示流程控制语句开始的单词 for，或者用于执行特定操作的单词 return。因此，在程序中声明变量或定义函数时是不能使用关键字作为标识符的。JavaScript 的常用关键字如表 2-1 所示。

表 2-1 JavaScript 的常用关键字

常用关键字					
break	case	catch	class	const	continue
debugger	default	delete	do	else	export
extends	false	finally	for	function	if
import	in	instanceof	new	null	return
super	switch	this	throw	try	true
typeof	var	void	while	with	yield

每个关键字都有特殊的作用。例如，break 关键字用来跳出循环，case 关键字用来定义分支语句中的分支，var 关键字用来定义变量，yield 关键字是 ES6 中新增的关键字，用来使生成器执行暂停。

JavaScript 保留字是 ECMAScript 规范中预留的关键字，目前它们还没有特殊功能，但将来可能会加上，常见保留字如表 2-2 所示。

表 2-2 JavaScript 的常见保留字

常见保留字				
enum	implements	interface	let	package
short	static	throws	transient	volatile

表 2-2 中列举的这些保留字建议不要当作变量名或者函数名来使用，避免出错。

2.1.3 变量的命名

什么是变量？顾名思义，变量就是值可以发生变化的量。变量有变量名和值，变量名是计算机内存中暂时保存数据的符号名称，通过该名称可获取变量的值。如何来理解变量呢？当在程序中需要频繁使用某个值，且该值需要发生变化，或者该值书写起来比较烦琐时，就需要一个"容器"来存储这个值，这个"容器"就是变量。这就好比用杯子盛水，杯子是变量，杯子中的水就是变量中的数据，杯子的名字就是变量名。在程序中，通过变量完成对内存中数据的各种操作，变量为数据操作提供了信息存储容器。

对变量进行命名，要遵守标识符的命名规范。JavaScript 的变量命名规范如下。

① 建议以字母开头，其后可以是数字、字母、下画线、美元符号，也可以以下画线和美元符号开头，但是不建议这么做。

② 变量名不能包含空格和加号、减号等符号。

③ 不能使用 JavaScript 的关键字或保留字。

④ JavaScript 的变量名是严格区分大小写的。

虽然 JavaScript 的变量可以在遵守命名规范的基础上任意命名，但在编程中，应尽量遵循"见名知意"的变量命名规范，提高程序的可读性。

2.1.4 变量的声明和赋值

JavaScript 是弱类型语言，可以不声明而直接使用变量。这样虽然简单，但是不便于发现变量名的错误，所以不建议这样做。通常的做法是在使用 JavaScript 变量前声明变量。目前，JavaScript 常用的变量声明方式有 3 种，分别是使用 var、let 和 const 关键字声明。其中，使用 let 和 const 是 ES6 标准中增加的声明变量方式。不管使用哪种方式声明，在声明时都无须指定数据类型。

1. 使用 var 声明变量和赋值

2-3 使用 var 声明变量和赋值

使用 var 声明具有全局或局部作用域的变量（有关变量作用域的内容，在 2.1.6 小节介绍），声明变量有以下几种格式。

使用 var 可以一次声明一个变量，也可以一次声明多个变量，不同变量之间使用逗号隔开，如下。

```
var name;//一次声明一个变量
var name,gender,age;//一次声明多个变量
```

声明变量时可以不初始化变量，此时其数据类型默认为 undefined，也可以在声明变量的同时初始化变量，如下。

```
var name="张华";//在声明的同时初始化变量
var name="张华",gender="男",age;//在声明的同时初始化全部或者部分变量
```

使用 var 声明的变量，可以多次赋值，但是其结果只与最后一次赋值有关，如下。

```
var name="张华";
name="王红";
name = 3;
console.log(name);
```

在控制台中查看结果如图 2-6 所示。

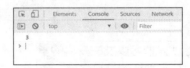

图 2-6 在控制台中查看结果

2. 使用 let 声明变量和赋值

2-4 使用 let 声明变量和赋值

使用 let 声明具有块级作用域的变量，声明的格式和使用 var 声明变量的格式完全相同。

使用 let 可以一次声明一个变量，也可以一次声明多个变量，不同变量之间使用逗号隔开，如下。

```
let name;//一次声明一个变量
let name,gender,age;//一次声明多个变量
```

声明变量时可以不初始化变量，此时其数据类型默认为 undefined，也可以在声明变量的同时初始化变量，如下。

```
let name="张华";//在声明的同时初始化变量
let name="王红",gender="男",age;//在声明的同时初始化全部或者部分变量
```

使用 let 声明的变量，可以多次赋值，但是其结果只与最后一次赋值有关，如下。

```
let name="张华";
name="王红";
name = 3;
console.log(name);
```

在控制台中查看结果如图 2-7 所示。

图 2-7 在控制台中查看结果

3. 使用 const 声明变量和赋值

使用 var 和 let 声明的变量可以改变，如果希望变量的值在整个运行过程中保持不变，需要使用 const 声明，具体格式如下。

2-5 使用 const 声明变量和赋值

```
const 变量名 = 值;
```

需要注意的是，使用 const 声明变量时，必须给变量赋初值，且该值在运行过程中不能被修改。另外，此变量也不能多次赋值，如下。

```
const pi = 3.1415;//一次声明一个变量
```

【任务实践 2-1】求圆的周长——var 和 const

任务描述：使用 var 和 const 声明变量并求圆的周长。

（1）任务分析

① 求圆的周长，根据圆的周长公式，需要圆的半径和圆周率。

② 圆的半径通过直接赋值得到，圆周率通过 JavaScript 的内置对象 Math 的 PI 属性获得。

（2）实现代码（假设圆的半径为 2.5cm）

```
<script type="text/javascript">
    var r=2.5; //声明圆的半径
    const p=Math.PI;
    var c=p*2*r; //声明圆的周长并求出其值
    document.write("半径为2.5cm的圆的周长为: "+ c+"cm");
</script>
```

（3）实现效果

实现效果如图 2-8 所示。

图 2-8 通过 PI 求圆的周长

4. 3 种变量声明方式的区别

（1）初始化要求不同。使用 var 和 let 声明变量时可以先不初始化，而使用 const 声明变量时必须初始化。

（2）重复声明不同。使用 var 和 let 声明的变量可以多次被修改，其值只与最近一次赋值一致。而使用 const 声明的变量，在整个运行过程中不能修改初值。

（3）对块级作用域的支持不同。使用一对花括号括起来的代码称为一个代码块，所谓块级作用域，就是指变量起作用的范围是当前代码块，离开当前代码块，变量就失效了。使用 var 声明的变量支持全局作用域，使用 let 和 const 声明的变量支持块级作用域，具体如下。

```
//作用域不同
  let name1="李强"
  {
      let name2 ="张华";
      const name3 = "王红";
      var name4 = "马东";
      console.log(name2);//支持块级作用域，输出张华
      console.log(name3);//支持块级作用域，输出王红
      console.log(name4);//支持全局作用域，输出马东
  }
  console.log(name1);//支持全局作用域，输出李强
  console.log(name2); //离开块级代码，出错
  console.log(name3); //离开块级代码，出错
  console.log(name4);//支持全局作用域，输出马东
```

2-6 使用变量

2.1.5 变量的类型

与其他语言不同的是，JavaScript 声明变量只使用一个关键字，只声明变量的名称，不声明其类型。变量类型是由变量值所属的类型决定的，变量值是数值，那么其变量类型就是数值型；变量值是字符串，那么变量的类型就是字符串型，如下。

```
var x=23;              // x的类型为数值型
let x="我们一起来学习JavaScript!";      //x的类型为字符串型
var x=true;        // x的类型为布尔型
```

提示
如果声明了一个变量但没有对其进行赋值，则该变量是存在的，但其类型为 undefined。

【任务实践 2-2】输出课程成绩——变量声明和变量赋值

任务描述：要求声明 3 个变量，并对 3 个变量分别进行赋值，然后在页面上输出变量的值。

（1）任务分析

① 按照任务描述要求，声明 3 个变量 name、course 和 score（分别代表姓名、科目和成绩）。

② 分别为 3 个变量赋值。

③ 利用 document.write() 在页面上输出变量的值。

（2）实现代码

```
<script type="text/javascript">
    var name = "张华";
```

```
    var score = 95;
    var course = "JavaScript成绩";
    document.write(name + "的" + course + score + "分是最高分！");
</script>
```

（3）实现效果

实现效果如图 2-9 所示。

图 2-9 输出课程成绩——变量声明和变量赋值

2.1.6 变量的作用域

变量的作用域是指变量在程序中的作用范围，也就是变量在程序中的有效区域。在 ES6 标准出现之前，JavaScript 变量的作用域按照其作用的范围可以分为全局作用域和局部作用域。在 ES6 标准出现之后，JavaScript 变量的作用域按照其作用的范围可以分为全局作用域、局部作用域和块级作用域 3 种。对应作用域的变量分别为全局变量、局部变量和块级变量。全局变量是指定义在函数之外、对整个程序起作用的变量。局部变量是指定义在函数之内的变量，只对函数本身起作用。块级变量是指在代码块中声明的变量，值仅在代码块中有效。关于函数变量作用域的内容将在项目中详细介绍。

使用 var 声明的变量支持全局作用域和局部作用域两种，不支持块级作用域。使用 let 和 const 声明的变量支持块级作用域。

2-7 认识数据类型

任务 2.2 认识数据类型

在计算机的世界中，计算机操作的对象是数据，而每一个数据都有其类型，这就是数据类型。

2.2.1 数据类型分类

JavaScript 是弱类型的语言，即数据（变量或常量）在定义时不必指明数据类型，其数据类型根据其赋值来确定。本小节将对 JavaScript 的数据类型进行详细的介绍。JavaScript 的数据类型分为 3 类：基本数据类型、引用数据类型和特殊数据类型。JavaScript 的基本数据类型有数值型、字符串型和布尔型，引用数据类型是指支持对象编程的类型，特殊数据类型主要包括 null（空值）、undefined（未定义）、NaN（非数值）及转义字符。

2.2.2 基本数据类型

1. 数值型

JavaScript 的数值型包括整型和浮点型。

2-8 基本数据类型

（1）整型

整型也叫整数，是没有小数点的数值，它可以用十进制数、八进制数和十六进制数来表示。

① 十进制数：用 0~9 的数字来表示，如 24、67、-99、-102。

② 八进制数：用 0~7 的数字来表示，首位必须加 0，如 023、045。

③ 十六进制数：用 0~9 的数字和 A~F（或者 a~f）来表示，前两位必须是 0X 或者 0x，如 0x245、0x5ad、0XCD、0XEF。

（2）浮点型

浮点型数值可以有小数，即浮点型数值包括整数部分和小数部分，中间用小数点分隔，即"整数部分.小数部分"。表示浮点型数值时只能采用十进制，其表示的形式有两种，分别是普通形式和指数形式。

① 普通形式：由整数部分、小数点和小数部分组成，如 3.5、23.0、0.6、-6.8。

② 指数形式：也叫科学记数法，由数字、e 和指数组成，如 3.45e3（表示 $3.45×10^3$）。

注意：指数是 -324~308 的整数，如 3.45e3214、3.45e3.5 都是不合法的。

2. 字符串型

字符串型是用来表示文本数据的，字符串主要由字母、数字、汉字或者其他特殊字符组成。在程序中，字符串数据必须用单引号或者双引号标注，其中单引号和双引号可以相互嵌套，即单引号中的字符串可以有双引号，双引号中的字符串也可以有单引号，但单引号和双引号不能交叉使用，正确的使用方法如下。

```
"万丈高楼平地起，盘龙卧虎高山齐。"
'千里之堤，溃于蚁穴。'
"欢迎来到'JavaScript'的世界"
'欢迎来到"JavaScript"的世界'
```

但是，下面的语句表示是错误的（单引号和双引号交叉）。

```
'欢迎来到"JavaScript'的世界"
"欢迎来到'JavaScript"的世界'
```

同样，下面的语句表示也是错误的（单引号里面必须是双引号，双引号里面必须是单引号）。

```
"欢迎来到"JavaScript"的世界"
'欢迎来到'JavaScript'的世界'
```

3. 布尔型

布尔型也叫逻辑型，布尔型数值只有两个值，即逻辑真和逻辑假。在 JavaScript 中分别用 true 和 false 来表示布尔型的两个值。在程序中也可用非 0 数值和数值 0 分别表示 true 和 false，当把 true 和 false 转换为数值时，分别是 1 和 0。

在程序中，布尔值通常用在判断语句中，表示结果是真还是假，如下。

```
n==1;        //判断n是否等于1，如果等于则为true，否则为false。
```

2.2.3 引用数据类型

引用数据类型也称为对象类型。在面向对象编程中经常用到引用数据类型，关于引用数据类型的内容将在项目 5 中详细介绍。

2.2.4 特殊数据类型

除了前面介绍的几种数据类型以外，JavaScript 还提供了几种特殊的数据类型，介绍如下。

1. null

null 类型是只有一个值的数据类型，值即 null，表示当前为空值，如下。

```
var  a =null; //null类型
```

2. undefined

undefined 类型只有一个值，即 undefined，指的是未定义类型的变量，表示这个变量还没有被赋值，如下。

```
var variable;
alert("此变量的类型为: "+variable);
```

执行上述代码后，会输出变量的类型为 undefined，如图 2-10 所示。

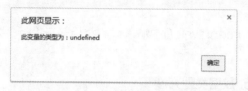

图 2-10 输出变量类型为 undefined

① null 不等于空字符串（""）或者 0；
② null 与 undefined 的区别是 null 表示给变量赋予了空值，而 undefined 则表示变量没有被赋值。

3. NaN

NaN（Not a Number）是 JavaScript 特有的数据类型，表示"非数值"，是指程序运行时由于某种原因发生计算错误，产生了没有意义的数值，这个数值就是 NaN，如下。

```
var a = 5;
var b = "您好";
var result = a*b;//计算a*b的结果
document.write(result);//显示"NaN"
```

4. 转义字符

转义字符通常也称为控制字符，它是以反斜线开头且不可显示的特殊字符，利用转义字符可以在字符串中添加不可显示的特殊字符或者避免引号匹配问题。例如，在页面上输出图 2-11 所示的效果，可以通过如下代码实现。

```
document.write("He said.\"l\'m fond of JavaScript!\"";
```

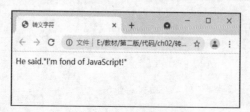

图 2-11 转义字符实现效果

JavaScript 常用的转义字符如表 2-3 所示。

表 2-3 JavaScript 常用的转义字符

转义字符	说明	转义字符	说明
\b	退格	\r	回车
\n	换行	\'	单引号
\t	制表符	\"	双引号
\f	换页	\\	反斜线

> 提示　document.write()的作用是将括号内的内容在页面上输出。在使用 document.write()输出转义字符时，只有将其放在格式化文本块中才会起作用，所以脚本须放在<pre>…</pre>标签内。当然<pre>标签也可以放在<script>标签之外。

我们也可以直接在 document.write()中输入
标签来换行。如果想在 alert()弹出对话框中实现换行，使用转义字符"\n"。

2-9 数据类型判断

2.2.5 数据类型判断

JavaScript 作为一种弱类型语言，变量的数据类型是由变量的值决定的。JavaScript 提供了 typeof 运算符来判断数据类型，主要有 2 种使用方式："typeof(表达式)"和"typeof 变量名"。第一种是对表达式做运算，第二种是对变量做运算。

【任务实践 2-3】测试变量类型——typeof

任务描述：使用 typeof 运算符测试指定变量的类型。

（1）任务分析

① 根据任务描述要求，对变量的类型进行测试，先声明变量并赋初值，作为测试的对象。

② 使用 typeof 运算符对声明的变量进行运算。

③ 通过 document.write()在页面上输出测试结果。

（2）实现代码

```
<script type="text/javascript">
    var a, type_a;
    a = 100;
    type_a = typeof a;
    document.write(a+"的类型是: " + type_a+"<br />");
    a = true;
    type_a = typeof a;
    document.write(a+"的类型是: " + type_a+"<br />");
    a = "hello";
    type_a = typeof a;
    document.write(a+"的类型是: " + type_a+"<br />");
    a = null;
    type_a = typeof a;
    document.write(a+"的类型是: " + type_a+"<br />");
    a = 2023+"明天会更好";
```

```
    type_a = typeof(a);
    document.write(a+"的类型是: " + type_a+"<br />");
</script>
```

（3）实现效果

实现效果如图 2-12 所示。

图 2-12 typeof 测试变量类型示例

2.2.6 数据类型转换

JavaScript 提供了灵活的自动类型转换的处理方式，基本原则是，如果将 A 类型的值用于需要 B 类型的值的环境中，JavaScript 就会自动将 A 类型转换为所需要的 B 类型。类型转换有隐式类型转换和显式类型转换两种方式。

1. 隐式类型转换

隐式类型转换是通过运算自动对数据类型进行转换。在 JavaScript 中有很多隐式类型转换的方法，在这里只做简单介绍，后续内容中会有相关转换方法的详细介绍。

（1）+运算符：有以下两种情况。

• 如果两个操作数中有一个为字符串，那么 JavaScript 就认为要进行字符串连接运算，并把不是字符串的操作数转换成字符串。具体示例如下。

```
2023+ "明天会更好";              //2023明天会更好
```

• 如果两个操作数都是除字符串以外的基本数据类型，那么 JavaScript 就认为要进行加法运算。

（2）其他运算符：如果操作数类型不符合当前运算符运算类型，那么 JavaScript 会把操作数改为相应类型的值，再进行运算。例如，-、*、/等运算符会要求操作数全部是数值。具体示例如下。

```
2-"5";                          //-3
4*true;                         //4
```

 试一试

下面几个表达式的值分别是多少？

① 求表达式 10+30、10+"30"、"10"+30、"10"+"30"的值。

② 求表达式 10-30、10-"30"、"10"-30、"10"-"30"的值。

③ 求表达式 true+10、true+"10"、true+false、true-false 的值。

④ 求表达式"a"-10 的值。

（3）undefined 和 null 的区别：undefined 表示未定义，而 null 表示已经定义，其值为空。因此，undefined 不能转换为数字，而 null 可以转换为数字，具体示例如下。

```
2*undefined;                    //undefined
4-null;                         //4
```

2. 显式类型转换

显式类型转换是通过具体的方法进行转换。JavaScript 提供了 3 个显式类型转换的函数：Number(value)、Boolean(value)和 String(value)。

Number(value)方法用于把值转换为数值。具体示例如下。

```
Number("1.2");                          //1.2
Number(undefined);                      //NaN
Number(false);                          //0
Number("123abc");                       //NaN
```

上面代码的第 4 行，Number("123abc")返回结果为 NaN，因为 Number()函数在进行转换时先判断要转换的值是否能完整地转换，不能就返回 NaN 类型。JavaScript 还提供了另外两个转换函数——parseInt()和 parseFloat()，分别将值转换为整数和浮点数，如果转换的数值包含字符串，则只转换非字符串开头的部分数值。具体示例如下。

```
parseInt("123abc");                     //123
parseInt("123.6");                      //123
parseFloat("123.6");                    //123.6
parseFloat("123abc");                   //123
```

有关 parseInt()和 parseFloat()两个函数的具体使用方法将在项目 4 中详细介绍。

Boolean(value)函数用于把值转换为布尔值。如果 value 为空字符串、0、undefined、null、false，那么将返回 false，否则将返回 true。具体示例如下。

```
Boolean ("") ;                          //结果是false
Boolean (undefined);                    //结果是false
Boolean (false);                        //结果是false
Boolean ("a");                          //结果是true
```

String(value)函数用于把值转换为字符串。具体示例如下。

```
typeof  String ("1.2") ;                //结果是string
typeof  String (2) ;                    //结果是string
typeof  String (false);                 //结果是string
```

任务 2.3 使用运算符

运算符是指能够完成一系列计算操作的符号（如+、-、*、/等），通常将被计算的数称为操作数。例如，"1+2"这个式子中 1 和 2 就是操作数，而+就是运算符。按照操作数的个数可以将运算符分为单目运算符（只有 1 个操作数）、双目运算符（有 2 个操作数）和三目运算符（有 3 个操作数）。

1. 单目运算符

单目运算符只有 1 个操作数，常见的单目运算符有++、--等，如下。

```
x++;
y--;
```

2. 双目运算符

双目运算符有 2 个操作数。双目运算符是较常用的，下面的例子都用到了双目运算符。

```
x+y;
```

```
x-y;
x>y;
x==y;
```

3. 三目运算符

三目运算符有 3 个操作数，条件运算符"?:"就是典型的三目运算符，如下。

```
<script type="text/javascript">
    var score = 88;
    var result = score>90?"优秀":"普通";
</script>
```

"?"前面为条件表达式，如果符合条件（其值为 true），就取冒号前的值，否则就取冒号后面的值。例如，上面的代码表示，如果 score 的值大于 90，则经过计算后 result 为"优秀"；如果 score 的值小于等于 90，则经过计算后，result 为"普通"。

此外，按照运算的功能来分，运算符还可以分为算术运算符、关系运算符、赋值运算符、逻辑运算符和位操作运算符等。

2.3.1 算术运算符

算术运算符主要用于在程序中进行加、减、乘、除等运算，JavaScript 常用的算术运算符如表 2-4 所示。

2-10 算术运算符

表 2-4 JavaScript 常用的算术运算符

运算符	说明	示例
+	加运算，如果针对数值进行运算，返回结果为两个数值的和；连接运算，"+"两侧只要有一侧是字符串，就进行字符串的连接运算	4+6;//返回值为 10；"脚本"+"技术";//返回值为"脚本技术"
-	减运算	8-5; //返回值为 3
*	乘运算	3*5; //返回值为 15
/	除运算	6/3; //返回值为 2
%	取模运算	7%4; //返回值为 3
++	自增运算，该运算符有两种情况：x++（使用 x 之后，x 的值加 1）；++x（使用 x 之前，x 的值加 1）	x=1;y=x++; //y=1, x=2；x=1;y=++x; //y=2, x=2
--	自减运算，该运算符有两种情况：x--（使用 x 之后，x 的值减 1）；--x（使用 x 之前，x 的值减 1）	x=6;y=x--; //y=6, x=5；x=6;y=--x; //y=5, x-5

【任务实践 2-4】计算账单金额——算术运算符

任务描述：日常生活中，我们经常遇到算账的问题。当商品标价 100 元、税率为 0.05 时，计算买一件商品的总金额和税金。

（1）任务分析

① 按照任务描述要求，计算商品总金额，可用算术运算符来实现。

② 先声明 4 个变量，分别用来保存总金额、税金、税率、标价的值，再通过算术运算符来进行计算。

③ 将计算结果在页面上输出。

（2）实现代码

```
//计算账单金额示例
<script type="text/javascript">
    var list=100; //标价
    const rate=0.05; //税率
    var tax; //税金
    var total; //总金额
    tax=list*rate; //税金等于标价乘税率
    total=list+tax; //总金额等于标价加税金
    document.write("商品的总金额="+total+"元");
    document.write("<br />商品的税金="+tax+"元");
</script>
```

（3）实现效果

实现效果如图 2-13 所示。

图 2-13 计算账单金额示例

2.3.2 关系运算符

关系运算符又称比较运算符，用于对两个操作数进行比较，然后返回布尔值。JavaScript 的关系运算符如表 2-5所示。

表 2-5 JavaScript 的关系运算符

运算符	说明	示例
<	小于	3<4; //返回值为 true
<=	小于等于	3<=3; //返回值为 true
>	大于	3>4; //返回值为 false
>=	大于等于	3>=4; //返回值为 false
==	等于。只进行值判断，不涉及数据类型	"7"==7; //返回值为 true
!=	不等于。只进行值判断，不涉及数据类型	"7"!=7; //返回值为 false
===	恒等于。对值和数据类型同时进行判断	"7"===7; //返回值为 false
!==	不恒等于。对值和数据类型同时进行判断	"7"!==7; //返回值为 true

【任务实践 2-5】比较两个数的大小——关系运算符

任务描述：在日常生活中，经常遇到比较两个数大小的问题。运用关系运算符来比较两个数的大小，并在页面上输出结果。

（1）任务分析

① 按照任务描述要求，对两个数进行比较，可用关系运算符来实现。

② 首先要声明一个变量，用来保存要比较的值，然后通过这个变量的值与其他值进行比较。

③ 将比较的结果通过 document.write()在页面上输出。

（2）实现代码

```
//比较两个数的大小示例
<script type="text/javascript">
    var score=80;//保存比较的值
    document.write("score变量的值为: "+score+"<br>");
    document.write("score>=70: "+(score>=70)+"<br>");
    document.write("score<70: "+(score<70)+"<br>");
    document.write("score!=70: "+(score!=70)+"<br>");
    document.write("score>70: "+(score>70)+"<br>");
</script>
```

（3）实现效果

实现效果如图 2-14 所示。

图 2-14 比较两个数的大小示例

2.3.3 赋值运算符

2-11 赋值运算符

JavaScript 的赋值运算分为简单赋值运算和复合赋值运算。简单赋值运算是指将赋值运算符（＝）右边的值赋值给左边的变量；复合赋值运算则是指在赋值时混合了其他运算，如下。

```
sum+=n;        //等同于sum=sum+n;
```

需要注意的是，赋值表达式的值等于赋值运算符左边的变量值，JavaScript 的赋值运算符如表 2-6 所示。

表 2-6 JavaScript 的赋值运算符

运算符	说明	示例
=	将右边表达式的值赋给左边的变量	name="张三";
+=	将左边变量加上右边表达式的值赋给左边的变量	a+=b;//相当于 a=a+b;
-=	将左边变量减去右边表达式的值赋给左边的变量	a-=b;//相当于 a=a-b;
*=	将左边变量乘右边表达式的值赋给左边的变量	a*=b;//相当于 a=a*b;
/=	将左边变量除以右边表达式的值赋给左边的变量	a/=b;//相当于 a=a/b;
%=	对左边变量用右边表达式的值求模，并将结果赋给左边变量	a%=b;//相当于 a=a%b;

运算符	说明	示例
&=	对左边变量和右边表达式的值进行与运算，并将结果赋给左边变量	a&=b;//相当于 a=a&b;
|=	对左边变量和右边表达式的值进行或运算，并将结果赋给左边变量	a|=b;//相当于 a=a|b;
^=	对左边变量和右边表达式的值进行异或运算，并将结果赋给左边变量	a^=b;//相当于 a=a^b;

在 ES6 标准中新增了一种解构赋值，它是对赋值运算符的扩展应用，就是将属性/值从对象/数组中取出，进行模式匹配，然后对其中的变量进行赋值。对象和数组的用法会在后续项目中详细介绍，在这里先简单介绍。解构赋值的主要语法如下。

```
[解构的目标] = [解构的源];
```

解构的源是解构赋值表达式的右边部分，解构的目标是解构赋值表达式的左边部分。使用解构赋值时，代码更加简洁、易读，语义更加清晰、明了。

```
var num1 ,num2;
[num1,num2] = [123,234];
console.log(num1);//123
console.log(num2);//234
```

【任务实践 2-6】变量赋值——赋值运算符

任务描述：通过使用赋值运算符，实现表达式赋值运算，并在页面上输出结果。

（1）任务分析

① 按照任务描述要求，对变量进行赋值运算，先声明两个变量，并对变量赋初值。

② 通过赋值运算符进行赋值运算。

③ 通过 document.write()将结果在页面上输出。

（2）实现代码

```
<script type="text/javascript">
    var a = 5, b = 6;
    document.write("a=5,b=6<br />");
    document.write("a+=b=");
    a += b;
    document.write(a+"<br />");
    document.write("a-=b=");
    a -= b;
    document.write(a+"<br />");
    document.write("a*=b=");
    a *= b;
    document.write(a+"<br />");
    document.write("a/=b=");
    a /= b;
    document.write(a+"<br />");
    document.write("a%=b=");
    a %= b;
```

```
    document.write(a+"<br />");
</script>
```

（3）实现效果

实现效果如图 2-15 所示。

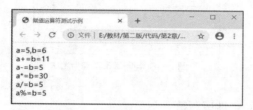

图 2-15 赋值运算符测试示例

2.3.4 逻辑运算符

逻辑运算符的操作数和运算结果都是布尔值。在关系表达式中经常用到逻辑运算符，所以在 JavaScript 程序中，逻辑运算符比较典型的应用就是与关系运算符配合使用，如下。

```
x>=10 && x<=99;//可以用来判断x是否为10到99的数值
```

JavaScript 的逻辑运算符如表 2-7 所示。

表 2-7 JavaScript 的逻辑运算符

运算符	说明
&&	逻辑与。只有当两个操作数的值均为 true 时，逻辑与的结果才为 true，否则为 false
||	逻辑或。只有当两个操作数的值都为 false 时，逻辑或的结果才为 false，否则为 true
!	逻辑非。操作数的值为 true 时，逻辑非的结果为 false；操作数的值为 false 时，逻辑非的结果为 true

【任务实践 2-7】判断某年是否为闰年——逻辑运算符

任务描述：通过判断某年是否为闰年来学习逻辑运算符和关系运算符。所谓闰年就是指表示年份的数字能被 400 整除，或者能被 4 整除但不能被 100 整除的年份。

（1）任务分析

① 按照任务描述要求，先声明 3 个变量，分别用来保存表示年份的数字、闰年计算结果及判断结果。

② 通过逻辑运算符、关系运算符和条件运算符进行计算。

③ 通过 document.write()在页面上输出结果。

（2）实现代码

```
<script type="text/javascript">
    var year = 2023;
    var result = year % 4 == 0 && year % 100 != 0 || year % 400 == 0 ;
    var status = result?"是闰年":"不是闰年";
    document.write(year+"年"+status);
</script>
```

（3）实现效果

实现效果如图 2-16 所示。

图 2-16 判断某年是否为闰年

2-12 条件运算符

2.3.5 条件运算符

条件运算符是 JavaScript 支持的一种特殊的三目运算符。具体使用方法已经在任务 2.3 中介绍。

【任务实践 2-8】判断是否成年——条件运算符

任务描述：利用条件表达式根据输入的年龄来判断一个人是否成年。以 18 岁为基准，大于等于 18 岁为成年，小于 18 岁为未成年，最后将结果在页面上输出。

（1）任务分析

① 根据任务描述要求，先声明两个变量，用来保存基准年龄和计算结果。

② 通过条件运算符对变量进行计算。

③ 通过 document.write()在页面上输出结果。

（2）实现代码

```
<script type="text/javascript">
    var age = 17, result;//定义变量，并给age赋值
    result = age >= 18 ? "成年人": "未成年人";//使用条件语句判断
    document.write("小李" + age + "岁，是" + result);//输出结果
</script>
```

（3）实现效果

实现效果如图 2-17 所示。

图 2-17 判断是否成年

2.3.6 位操作运算符

位操作运算符用于对整数的二进制位进行操作，如向左或向右移位等。位操作运算符在进行运算前，先将操作数转换为 32 位的二进制数，再进行相关运算，最后输出的结果将以十进制表示。JavaScript 常用的位操作运算符如表 2-8 所示。

表 2-8 JavaScript 常用的位操作运算符

位操作运算符	说明	位操作运算符	说明
&	与运算符	<<	左移
|	或运算符	>>	有符号右移
^	异或运算符	>>>	无符号右移
~	非运算符		

 试一试

执行以下 3 条语句，观察出现什么结果。

document.writeln(4<<2);
document.writeln(4>>2);
document.writeln(4>>>2);

【任务实践 2-9】交换两个变量的值——位操作运算符

任务描述：使用按位异或来交换两个变量的值。

（1）任务分析

① 根据要求，实现交换两个变量的值。其中异或的特性：两个相同的数字异或等于 0，而 0 和一个数字异或等于数字本身，即 1^1=0，0^0=0，0^1=1。所以要想交换 a 和 b 的值，利用异或运算符操作两个变量，可以得出 a=a^0=a^(a^a)。把右边的任意一个 a 改成 b，即 a=b=b^0=b^(a^a)，就可以将 b 的值赋值给 a，从而实现 a 和 b 的值互换。

② 通过 document.write() 将在页面上输出测试结果。

（2）实现代码

```
<script type="text/javascript">
    var a=10, b=23;
    document.write("交换前a="+a+", b="+b+"<br />");
    a=a^b;
    b=a^b;
    a=a^b;
    document.write("交换后a="+a+", b="+b+"<br />");
</script>
```

（3）实现效果

实现效果如图 2-18 所示。

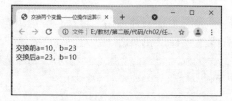

图 2-18 通过按位异或交换两个变量的值

2.3.7 运算符优先级

前面介绍了 JavaScript 的各种运算符，当表达式中有多个不同的运算符时，就要考虑运算符的优先级问题，就是先运算谁和后运算谁的问题。基本的优先策略是"先乘除，后加减"，其次遵循算术运算符优先于关系运算符、关系运算符优先于逻辑运算符、逻辑运算符优先于赋值运算符的规律，具体优先级如表 2-9 所示。

表 2-9 JavaScript 运算符的优先级

优先级	运算符	说明
1	.、[ ]、( )	点运算符、括号运算符
2	++、--	单目运算符
3	*、/、%	乘法、除法、取模
4	+、-	加法、减法
5	<、<=、>、>=	小于、小于等于、大于、大于等于
6	==、!=、===、!==	等于、不等于、恒等于、不恒等
7	&&	逻辑与
8	||	逻辑或
9	?:	条件运算符
10	=、+=、-=、*=、/=、%=、&=	赋值运算符

由表 2-9 可以看出，这些运算符的优先级顺序如下。

算术运算符>关系运算符>逻辑运算符>条件运算符>赋值运算符

2-13 认识表达式

任务 2.4 认识表达式

表达式是指由运算符和操作数组合而成并且能够通过运算获得结果的式子。表达式的值是表达式运算的结果，常量表达式的值是常量本身的值，变量表达式的值则是变量引用的值。

【任务实践 2-10】人民币和美元换算——表达式

任务描述：使用表达式进行人民币和美元的兑换计算（1元人民币约等于 0.1552 美元）。

（1）任务分析

① 根据要求，对人民币和美元进行兑换计算，需要输入原始金额（在 prompt()弹出的对话框中输入），同时还需要声明变量、存储兑换率。

② 通过 document.write()在页面上输出测试结果。

（2）实现代码

```
<script>
    var cny = prompt("请输入要兑换的人民币（单位：元）");
    var result = cny * 0.1552;//2021-10-11 07:58  1元人民币约等于0.1552美元
    alert(cny + "元人民币可以兑换" + result + "美元")
</script>
```

（3）实现效果

实现效果如图 2-19、图 2-20 所示。

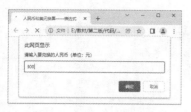

图 2-19 输入人民币数额

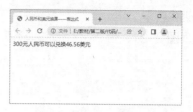

图 2-20 显示兑换数额

项目分析

本项目的内容是实现体脂率计算器，在 prompt() 弹出的对话框中输入所需的个人信息（性别、年龄、体重、身高），首先根据公式计算所需的 BMI，然后判断男/女，最后根据公式计算体脂率。

项目实施

脚本部分代码如下。

```html
<script>
    var gender = prompt("请输入您的性别(男/女)");
    var age = prompt("请输入您的年龄");
    var weight = prompt("请输入您的体重(单位: kg)");
    var height = prompt("请输入您的身高(单位: m)");
    var BMI = weight / (height * height);
    var sex = (gender == "男") ? 1 : 0;
    var BFR = (1.2 * BMI + 0.23 * age - 5.4 - 10.8 * sex).toFixed(2);
    var result;
    if (sex == 1) {
        if (BFR >= 15 && BFR <= 18)
            result = "正常";
        else
            result = "不在正常范围，请加强锻炼";
    } else {
        if (BFR >= 25 && BFR <= 28)
            result = "正常";
        else
            result = "不在正常范围，请加强锻炼";
    }
    alert("您的体脂率是" + BFR + "%," + result);
</script>
```

实现效果如图 2-1~图 2-5 所示。

项目实训——验证用户输入的密码

【实训目的】

练习 JavaScript 的基本语法。

【实训内容】

实现图 2-21、图 2-22 所示的验证用户输入密码的效果。

图 2-21 输入密码

图 2-22 显示结果

【具体要求】

实现验证用户密码的效果，具体要求如下。

① 在 prompt()弹出的对话框中输入密码。

② 通过条件运算符验证密码的正确性。

小结

每学习一门新的语言都需要先掌握它的语法基础，打好基础才能继续后面的学习。本项目通过实现体脂率计算器帮助读者认识了 JavaScript 的语法基础和变量、运算符、表达式的基础知识。任务分解如图 2-23 所示，希望读者通过练习继续加深巩固。

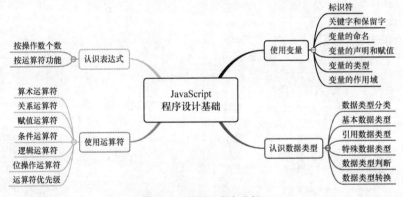

图 2-23 项目 2 任务分解

扩展阅读——symbol 类型

ES6 引入了一种新的原始数据类型 symbol，表示"独一无二"的值。它是 JavaScript 语言的第 7 种数据类型，前 6 种是 undefined、null、布尔型（boolean）、字符串型（string）、数值型（number）、对象（object）。

symbol 值通过 Symbol 函数生成。这就是说，对象的属性名现在可以有两种类型：一种是原来就有的字符串型；另一种是新增的 symbol 类型。凡是 symbol 类型的属性名都是独一无二的，不会与其他属性名产生冲突。

```
let s = Symbol();
typeof s
// "symbol"
```

上面的代码中，变量 s 就是一个独一无二的值。typeof 运算符的结果，表明变量 s 的类型是 symbol 数据类型，而不是字符串型等其他类型。

注意，Symbol 函数前不能使用 new 关键字，否则会报错。这是因为生成的 symbol 值是一个原始类型的值，不是对象。也就是说，由于 symbol 值不是对象，所以不能添加属性。基本上，symbol 是一种类似于字符串型的数据类型。

习题

一、填空题

1. JavaScript 的基本数据类型有_____、_____、_____这 3 种，此外还包括引用数据类型和其他特殊数据类型。

2. JavaScript 声明变量的关键字是_____。

3. "=="是_____运算符，"+="是_____运算符。

4. 在 JavaScript 中，字符串常量是用_____和_____来标记的。

5. 在 JavaScript 中，声明了两个变量 x、y，其中 x=100，那么进行 y=x++ 运算后，x=_____、y=_____；进行 y=++x 运算后，x=_____、y=_____。

二、选择题

1. 下面关于 JavaScript 变量的描述错误的是_____。
   A. 在 JavaScript 中，可以使用 var 关键字声明变量
   B. 声明变量时，必须指明变量的数据类型
   C. 可以使用 typeof 运算符返回变量的类型
   D. 变量的类型可以通过其赋值来确定

2. 下面 4 个变量声明语句中，正确的是_____。
   A. var default;　　B. var my_home;　C. var our class;　D. var 2cats;

3. 下列选项中不是 JavaScript 运算符的是_____。
   A. =　　　　　　　B. ==　　　　　　C. &&　　　　　　D. $$

4. 表达式 123%7 的结果是_____。
   A. 2　　　　　　　B. 3　　　　　　　C. 4　　　　　　　D. 5

5. 表达式"123abc"-"123"的运算结果是_____。
   A. "abc"　　　　　B. 0　　　　　　　C. "123abc123"　D. NaN

6. 赋值运算符的作用是_____。
   A. 给一个变量赋新值　　　　　　　B. 给一个变量赋新名
   C. 执行关系运算　　　　　　　　　D. 没有任何用处

7. 关系运算符的作用是_____。
   A. 执行数学运算
   B. 处理二进制位
   C. 比较两个值或表达式，返回 true 或 false
   D. 只比较数字，不比较字符串

8. 以下表达式中将返回 true 的是＿＿＿＿＿＿＿＿。

A. (9=9)&&(5<1) B. !(17<20)　　　C. (3!=3)||(7<2)　 D. (1==1)||(2<0)

9. 以下表达式中将返回 false 的是＿＿＿＿＿＿＿＿。

A. !(3<=1)　　　　　　　　　　B. (4>=4)&&(5<=2)

C. ("a"=="a")&&("c"!="c")　　　　D. (2<3)||(3<2)

10. 在 JavaScript 中，声明了一个变量后没有对其赋初值，那么它的类型是＿＿＿＿＿＿＿＿。

A. number　　　　B. string　　　　C. undefined　　　D. var

项目3

猜数字游戏——JavaScript流程控制

03

情境导入

五四青年节快要到了，班里要举行晚会，需要设计一个猜数字游戏环节。张华同学刚刚学习了JavaScript 的基本语法规则，迫切地想大显身手，他和团支部书记规划了游戏的流程。游戏开始时界面如图 3-1 所示，输入数字，单击"确定"按钮出现提示界面，提示输入的数值偏大或偏小，如图 3-2、图 3-3 所示，同时显示用户的输入次数。猜测成功后恭喜用户，效果如图 3-4 所示，超过限定猜数字次数时提示用户"您已经没有机会了，真遗憾！"，效果如图 3-5 所示，游戏结束。

图 3-1 游戏开始输入数字

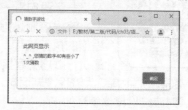

图 3-2 提示输入的数值偏小及输入次数

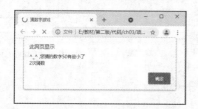

图 3-3 提示输入的数值偏大及输入次数

图 3-4 猜数成功并提示猜数次数

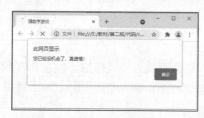

图 3-5 超过限定猜数次数

张华向李老师说明了他对这个游戏的想法，李老师告诉他，要解决这种实际问题，还需要学习流程控制的基础知识。

李老师安排张华查询资料，学习流程控制的基础知识。张华明白"登高必自卑，行远必自迩"，做任何事情都要循序渐进、由易到难，为此他制订了详细的学习计划。

第 1 步：认真学习流程控制的基本概念。

第 2 步：从分支结构的原理入手，掌握分支结构的应用。

第 3 步：从循环结构的原理入手，灵活运用各种循环结构。

项目目标（含素养要点）

■ 掌握流程控制的基本概念

■ 掌握分支语句的语法结构及使用方法（珍惜时光）

■ 掌握循环语句的语法结构及使用方法

知识储备

任务 3.1 认识流程控制

3-1 认识流程控制

JavaScript 的程序是一系列可执行语句的集合。语句是指一个可执行的单元，通过语句的执行，实现某种功能。通常情况下一条语句占一行，并以分号结束。

流程控制是指语句的组织、执行方式，它控制程序的执行流程。在一个程序执行的过程中，语句的执行顺序会直接影响执行结果。

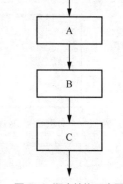

图 3-6 顺序结构示意图

JavaScript 中有三大流程控制语句，分别是顺序语句、分支语句和循环语句，对应结构具体解释如下。

（1）顺序结构是程序中最基本的结构，程序按照代码的书写顺序依次执行。

（2）分支结构根据条件来决定是否执行某个分支的代码。

（3）循环结构根据条件来决定是否重复执行某一段代码。

为了更好地理解顺序结构，请认真思考【任务实践 3-1】。

顺序结构是按照从上到下的顺序执行程序代码，如图 3-6 所示。

【任务实践 3-1】显示个人信息——顺序结构

任务描述：采用顺序结构显示个人信息。

（1）任务分析

① 根据要求，通过 prompt() 对话框输入个人信息（姓名、专业、籍贯等）。

② 通过字符串连接，使用 document.write() 在页面上输出结果。

（2）实现代码

```
<script>
    var name = prompt("您的姓名是");
    var major = prompt("您的专业是");
    var hometown = prompt("您的籍贯是");
    var result = "姓名: " + name + ", 专业: " + major + ", 籍贯: " + hometown;
    document.write(result);
```

```
</script>
```

（3）实现效果

实现效果如图 3-7~图 3-10 所示。

图 3-7 输入姓名

图 3-8 输入专业

图 3-9 输入籍贯

图 3-10 输出全部信息

任务 3.2 使用分支结构

分支结构用于在代码由上而下执行的过程中，根据不同的条件，执行不同的代码，从而得到不同的结果，分支结构也称为选择结构。常见的分支结构主要有单分支结构（if 语句）、双分支结构（if…else 语句）和多分支结构（if…else if…else 语句和 switch 语句）3 种。下面将分别对这几种分支结构进行讲解。

3-2 巧用单分支

3.2.1 单分支结构（if 语句）

if 语句用于实现单分支结构，当满足某种条件时，就进行某种处理。其语法格式如下。

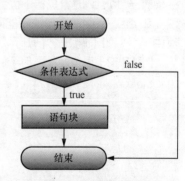

图 3-11 if 语句流程结构

```
if(条件表达式)
    语句块;
```

if 语句流程结构如图 3-11 所示。

功能．在 if 语句中，只有当条件表达式的值等于 true 时，才执行下面的语句块，如【例 3-1】所示。

【例 3-1】if 语句示例。

```
<script type="text/javascript">
    var x=101;
    if(x>100)
        alert("变量x大于100");
</script>
//在if语句中，语句块只有一行时，可以不加{}
```

```
<script type="text/javascript">
    var x=101;
    if(x>100){
        alert("变量x大于100");
    }
</script>
//有多条语句时，需要加上{}。用{}括起来的语句也叫语句体或代码块
<script type="text/javascript">
    var x=101;
    if(x>100){
        alert("变量x大于100");
        x=102;
    }
</script>
```

3.2.2 双分支结构（if…else 语句）

3-3 双分支结构

if…else 语句用于实现典型的双分支结构，当满足某种条件时，就进行某种处理，否则进行另一种处理。其语法格式如下。

```
if(条件表达式)
    语句块1;
else
    语句块2;
```

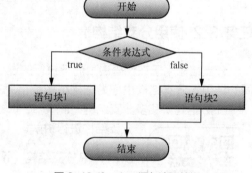

图 3-12 if…else 语句流程结构

If…else 语句流程结构如图 3-12 所示。

功能：在 if…else 语句中，当条件表达式的值等于 true 时，执行下面的语句块 1；当条件表达式的值等于 false 时，执行下面的语句块 2。也就是说 if 和 else 后面的语句块不能同时执行，只能执行其中一个，如【例 3-2】所示。

【例 3-2】if…else 语句示例。

```
<script type="text/javascript">
    var age=20;
    if(age>=18)
        alert("成年人");
    else
        alert("未成年人");
</script>
```

【任务实践 3-2】判断最大值——双分支语句

任务描述：通过 if…else 语句比较给出的两个数的大小，并在页面上输出这两个数的最大值。

（1）任务分析

① 根据任务描述要求，通过 prompt()对话框输入两个数。

② 通过 if…else 语句比较两个数的大小，使用 alert() 对话框在页面上输出最大值。

（2）实现代码

```
<script type="text/javascript">
    var x = prompt("请输入第1个数: ");
    var y = prompt("请输入第2个数: ");
    if (x > y)
        alert("这两个数的最大值是: " + x);
    else
        alert("这两个数的最大值是: " + y);
</script>
```

（3）实现效果

实现效果如图 3-13~图 3-15 所示。

图 3-13 输入第 1 个数

图 3-14 输入第 2 个数

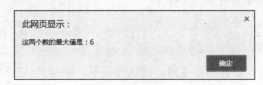

图 3-15 显示最大值

3.2.3 分支结构（if…else 语句）嵌套

3-4 分支结构嵌套

我们来看这样一个例子：某单位男职工 60 岁退休，女职工 55 岁退休，判断 58 岁的女职工是否已经退休。同学们能马上得出答案，58 岁的女职工已经退休，那么我们是怎样得出这个答案的呢？

我们首先判断年龄还是性别？很明显，我们先判断这个职工是男还是女，然后判断其是否满足对应的退休年龄要求，思考过程如图 3-16 所示。

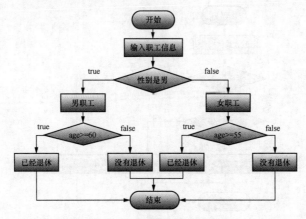

图 3-16 判断某职工是否退休

43

此案例中，判断性别采用双分支结构实现，在各自的分支中又有一个判断退休年龄的分支。要实现这个过程，需要在 if 语句的语句块和 else 语句的语句块中再使用 if…else 语句，即 if…else 语句嵌套另外一个完整的 if…else 语句，这就是分支结构嵌套。具体的实现过程如【例 3-3】所示。

【例 3-3】if…else 语句嵌套示例。

```javascript
<script type="text/javascript">
    var sex = "female";
    var age = 58;
    if (sex == "male"){//判断是男职工
        if(age >= 60)
            result = "该男职工已经退休";
        else
            result = "该男职工没有退休";
    }
    else{//判断是女职工
        if(age >= 55)
            result = "该女职工已经退休";
        else
            result = "该女职工没有退休";
    }
    document.write(result);
</script>
```

在使用分支结构嵌套时，需要特别注意，默认情况下，else 与前面最近的 if 匹配，而不是通过缩进来匹配。为了保证合理的匹配关系，尽量使用花括号{}来确定语句的层次关系，否则会得到不一样的结构。

【任务实践 3-3】评定成绩等级——分支结构嵌套

任务描述：根据学生的成绩给出学生的考评等级，如果成绩大于等于 90，考评等级为"优"；成绩小于 90、大于等于 60，考评等级为"合格"；成绩小于 60，考评等级为"不合格"。

（1）任务分析

① 根据任务描述要求，使用图 3-17 所示的流程图解决这个问题。

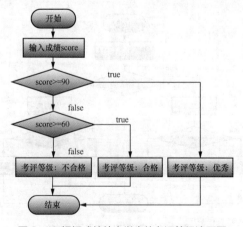

图 3-17　根据成绩给出学生的考评等级流程图

② 声明两个变量 grade、score，分别用来保存学生的考评等级和成绩。

③ 对给出的成绩分别同 90、60 进行比较，将结果保存在 grade 中。

④ 通过 alert()语句在页面上输出结果。

（2）实现代码

```
//分支结构嵌套应用案例
<script type="text/javascript">
    var score,grade;
    score = parseFloat(prompt("请输入学生的成绩: ","0"));
    if (score>=90)
        grade="优秀";
    else
    {//由于是else部分，因此 score<90
        if (score>=60)   //此处条件表达式没有必要写成: score<90 && score>=60
            grade="合格";
        else
            grade="不合格";
    }
    alert("根据学生成绩:" + score +"，考评等级为" + grade);
</script>
```

（3）实现效果

实现效果如图 3-18 和图 3-19 所示。

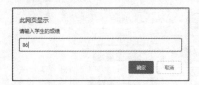

图 3-18 输入学生成绩

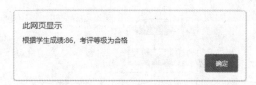

图 3-19 显示考评等级

3.2.4 多分支结构（if…else if…else 语句）

3-5 多分支语句

分支语句的嵌套层次超过两层，就很容易出错。要解决这个问题，可以使用一种新的分支语句，即 if…else if…else 语句，也称为多分支语句，可针对不同情况进行不同的处理。当 if 语句中指定的条件都不满足时，可以通过 else if 语句指定另一个条件。其语法格式如下。

```
if(条件表达式1)
    语句块1;
else if(条件表达式2)
    语句块2;
else if(条件表达式3)
    语句块3;
…
else
    语句块n;
```

流程结构如图 3-20 所示。

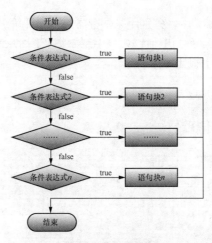

图 3-20 流程结构

功能：在 if…else if…else 语句中，当条件表达式 1 的值等于 true 时，执行下面的语句块 1；当条件表达式 2 的值等于 true 时，执行下面的语句块 2；依次类推，当条件表达式 n 的值等于 true 时，结束执行。

在【任务实践 3-3】中，通过 if…else 语句的嵌套显示了成绩的考评等级，比较图 3-17、图 3-20，整理如图 3-21 所示的比较结果，左边采用 if…else if…else 语句，从流程图上看，两种结构差别不大，都是每次判断不同的条件，然后根据结果输出，如果再结合图 3-16，每一个分支里面又有分支结构，所以在书写上分支结构嵌套很容易出错，建议使用多分支结构来替换分支结构嵌套。

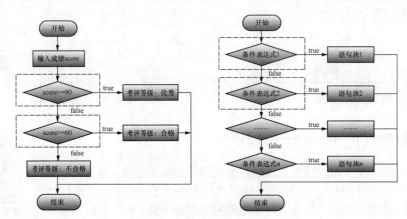

图 3-21 流程图对比

采用 if…else if…else 语句来实现【任务实践 3-3】，如【例 3-4】。

【例 3-4】if…else if…else 语句示例。

```
<script type="text/javascript">
    var score, grade;
    score = parseFloat(prompt("请输入学生的成绩: ", "0"));
    if (score >= 90)
        grade = "优秀";
    else if (score >= 60) //此处条件表示score<90 && score>=60
        grade = "合格";
```

```
    else
        grade = "不合格";
    alert("根据学生成绩:" + score + ",评定为: " + grade);
</script>
```

如图 3-22 所示，对比两种实现方法，我们发现多分支结构中的 if…else if…else 语句层次比 if…else 语句嵌套要更清晰。

if…else if…else语句

```
if (score >= 90)
    grade = "优秀";
else if (score >= 60)
    grade = "合格";
else
    grade = "不合格";
```

if…else语句嵌套

```
if (score >= 90)
    grade = "优秀";
else {
    if (score >= 60)
        grade = "合格";
    else
        grade = "不合格";
}
```

图 3-22 实现过程对比

【任务实践 3-4】分时问候——多分支结构

任务描述：通过 if…else if…else 语句进行分时问候。

（1）任务分析

① 根据要求，首先获得当前系统时间，使用 JavaScript 的内置 Date 对象的 getHours()方法获取当前的整点时间，关于 Date 对象的内容在后面的项目中将进行详细讲解。

② 对于不同的整点时间有不同的显示内容，如图 3-23 所示，我们通过 if…else if…else 语句来实现不同的问候语。

0:00—5:59	真早啊！三更灯火五更鸡，正是男儿读书时。
6:00—8:59	早上好！一年之计在于春，一日之计在于晨。
9:00—11:59	上午好！乘风破浪会有时，直挂云帆济沧海。加油！
12:00—17:59	下午好！及时当勉励，岁月不待人。
18:00—21:59	晚上好！有余力，则学文。业余充电！
22:00—23:59	深夜要休息了！一张一弛，文武之道也。

图 3-23 分时问候语

（2）实现代码

```
<script type="text/javascript">
    var mes = "";
    var day = new Date();//定义日期对象
    var hr = day.getHours();//获取整点时间
    if(hr < 6)
        mes = "真早啊! 三更灯火五更鸡，正是男儿读书时。";
    else if(hr < 9)
        mes = "早上好! 一年之计在于春，一日之计在于晨。";
    else if(hr <12)
        mes = "上午好! 乘风破浪会有时，直挂云帆济沧海。加油! ";
    else if(hr < 18)
        mes = "下午好! 及时当勉励，岁月不待人。";
    else if(hr < 22)
```

```
            mes = "晚上好！有余力，则学文。业余充电！";
        else
            mes = "深夜了要休息了！一张一弛，文武之道也。";
        document.write("现在是"+hr+"点了，\n"+mes);
</script>
```

（3）实现效果

实现效果如图 3-24 所示。

图 3-24 分时问候

3.2.5 多分支结构（switch 语句）

switch 语句也用于实现多分支结构，功能与 if 语句的多分支结构相同，不同的是 switch 语句只能针对某个表达式的值做出判断，从而决定执行哪一段代码。其语法格式如下。

```
switch(表达式){
case 值1:
    语句块1; [break;]
case 值2:
    语句块2; [break;]
…
case 值n:
    语句块n; [break;]
default:
    语句块n+1; [break;]
}
```

流程结构如图 3-25 所示。

功能：在 switch 语句中，根据表达式的值来执行对应的语句块，具体如下。

（1）case 后面的值一般为整数或字符串常量，中间用空格隔开。

（2）当执行 switch 语句时，首先计算 switch 后面圆括号内的表达式的值，当表达式的值与某个 case 的值相等时，就执行此 case 后面的语句块；如果所有 case 的值都不与 switch 表达式的值相等，就执行 default 后面的语句块。

（3）break 语句表示终止执行，退出语句。在 switch 语句的每条 case 语句后都加上 break 语句，当执行完 case 后的语句块后，就可以结束执行，直接跳出 switch 语句。如果没有 break 语句，那么在执行

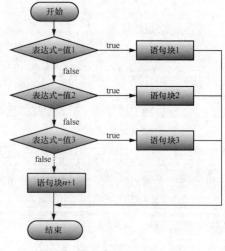

图 3-25 switch 语句流程结构

完某个 case 语句块后，switch 语句还会继续往下执行，直到结束或者遇到 break 语句，这会造成程序结果不正确。

也就是说，每个 case 语句对应一个条件。接下来思考如何用 switch 语句实现【任务实践 3-3】的分时问候，里面涉及的时间变量 hr 用于其值在不同的范围内时显示不同的问候语，虽然 switch 语句并不能表示范围，考虑到变量 hr 的取值范围是 0~23，而且变量 hr 是确定的整数，不涉及小数，所以可以把所有可能的值写出来，然后对应设置问候语，如【例 3-5】所示。

【例 3-5】switch 语句实现分时问候示例。

```
<script type="text/javascript">
    var mes = "";
    var day = new Date();//定义日期对象
    var hr = day.getHours();//获取整点时间
    switch(hr){
        case 0:
            mes = "真早啊！三更灯火五更鸡，正是男儿读书时。";
            break;
        case 1:
            mes = "真早啊！三更灯火五更鸡，正是男儿读书时。";
            break;
        case 2:
            mes = "真早啊！三更灯火五更鸡，正是男儿读书时。";
            break;
        case 3:
            mes = "真早啊！三更灯火五更鸡，正是男儿读书时。";
            break;
        case 4:
            mes = "真早啊！三更灯火五更鸡，正是男儿读书时。";
            break;
        case 5:
            mes = "真早啊！三更灯火五更鸡，正是男儿读书时。";
            break;
        case 6:
            mes = "早上好！一年之计在于春，一日之计在于晨。";
            break;
        case 7:
            mes = "早上好！一年之计在于春，一日之计在于晨。";
            break;
        ...
        }
    document.write("现在是"+hr+"点，\n"+mes);
</script>
```

上面的代码可以做如下简化。

```
<script type="text/javascript">
    var mes = "";
    var day = new Date();//定义日期对象
    var hr = day.getHours();//获取整点时间
```

```
        switch(hr){
            case 0:
            case 1:
            case 2:
            case 3:
            case 4:
            case 5:
                mes = "真早啊! 三更灯火五更鸡, 正是男儿读书时。";
                break;
            case 6:
            case 7:
            case 8:
            case 9:
                mes = "早上好! 一年之计在于春, 一日之计在于晨。";
                break;
            case 10:
            case 11:
            case 12:
                mes = "上午好! 乘风破浪会有时, 直挂云帆济沧海。加油! ";
                break;
            ...
            }
        document.write("现在是"+hr+"点了, \n"+mes);
        {
    </script>
```

switch 语句与 if…else if…else 语句都可以实现多分支结构。switch 语句比较适合实现表达式的值为整数的多分支结构，if…else if…else 语句适合实现条件表达式的值为范围的多分支结构。在编程时，应根据实际情况选择。

【任务实践 3-5】判断今天是星期几——switch 语句

任务描述：与【任务实践 3-4】类似，根据当前系统的时间，判断今天是星期几。

（1）任务分析

① 根据要求，与【任务实践 3-4】类似，使用 JavaScript 内置对象 Date 的 getDay()方法获得表示星期几的数值。

② 通过 switch 语句来输出当前日期是星期几。

（2）实现代码

```
<script type="text/javascript">
    var date = new Date();
    document.write("今天是: ");
    switch (date.getDay()) {
        case 1:
            document.write("星期一");
            break;
```

```
        case 2:
            document.write("星期二");
            break;
        case 3:
            document.write("星期三");
            break;
        case 4:
            document.write("星期四");
            break;
        case 5:
            document.write("星期五");
            break;
        case 6:
            document.write("星期六");
            break;
        default:
            document.write("星期日");
    }
</script>
```

（3）实现效果

实现效果如图 3-26 所示。

图 3-26 switch 语句判断今天是星期几

 在 switch 语句中，表达式必须有确定的值，这样程序才能与 case 子句相对应。而 if 语句的条件表达式的值既可以是范围，又可以是确定的数值。

任务 3.3 使用循环结构

循环结构是指在 JavaScript 程序中可以重复执行的语句。在循环语句中通过循环条件来指定循环的次数。在 JavaScript 中，常用的循环语句有 while 循环语句、do…while 循环语句和 for 循环语句。

3-6 乘法口诀表——
循环结构原理

3.3.1 while 循环语句

while 循环语句是 JavaScript 常用的循环语句之一，在 while 循环语句中首先根据循环条件表达式判断当前数据是否符合循环条件，即循环条件表达式的值是否为 true，如果是 true，则执行循环体，否则退出循环。

while 循环语句的语法格式如下。

```
while(循环条件表达式){
```

```
    循环体;
}
```

while 循环语句的流程图如图 3-27 所示。

按照 while 循环语句的流程图，可以得出 while 循环语句的执行步骤。

第 1 步：计算循环条件表达式。

第 2 步：如果循环条件表达式的值为 true，就执行循环体，否则退出 while 循环。

第 3 步：重复执行第 1、2 步，直到不满足循环条件而退出循环。

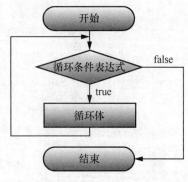

图 3-27 while 循环语句的流程图

【任务实践 3-6】求 1 到 100 的奇数累加和——while 循环

任务描述：通过 while 循环语句求出 1+3+5+…+100 的值。

（1）任务分析

① 根据要求，使用图 3-28 所示的流程图求出 1 到 100 的奇数累加和。

② 变量 sum 用来保存 1 到 100 的奇数累加和，变量 i 作为循环变量，是 1 到 100 的奇数。

③ 要求奇数的累加和，设定循环变量 i 的初值为 1。

④ 累加和用的 sum+=i 相当于 sum=sum+i，i=i+2 表示每循环一次变量 i 加 2，直到变量 i 不满足循环条件，退出循环。

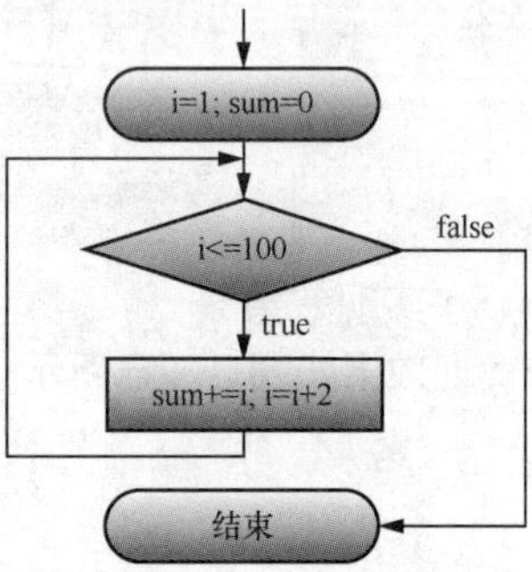

图 3-28 通过 while 循环语句求 1 到 100 的奇数累加和流程图

（2）实现代码

```
<script type="text/javascript">
    var i=1,sum=0;//i是循环变量，初值为1；sum是累加和，初值为0
    while (i<=100)
    {
        sum += i;
        i=i+2; //因为要求奇数累加和，所以每次需要加2
    }
    alert("1+3+5+...+99="+sum);
</script>
```

（3）实现效果

实现效果如图 3-29 所示。

图 3-29 通过 while 循环语句求 1 到 100 的奇数累加和

3.3.2 do…while 循环语句

do…while 循环语句和 while 循环语句相似，它们的主要区别是：while 循环语句在执行循环体之前检查表达式的值，do…while 循环语句则在执行循环体之后检查表达式的值。do…while 循环语句的语法格式如下。

```
do{
    循环体语句；
}while(循环条件表达式)
```

do…while 循环语句的流程图如图 3-30 所示。

按照 do…while 循环语句的流程图，可以得出 do…while 循环语句的执行步骤。

第 1 步：执行循环体。

第 2 步：计算循环条件表达式。如果循环条件表达式的值为 true，就执行第 1 步，否则退出 do…while 循环。

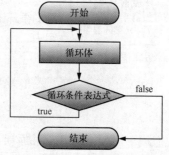

图 3-30 do…while 循环语句的流程图

通过 do…while 循环语句的定义可知，do…while 循环语句在执行时至少要执行一次循环体。

【任务实践 3-7】求 1 到 100 的偶数累加和——do…while 循环

任务描述：通过 do…while 循环语句求出 2+4+6+…+100 的值。

（1）任务分析

① 本任务的实现同【任务实践 3-6】类似，使用图 3-31 所示的流程图求出 1 到 100 的偶数累加和。

② 变量 sum 用来保存 1 到 100 的偶数累加和，变量 i 作为循环变量，是 1 到 100 的偶数。

③ 要求偶数的累加和，设定循环变量 i 的初值为 2。

④ 累加和用的 sum+=i 相当于 sum=sum+i，i=i+2 表示每循环一次变量 i 加 2，直到变量 i 不满足循环条件，退出循环。

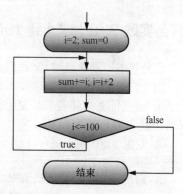

图 3-31 通过 do…while 循环语句求 1 到 100 的偶数累加和流程图

（2）实现代码

```
<script type="text/javascript">
    var i = 2, sum = 0;//i是循环变量，初值为2；sum是累加和，初值为0
    do {
        sum += i;
        i = i + 2
    } while (i <= 100);
    alert("2+4+6+...+100=" + sum);
</script>
```

（3）实现效果

实现效果如图 3-32 所示。

3-7 for 循环语句

3.3.3 for 循环语句

for 循环语句是 JavaScript 常用的循环语句之一，在 for 循环语句中，用一个变量作为计数器来指定循环的次数，这个变量称为循环变量。

图 3-32 通过 do…while 循环语句求
1 到 100 的偶数累加和

for 循环语句的语法格式如下。

```
for(循环初值表达式；循环条件表达式；循环变量更新表达式){
    循环体；
}
```

通常，for 循环语句的流程图如图 3-33 所示。

按照 for 循环语句的流程图，可以得出 for 循环语句的执行步骤。

第 1 步：计算循环初值表达式。

第 2 步：判断循环条件表达式。

第 3 步：如果循环条件表达式的值为 true，就执行第 4 步，否则退出 for 循环。

第 4 步：执行循环体，之后再计算循环变量更新表达式。

第 5 步：重复执行第 2、3、4 步，直到不满足循环条件，退出循环。

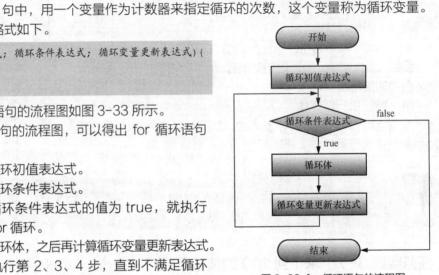

图 3-33 for 循环语句的流程图

【任务实践 3-8】求 1 到 100 的累加和——for 循环

任务描述：要求通过 for 循环语句求出 1+2+3+…+100 的值。

（1）任务分析

① 根据任务描述要求，使用图 3-34 所示的流程图求出 1 到 100 的累加和。

② 变量 sum 用来保存 1 到 100 的累加和，变量 i 作为循环变量，为 1 到 100。

③ 累加和用的 sum+=i 相当于 sum=sum+i，i++ 表示每循环一次变量 i 加 1，直到变量 i 不满足循环条件，退出循环。

（2）实现代码

```
<script type="text/javascript">
    var i,sum=0;  //sum用来保存累加和，初值为0；i为循环
变量
    for(i=1;i<=100;i++)    {
        sum += i;
    }
    alert("1+2+3+...+100="+sum);
</script>
```

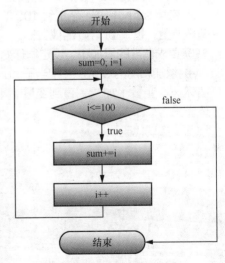

图 3-34 通过 for 循环语句求
1 到 100 的累加和流程图

（3）实现效果

实现效果如图 3-35 所示。

图 3-35 通过 for 循环语句求 1 到 100 的累加和

3.3.4 循环语句嵌套

循环语句嵌套是指在 JavaScript 中一条循环语句的循环体中包含另外一条循环语句。3 种循环语句都可以嵌套，并且可以相互嵌套。在循环语句嵌套中，把被嵌套的循环语句称为内循环，把嵌套别的循环语句的循环语句称为外循环。例如，如果 A 循环语句包含 B 循环语句，而 B 循环语句不包含其他循环语句，那么 A 循环语句就称为外循环，而 B 循环语句称为内循环。

【任务实践 3-9】输出直角三角形图案——循环嵌套语句

任务描述：通过循环嵌套语句在页面中输出由"*"组成的直角三角形图案。要求每行"*"的个数和行数一致。

（1）任务分析

根据任务描述要求，每行显示多个"*"需要通过循环实现，显示多少行也要通过循环实现，这样存在两个循环，使用循环的方法来实现。

（2）实现代码

```javascript
<script type="text/javascript">
    var i, j;
    for (i = 1; i <= 5; i++) { //1到5行
        document.write("    ");
        for (j = 1; j <= i; j++) {//1到i列
            document.write("*");
            if (i > 0) document.write(" ");
        }
        document.write("<br />");//换行
    }
</script>
```

（3）实现效果

实现效果如图 3-36 所示。

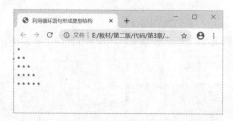

图 3-36 输出"*"组成的直角三角形图案

3.3.5 break 和 continue 语句

有时需要在循环未结束时就停止循环操作，为此提供了 break 语句和 continue 语句两种跳出循环的方式，下面分别进行讲解。

1. break 语句

break 语句既可以用在多分支语句（switch 语句）中，也可以用在循环语句中，其作用是当程序执行到 break 语句时，会结束执行并跳出整个语句。

2. continue 语句

continue 语句只能用在循环语句中，其作用是停止本次循环，即使后面还有未执行的语句也不再执行，直接执行下一次循环。

【任务实践 3-10】数值累加——continue 和 break

任务描述：要求累加用户通过键盘输入的正数，当输入字符 Q 或 q 时，就停止累加，并在页面上输出累加结果。

（1）任务分析

① 根据任务描述，累加用户通过键盘输入的数，应用 prompt()实现数据的输入。

② 因为累加的是正数，所以对非正数或者 NaN 不执行本次循环，应用 continue 语句来实现。

③ 当输入的数据为 Q 或 q 时，就退出循环，可以应用 break 语句来实现。

④ 可用图 3-37 所示的流程图来实现。

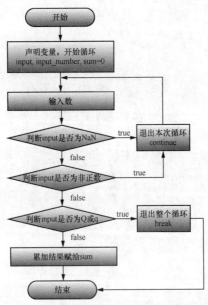

图 3-37 通过 continue 和 break 来控制程序是否继续运行的流程图

（2）实现代码

```
<script type="text/javascript">
    var input,input_number,sum=0;
    while(true)  //循环条件为true,利用break和continue实现控制循环次数
```

```
        {
            input = prompt("sum="+sum + "\n请输入新的累加数(输入Q或q结束):","0");
            if (input=="Q" || input=="q") break;      //结束累加
            input_number = parseFloat(input);
            if (isNaN(input_number)) continue;       //不累加NaN
            if (input_number<=0) continue;          //不累加非正数
            sum += input_number;                //累加有效正数
        }
        alert("sum="+sum);
</script>
```

（3）实现效果

实现效果如图 3-38 和图 3-39 所示。

图 3-38 输入累加数

图 3-39 显示结果

 break 和 continue 可用于所有的循环语句。通常 break 和 continue 在循环体内与 if 语句搭配使用，控制语句执行或中断的效果更明显。

项目分析

本项目的目标是实现猜数字游戏，基本思路如图 3-40 所示。

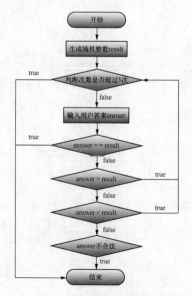

图 3-40 猜数字游戏流程图

57

利用 Math.random()方法可以获取(0,1)的随机数，然后对其进行简单的处理以获取(0,100)的随机数。程序外层通过 while 循环控制猜数字的次数，内层通过分支语句进行判断。

项目实施

1. 页面结构

在主页面上添加说明性文字，具体如下。

```
<!DOCTYPE html>
<html>
<head>
    <meta charset="UTF-8">
    <title>猜数字游戏</title>
    <style>
        body {
            text-align: center;
        }
    </style>
</head>
<body>
    <p>请输入 1 到 100 之间的数字: </p>
    <h2 style="color:orange; font-size:25px;">猜数字游戏</h2>
</body>
</html>
```

2. 脚本代码

通过外层 while 循环控制次数，内层进行结果的判断，完成猜数字游戏，具体如下。

```
<script>
    var result, answer, go_on;
    result = Math.floor(Math.random() * 100 + 1); //产生1~100的随机整数
    var i = 0;
    while (i < 5) { //先出题，再答题
        answer = parseFloat(prompt("请输入您猜的数")); //接收用户答案
        if (answer == result) {
            i++;
            alert("^_^ ,恭喜您，猜对了，幸运数字是: " + result + "\n" + i + "次猜数");
            go_on = true;
        }
        else if (answer < result) {
            i++;
            alert("^_^ ,您猜的数字" + answer + "有些小了" + "\n" + i + "次猜数");
            go_on = false;
        } else if (answer > result)  {
            i++;
            alert("^_^ ,您猜的数字" + answer + "有些大了" + "\n" + i + "次猜数");
            go_on = false;
```

```
        } else {
            i++;
            alert("你输入的数据不合法，确保是1~100的整数");
            go_on = true;
        }
        if (go_on)
            break;
    }
    if (i >= 5 && !go_on) {
        alert("您已经没机会了，真遗憾！");
    }
</script>
```

浏览网页，显示图 3-1~图 3-5 所示的结果。

项目实训——答题小游戏

【实训目的】

练习流程控制的使用。

【实训内容】

实现图 3-41、图 3-42 所示的答题小游戏。

图 3-41 输入答案

图 3-42 显示结果

【具体要求】

实现随机答题小游戏。在项目实例中，系统随机生成两数相加的表达式，用户给出答案，系统判断答案是否正确。一轮答题结束后，询问是否继续，如果是，则继续进行答题，否则退出程序。程序运行后，用户根据提示输入答案，系统会给出判断，并提示是否继续。单击"确定"按钮会重新开始，单击"取消"按钮会退出程序。实现效果如图 3-41 和图 3-42 所示，具体要求如下。

① 随机生成两个数相加的表达式，可以应用 Math.random() 方法来得到随机数，并将其转换成整数。

② 应用 prompt()接收用户输入的答案。

③ 将用户答案同系统计算的结果进行比较，得出"正确"或"错误"的结论。应用条件表达式来输出"正确"或"错误"。

④ 通过 break 语句来退出程序。

⑤ 根据图 3-43 所示的流程图来实现答题小游戏。

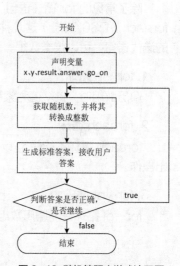

图 3-43 随机答题小游戏流程图

小结

本项目通过实现猜数字游戏介绍了流程控制的基础知识，任务分解如图 3-44 所示。

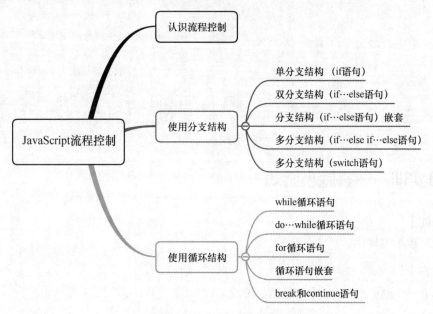

图 3-44 项目 3 任务分解

在实际的编程中并不只用单一的流程控制，往往是分支结构和循环结构互相嵌套，所以希望同学们在后续的学习中能够灵活运用这几种结构。

扩展阅读——其他 for 循环语句

除了常见的 for 循环语句，JavaScript 中还提供了 for…in（ES5 新增）、for…of（ES6 新增）、foreach（ES6 新增）这几种循环语句，但是这几种语句各有各的适用场合。for…in 是一种精准的迭代语句，可以枚举数组、对象等；for…of 和 foreach 用起来更简单，对值的获取更加方便。

1. for…in 循环

遍历数组时，key 值为索引值，但得到的索引值类型为字符串类型，不是数值类型。

2. foreach 循环

foreach 循环不能使用 break 和 continue 进行跳出操作，否则会报错，也不能使用 return 跳出操作。

3. for…of 循环

for…of 循环只能遍历数组、字符串、Set 类型和 Map 类型。

习题

一、填空题

1. JavaScript 的基本流程控制语句有_____、_____、_____ 3 种。
2. 在循环体中，利用_____语句可以跳过本次循环后面的代码，直接开始下一次循环。
3. 利用 else if 语句实现的多分支语句也可以用_____语句来实现。
4. 语句"var x=0;while(x<20) x+=2;"中，while 循环体循环了_____次。
5. 在 JavaScript 循环中，_____语句必须执行一次循环体。

二、选择题

1. 下列关于 switch 语句的描述中正确的是_____。
   A. default 子句是可以省略的
   B. 每个 case 子句都必须包含 break 语句
   C. 至少一个 case 子句必须包含 break 语句
   D. case 子句的数目不能超过 10 个
2. 下列选项中可以作为 if…else 语句的条件表达式的是_____。
   A. if（x=2） B. if（x<7） C. else D. if（x=2&&）
3. 在条件语句和循环语句中，用来标记代码块的是_____。
   A. 圆括号（） B. 方括号[ ] C. 花括号{ } D. 角括号< >
4. 下面关于 while 循环语句的循环条件表达式错误的是_____。
   A. while(x<=7&&) B. while(x<=7) C. while(x<7) D. while(x!=7)
5. 循环语句"for(var i=0,j=10;i!=j;i++,j--)"中的循环次数是_____。
   A. 0 B. 1 C. 5 D. 无限
6. 下面关于 for 循环语句的用法中正确的是_____。
   A. for(x=1;x<6;x+=1) B. for(x==1;x<6;x+=1)
   C. for(x=1;x=6;x+=1) D. for(x+=1;x<6;x=1)
7. 语句"var i;while(i=0) i--;"中的循环次数是_____。
   A. 0 B. 1 C. 10 D. 无限
8. 下列 JavaScript 的循环语句中正确的是_____。
   A. for i=1 to 10 B. for(i=0;i<=10) C. for(i<=10;i++) D. for(i=0;i<=10;i++)
9. 下列关于循环语句的描述中错误的是_____。
   A. 循环体内必须同时出现 break 语句和 continue 语句
   B. 循环体内可以出现分支语句
   C. 循环体内可以包含循环语句
   D. 循环体可以是空语句，即循环体中只出现一个分号
10. 下列关于 break 语句的描述中不正确的是_____。
    A. break 语句用于循环体内，它将退出该次循环
    B. break 语句用于 switch 语句时，表示退出该 switch 语句
    C. break 语句用于 if 语句时，表示退出该 if 语句
    D. break 语句在一个循环体内可使用多次

项目4
计算个人所得税——JavaScript函数

04

情境导入

个人所得税汇算清缴开始了，老师们都忙着计算个人所得税。为了便于老师们计算和查询，李老师打算编写计算个人所得税的网页程序，邀请张华参与进来。2019 年 1 月 1 日起，新颁布的《中华人民共和国个人所得税法》开始实行。个人所得税起征点更改为 60 000 元，应纳税所得额 = 个人收入 – 纳税起点 – 社会保险 – 专项附加扣除，而应纳税额 = 应纳税所得额 × 适用税率 – 速算扣除数，速算扣除数是为了方便进行计算而事先计算好的数值，具体标准如表 4-1 所示。

表 4-1　个人所得税税率计算

级数	应纳税所得额	税率/%	速算扣除数/元
1	不超过 36 000 元的	3	0
2	36 000~144 000 元的部分	10	2 520
3	144 000~300 000 元的部分	20	16 920
4	300 000~420 000 元的部分	25	31 920
5	420 000~660 000 元的部分	30	52 920
6	660 000~960 000 元的部分	35	85 920
7	超过 960 000 元的部分	45	181 920

单击页面上的"计算个人所得税"按钮，如图 4-1 所示，实现效果如图 4-2~图 4-5 所示。

图 4-1　计算个人所得税

图 4-2　输入个人收入数

图 4-3　输入社会保险数

图 4-4　输入专项附加扣除数

图 4-5 计算个人所得税

张华运用前面所学的知识实现了个人所得税的计算，可是他发现他的程序不能进行多次计算，每当重新计算时，都需要刷新页面。这不但令他头疼不已，而且对于代码的后期维护及运行效果也有着较大的影响。李老师告诉他，使用函数即可让这些问题迎刃而解。

为了便于张华进一步学习和理解函数的定义和调用方法、函数的参数和返回值、函数变量作用域等，李老师告诉他 4 个步骤。

第 1 步：认识函数，掌握函数的基本概念。

第 2 步：学习常见的预定义函数。

第 3 步：学习自定义函数的用法，能够用自定义函数解决一些简单的问题。

第 4 步：对自定义函数运用函数进阶进行优化。

项目目标（含素养要点）

- 掌握函数的概念及特点
- 掌握常用的预定义函数的使用方法（传统文化）
- 掌握自定义函数的创建和调用方法
- 掌握函数的参数和函数的返回值在程序中的应用方法
- 掌握函数的嵌套方法和理解函数变量的作用域（纳税是公民的义务）

知识储备

任务 4.1 认识函数

函数是指由一行或多行语句组成的，能够实现某一特定功能的语句序列。这个语句序列是一个整体，也叫函数体。函数运行的结果有多种形式，例如，可以利用函数输出文本，也可以输出数值，还可以为主程序返回值。

在 JavaScript 中引入函数是因为函数有两大特点：一是它的重用性，在程序设计中如果要多次实现某一功能，就可以将实现该功能的代码定义为一个函数，在使用时可以直接调用该函数，不必重写代码，从而实现代码的

4-1 认识函数

重用；二是可降低程序的复杂度，通过函数可以将较大的程序分解成几个较小的程序段，也就是说可以把一个较复杂的大任务分解成几个较容易解决的小任务，降低整个程序的复杂度。

JavaScript 的函数主要有预定义函数（也叫内置函数）和自定义函数两种。

【任务实践 4-1】输出个人信息——函数的应用

任务描述：在页面上输出个人信息（姓名、学号、专业等信息）。

（1）任务分析

为了符合编程的规范，在编程时要先声明变量来保存姓名、学号、专业等信息，对变量赋值后，通过 document.write()函数输出变量的值。

（2）实现代码

```
<script>
    var name = "张华";
    document.write("我是" + name);
    var stuNum = "2022031403";
    document.write("，学号是" + stuNum);
    var major = "软件技术";
    document.write("，我的专业是" + major);
    var hometown = "山东潍坊";
    document.write("，我来自" + hometown + "。");
</script>
```

上面的代码中，声明变量并赋初值，然后多次应用 document.write()函数将字符串和变量值输出。这个函数是系统预定义的函数，我们可以多次应用它，从而实现代码的复用，降低程序的复杂度。

（3）实现效果

浏览网页，效果如图 4-6 所示。

图 4-6 输出个人信息——函数的应用

任务 4.2 使用预定义函数

JavaScript 的预定义函数是指系统内部已经定义好、可以直接调用的函数。在程序设计中可以直接使用预定义函数，从而提高编程的效率。在调用预定义函数时，可以直接用函数名加括号来调用，如 alert()。在 JavaScript 中定义了很多能够实现常用功能的预定义函数，灵活、正确地使用预定义函数，对实现 JavaScript 程序的功能、降低程序的复杂度、减少代码量都是非常有利的。

本任务介绍常用的预定义函数，主要有消息对话框函数、数值处理函数、字符串处理函数。

4.2.1 消息对话框函数

在 JavaScript 中，消息对话框函数本质上是由 JavaScript 的内置对象的方法实现的，它能够将程序执行的结果在页面上以对话框的形式直观地显示出来。消息对话框在 JavaScript 中应用很广泛，经常用来在页面上输出结果、接收通过键盘输入的数据、实现程序与用户的交互等。

JavaScript 程序中常用的消息对话框有警示对话框、确认对话框和提示对话框 3 种，下面分别讲解这 3 种消息对话框对应函数的语法格式及其在程序中的应用。

1. 警示对话框函数

使用 alert()函数可以弹出警示对话框。alert()的功能是直接在页面上以对话框的形式输出字符串或者变量的值。语法格式如下。

```
alert(显示内容);
```

alert()函数除了输出字符串和变量外，警示对话框中还有一个"确定"按钮，单击这个"确定"按钮会关闭警示对话框。

【任务实践 4-2】新学期寄语——警示对话框

任务描述：打开页面显示一个欢迎对话框，对话框的内容为"张华，宝剑锋从磨砺出，梅花香自苦寒来，新的学期，加油!"。

（1）任务分析

① 根据任务描述，用警示对话框在页面上输出内容，可以通过 alert()来实现。

② 声明一个变量来保存姓名，对变量赋值后，通过 alert()输出变量的值。

（2）实现代码

```
<script type="text/javascript">
    var name = "张华";
    var poem = "宝剑锋从磨砺出，梅花香自苦寒来";
    alert(name + "，" + poem + "，新的学期，加油！");
</script>
```

上面的代码中，首先声明变量 name，并赋初值"张华"，告诫他"宝剑锋从磨砺出，梅花香自苦寒来，新的学期，加油"，再应用 alert()将字符串和变量值输出。注意，括号中的字符串和变量用+连接。

（3）实现效果

实现效果如图 4-7 所示。

图 4-7 弹出警示对话框示例

警示对话框除了用于显示一些提示信息以外，还经常用于程序的调试，在程序执行过程中检验中间结果及程序是否已执行等。

2. 确认对话框函数

使用 confirm()函数可以显示确认对话框。确认对话框的功能同警示对话框功能十分相似，不同之处是，确认对话框有"确定""取消"两个按钮，并且在单击"确定"按钮后会返回布尔值 true，单击"取消"按钮将返回布尔值 false。

4-2 确认对话框函数

【任务实践 4-3】确定诗句作者——确认对话框

任务描述：在确认对话框中通过分别单击"确定"和"取消"按钮来测试其返回的值，并在页面上输出效果。

（1）任务分析

① 根据要求，通过确认对话框实现案例。

② 先声明两个变量，一个变量用来保存单击"确定"或"取消"按钮后返回的布尔值，另一个变量用来保存最后的结果。

③ 通过条件表达式来实现在确认对话框中单击"确定"和"取消"按钮，得到不同的效果。

（2）实现代码

```html
<script type="text/javascript">
    var poem, result;
    poem = confirm("天生我材必有用，千金散尽还复来的作者是李白吗？ ");
    result = poem ? "是李白" : "是白居易";
    document.write(result);
</script>
```

上面的代码中，变量 poem 用来保存在确认对话框中单击"确定"或"取消"按钮后返回的布尔值；变量 result 用来保存根据变量 poem 的值通过条件运算符计算后得到的结果。当在确认对话框中单击"确定"按钮时，得到的结果是"是李白"；单击"取消"按钮时，结果是"是白居易"。

（3）实现效果

实现效果如图 4-8 和图 4-9 所示。

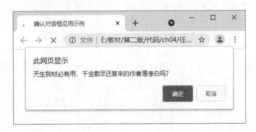

图 4-8 确认对话框运行结果

图 4-9 单击"确定"按钮的结果

3. 提示对话框函数

使用 prompt()函数可以打开提示对话框，提示对话框不仅有"确定""取消"两个按钮，而且提供了用户可以用键盘输入的文本框，该文本框用于实现用户与系统的交互功能。语法格式如下。

```
prompt(提示部分[,默认结果]);
```

其中，"提示部分"是提示需要输入的内容的语句，"默认结果"部分可以有，也可以没有。提示对话框是具有人机交互功能的消息对话框。

【任务实践 4-4】诗词对答——提示对话框

任务描述：根据提示通过键盘输入诗词的下一句，然后在页面上输出结果。

（1）任务分析

① 根据任务要求，使用 prompt()函数接收通过键盘输入的内容。

② 先声明一个变量，将输入的结果保存到变量中，然后通过警示对话框在页面上输出结果。

（2）实现代码

```html
<script type="text/javascript">
    var result;
    var poem = "少年易老学难成";
    result = prompt("写出下列诗词的下一句\n" + poem);
    if (result == "一寸光阴不可轻")
        alert("回答正确");
    else
        alert("回答错误");
</script>
```

上面的代码中，首先声明了变量 poem，用来保存通过键盘输入的内容，然后通过警示对话框在页面上输出结果。

（3）实现效果

实现效果如图 4-10 和图 4-11 所示。

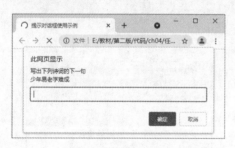

图 4-10 输入下一句

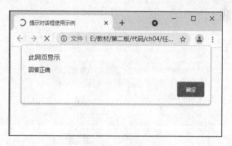

图 4-11 显示结果

4.2.2 数值处理函数

在 JavaScript 中，数值处理函数本质上是由 JavaScript 的内置对象的方法实现的，它能够对数据进行判断、格式化等，具体介绍如下。

1. isNaN()、isFinite()函数

isNaN()函数用来确定一个变量是否为非数字。如果是非数字，返回 true；如果是数字，则返回 false，如下列代码所示。

```
isNaN(1);         //返回false
isNaN (true);     //返回false
isNaN ("a");      //返回true
```

4-3 isNaN()函数

isFinite()函数用来确定一个变量是否有限，如果这个变量不是 NaN、字符串、负无穷或正无穷，那么 isFinite()将返回 true，否则将返回 false，如下列代码所示。

```
isFinite(1);       //返回true
isFinite(true);    //返回true
isFinite("a");     //返回false
```

【任务实践 4-5】判断数据是否为数字——isNaN()函数

任务描述：使用 isNaN()函数判断数据是否为数字。

（1）任务分析

① 根据要求，用 isNaN()函数判断通过提示对话框输入的数据是否为数字，如果返回 true，则为非数字；如果返回 false，则为数字。

② 利用 alert()在页面上输出测试结果。

（2）实现代码

```javascript
<script type="text/javascript">
    var num = prompt("判断是否为数字");
    if (isNaN(num))
        alert(num + "非数字");
    else
        alert(num + "是数字");
</script>
```

（3）实现效果

实现效果如图 4-12 和图 4-13 所示。

图 4-12 输入数据

图 4-13 判断数据是否为数字

2. parseFloat()、parseInt()函数

parseFloat()函数用来将数字或者数字与字母混合的字符串转换成浮点数。对于由数字和字母组成的字符串，如果开头不是数字，则返回 NaN；如果开头是数字，那么将第一个字母前面的数字转换成浮点数。

parseInt()函数同 parseFloat()类似，用来将数字或者数字和字母混合的字符串转换成整数，如果字符串有小数部分，则只保留整数部分。对于由数字和字母组成的字符串，如果开头不是数字，则返回 NaN；如果开头是数字，那么将第一个字母前面的数字转换成整数，如下列代码所示。

```javascript
parseFloat("123.45"); //返回123.45
parseFloat("123.4abc"); //返回123.4
parseFloat("abc123.45"); //返回NaN
parseInt("123.45"); //返回123
parseInt("123.45abc"); //返回123
parseInt(true); //返回NaN
```

【任务实践 4-6】格式化数据——parseFloat()和 parseInt()函数

任务描述：通过 parseFloat()和 parseInt()函数将字符串分别显式转换成浮点数和整数。

（1）任务分析

① 根据要求，通过提示对话框输入数据，使用 parseFloat()和 parseInt()函数将数字表达式分别转换成浮点数和整数。

② 利用 document.write ()在页面上输出测试结果。

（2）实现代码

```
<script type="text/javascript">
    var num = prompt("请输入要转换的数据");
    var num_float = parseFloat(num);
    var num_int = parseInt(num);
    document.write(num + "格式化为浮点数是" + num_float + "<br/>");
    document.write(num + "格式化为整数是" + num_int + "<br/>");
</script>
```

（3）实现效果

实现效果如图 4-14 和图 4-15 所示。

图 4-14 输入数据

图 4-15 格式化数据

3. toString()、toFixed()函数

toString()函数用来将数值型的数据转换为字符串型，也可以返回指定进制的数据（默认为十进制数据），语法格式如下。

```
num.toString([[进制]); //如果未指定进制，将num转换为默认的十进制的字符串；如果指定进制，那么返回相应进制的数据
```

具体如下。

```
var num = 12 ;
document.write(num.toString()); //页面显示字符串12
document.write(num.toString(8)); //页面显示12的八进制数14
```

toFixed()函数用来将浮点数转换为固定小数位数的数字。语法格式如下。

```
num.toFixed([位数]);//将num四舍五入，保留指定位数的小数；若省略参数，则只保留整数部分。
```

具体如下。

```
var num = 12 .5670;
document.write(num.toFixed ());//页面显示13
document.write(num.toFixed (2));//页面四舍五入并保留2位小数的结果12.57
```

4.2.3 字符串处理函数

在 JavaScript 中，字符串处理函数同前面介绍的消息对话框函数、数值处理函数一样，都是由 JavaScript 的内置对象的方法实现的，字符串处理函数能够对字符串进行一定的操作，具体介绍如下。

4-4 eval()函数

1. eval()函数

eval()函数用来计算字符串中的表达式，并返回表达式的值，如下列代码所示。

```
alert(eval("30+9/3"));  返回33
alert(eval("3>4"));     返回false
alert(eval("6>5"));     返回true
```

【任务实践4-7】计算表达式的值——eval()函数

任务描述：通过 eval()函数计算输入的表达式的值。

（1）任务分析

① 根据要求，通过提示对话框输入表达式，使用 eval()函数计算表达式的值。

② 利用警示对话框在页面上输出测试结果。

（2）实现代码

```
<script type="text/javascript">
    var str_exp;
    str_exp=prompt("请输入一个运算符表达式，如 5+6/2。","0");
    alert(str_exp+" = "+eval(str_exp));
</script>
```

（3）实现效果

实现效果如图 4-16 和图 4-17 所示。

图 4-16 输入表达式

图 4-17 eval()函数运算结果

4-5 编码与解码

2. escape()、unescape()函数

escape()函数和 unescape()函数是一对互逆函数。escape()函数用于对字符串中的字符（除字母和数字）进行编码转换，转换为%AA 或者%UUUU 的形式。AA 指的是字符 ASCII 的十六进制数的形式，UUUU 指的是非 ASCII 字符（如汉字）的 Unicode 的形式，如下列代码所示。

```
alert(escape("Hello, 王小丽！"));
//此处返回Hello%2C%u738B%u5C0F%u4E3D%uFF01
alert(unescape("Hello%2C%u738B%u5C0F%u4E3D%uFF01"));
//此处返回Hello，王小丽！
```

任务4.3 使用自定义函数

在编写代码时，可能会出现非常多相同或者功能类似的代码，这些代码需要重复使用。例如，下面 3 段代码实现了相似的功能。

```
//求1~50的累加和
var sum = 0;
for(var i = 0; i <= 50; i++)
    sum += i;
document.write(i);

//求1~100的累加和
var sum = 0;
for(var i = 0; i <= 100; i++)
    sum += i;
document.write(i);

//求1~200的累加和
var sum = 0;
for(var i = 0; i <= 200; i++)
    sum += i;
document.write(i);
```

这 3 段代码的共同点在于，i 的结束值不一样，其他代码都是相同的，如果重复书写，会造成代码冗余。为了解决这个问题，我们引入自定义函数，将一段代码封装起来，实现代码的重复使用。那么该如何创建和调用自定义函数呢？在接下来的任务中进行探索。

4.3.1 声明自定义函数

自定义函数是根据需要自己定义的一段程序代码，具体分为两类：有名函数和匿名函数。有关匿名函数的内容将在任务 4.4 中介绍。自定义有名函数，必须先声明函数。声明自定义函数使用下面的语法格式。

4-6 声明自定义函数

```
function 函数名([参数1],[参数2]...){
    函数体;
    [return 表达式;]
}
```

（1）在函数定义语法格式中，function 是定义函数的关键字，后面是函数名。函数名是必选项，且函数名在同一文件中是唯一的。命名时除了要遵守标识符声明的规则以外，还要遵守函数名体现其功能的规则，即"见名知意"。

（2）参数是可选项。多个参数之间要用逗号分隔。

（3）函数体是必选项，用于实现函数的功能。

（4）return 语句是可选的，用于返回函数值。表达式可以为任意的表达式、变量或者常量。

 在 HTML 文档中，函数通常定义在<head>...</head>标签中，这样可以确保函数先定义再使用。

【任务实践 4-8】计算商品总价——函数定义

任务描述：定义函数，实现计算商品总价。

（1）任务分析

① 根据要求，为实现计算功能，函数体要用到算术表达式——总价=单价×数量。

② 声明3个变量 price、num 和 total，分别用来保存单价、数量及总价。

（2）实现代码

```html
<script type="text/javascript">
    function total() {
        var price = 30;
        var num = 5;
        var all = price * num;
        document.write("商品的总价为: " + all + "元");
    }
</script>
```

</script>...</script>标签放在<head>...</head>标签中，在这个标签中定义函数 total()，实现计算商品总价。定义好的函数只有被调用时才能在浏览器中显示效果。

4-7 调用自定义函数

4.3.2 调用自定义函数

自定义函数定义好之后，就可以同内置函数一样，在程序中进行调用。一般来说，在程序中调用函数有以下3种方式。

1. 使用函数名来调用函数

在 JavaScript 程序中，可以直接使用函数名来调用函数。无论是内置函数还是自定义函数，调用的方法是一样的。用函数名来调用函数的形式是"函数名()"，在调用函数时后面必须加括号，如下代码所示。

```
printStr();
```

2. 在 HTML 中用超链接的方式来调用函数

在 HTML 中，可以以超链接（在<a>标签的 href 属性中使用"javascript:"）的方式来调用 JavaScript 函数。调用方法如下。

```html
<a href="javascript:函数名(参数)">...</a>
```

3. 在事件处理中用与事件结合的方式调用函数

在事件处理中，可以将 JavaScript 函数作为事件处理函数来调用。当触发事件时会自动调用指定的 JavaScript 函数。关于 JavaScript 事件处理的内容将在后面项目中介绍。

【任务实践 4-9】计算商品总价——使用函数名调用函数

任务描述：通过函数名来调用【任务实践 4-8】中自定义的函数 total()，在页面上输出计算结果。

（1）任务分析

① 根据要求，可以直接使用函数名调用自定义函数。

② 具体实现时在<script>...</script>标签中通过 total()调用。注意，调用函数要在定义函数的后面进行。

（2）实现代码

```
<script type="text/javascript">
    function total() {
        var price = 30;
        var num = 5;
        var all = price * num;
        document.write("商品的总价为: " + all + "元");
    }
    total();
</script>
```

（3）实现效果

实现效果如图 4-18 所示。

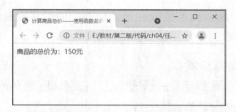

图 4-18 计算商品总价——使用函数名调用函数

【任务实践 4-10】计算商品总价——使用超链接调用函数

任务描述：通过超链接的方式来调用【任务实践 4-8】中定义的函数。

（1）任务分析

① 根据要求，与【任务实践 4-9】调用同一个自定义函数，不过调用的方法不同，此处采用超链接调用函数的方法来进行，即通过 "javascript:total()" 调用。

② 具体实现时代码为 "<a href="javascript:total()">...</a>"。

（2）实现代码

```
<head>
    <meta charset="utf-8">
    <title>使用超链接调用函数</title>
    <script type="text/javascript">
        function total() {
            var price = 30;
            var num = 5;
            var all = price * num;
            document.write("商品的总价为: " + all + "元");
        }
    </script>
</head>

<body>
    <a href="javascript:total()">计算商品总价</a>
</body>
```

（3）实现效果

实现效果如图 4-19 和图 4-20 所示。

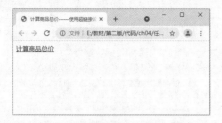

图 4-19 使用超链接调用函数

图 4-20 单击超链接显示结果

4.3.3 函数的参数和返回值

4-8 函数的参数

JavaScript 函数在定义和调用时是可以有参数和返回值的，本小节将针对函数的参数和返回值进行讲解。

1. 函数参数

按照函数定义的语法格式，在创建自定义函数时，在函数名后面可以有 1 个或多个参数，如下。

```
function 函数名([参数1],[参数2]...){
    函数体;
    [return 表达式;]
}
```

我们把定义函数时指定的参数称为形式参数，简称形参；而把调用函数时为形参实际传递值的参数称为实际参数，简称实参。

如果定义的函数中有参数，那么调用这种函数的方式如下。

```
函数名(实参1,实参2,...);
```

【任务实践 4-11】计算任意商品总价——有参函数

任务描述：通过参数计算商品的总价。

（1）任务分析

① 在【任务实践 4-10】中计算商品总价时其计算数是固定的，是不适合实际应用的。本任务实践通过带有参数的函数来实现计算商品总价的功能，将会比较方便和实用。

② 在定义函数时，指定两个形参 price、num，分别表示单价和数量，在函数体内完成商品总价的计算 "price*num"。

③ 在调用时，用单价和数量的实际值（实参）代替 price 和 num 两个形参，就可以得到商品的总价。

（2）实现代码

```
<!DOCTYPE html>
<html>
<head>
    <meta charset="utf-8">
```

```
    <title>调用有参函数</title>
    <script type="text/javascript">
        function total(price, num) {
            var all = price * num;
            document.write("商品的总价为: " + all+"元");
        }
    </script>
</head>
<body>
    <script type="text/javascript">
        //调用函数时用实参代替形参
        total(2.3, 5);
    </script>
</body>
</html>
```

（3）实现效果

实现效果如图 4-21 所示。

图 4-21 调用有参函数统计商品的总价

 提示 在调用有多个参数的函数时，实参的顺序、个数、类型必须同形参一致。

2. 函数的返回值

函数的返回值是指函数在调用后获得的数据。在定义函数时，可以为函数指定一个返回值，函数的返回值可以是任何类型的数据。在 JavaScript 中使用 return 语句得到返回值并退出函数。return 语句的语法格式如下。

4-9 函数的返回值

```
return 表达式;
```

这条语句的作用是结束函数体的执行，并把表达式的值作为函数的返回值。

【任务实践 4-12】求两个数的较大数——return 语句

任务描述：定义函数，求两个数中的较大数，并通过 return 语句得到其结果。

（1）任务分析

① 根据要求，求两个数中的较大数，可定义有两个参数的函数，通过比较将较大数保存在变量 max 中。

② 返回值是较大数，直接返回变量 max。

（2）实现代码

```html
<!DOCTYPE html>
<html>
<head>
    <meta charset="utf-8">
    <title>求两个数的较大数——return语句</title>
    <script type="text/javascript">
        function Max(x, y) {//求x、y中的较大数
            var max;   //max变量用来保存函数的结果
            if (x > y) max = x;
            else max = y;
            return max;   //结束函数运行，并把变量max的值作为函数的返回值
        }
    </script>
</head>
<body>
    <script type="text/javascript">
        var x, y, m;
        x = prompt("请输入第1个数: ", "0");
        y = prompt("请输入第2个数: ", "0");
        m = Max(x, y);
        alert("这两个数中较大的数为: " + m);
    </script>
</body>
</html>
```

（3）实现效果

实现效果如图 4-22～图 4-24 所示。

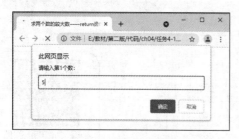

图 4-22 输入第 1 个数

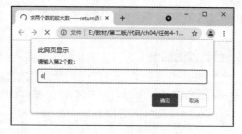

图 4-23 输入第 2 个数

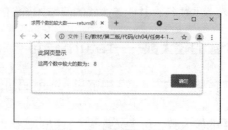

图 4-24 显示较大值

4-10 函数变量的
作用域

4.3.4 函数变量的作用域

通过前面的学习，我们了解到变量需要先声明后调用，但是这并不意味着声明变量后就可以在任意位置使用变量。变量只有在它的作用范围内才可以被调用，这个作用范围就是变量的作用域。变量的作用域在前面已经进行了简单的描述。在 ES6 标准出现之后，JavaScript 变量的作用域按照其作用的范围可以分为全局作用域、局部作用域和块级作用域 3 种。作用域对应的变量分别为全局变量、局部变量和块级变量。

（1）全局变量：在函数体外声明的变量或者在函数内省略 var 关键字声明的变量称为全局变量，它在同一页面文件中的所有脚本内部都可以使用。

（2）局部变量：在函数体内利用 var 关键字定义的变量称为局部变量，仅在该函数内部有效。在函数体外，即使使用同一个名字的变量，也被看作另一个变量。注意，如果局部变量和全局变量同名，在函数体内，只有局部变量是有效的。

（3）块级变量：用 ES6 标准中新增的 let 关键字声明的变量称为块级变量，它仅在包含它的最小代码块中有效。

为了更好地理解变量的作用域，我们通过以下案例展示它们的区别。

【任务实践 4-13】输出变量的值——变量的作用域

任务描述：测试变量的作用域。

（1）任务分析

① 根据要求，分别通过 3 种具体的应用对 3 种变量的作用域进行测试。

② 首先声明全局变量 a，并进行赋值。然后定义函数，在函数中声明局部变量 a，在函数中输出的 a 是局部变量。接下来在 for 循环中定义块级变量 a，输出的 a 是块级变量。最后测试输出的变量 a，结果是全局变量。

（2）实现代码

```
<script type="text/javascript">
    var a = 100;  //定义函数send()之外的变量a，它是全局变量
    function send() {
        var a = 10; //定义在函数体内的变量a，它是局部变量
        document.write("变量a的值是:" + a + "<br />"); //输出局部变量a的值
    }
    send(a); //调用函数，以全局变量a为实参
    document.write("变量a的值是:" + a + "<br />"); //输出全局变量a的值
    for (let a = 0; a < 2; a++)
        document.write("变量a的值是:" + a + "<br />");//输出块级变量a的值
    document.write("变量a的值是:" + a + "<br />"); //输出全局变量a的值
</script>
```

在函数 send()之外定义的变量 a 是全局变量，它在整个程序中都有效。在 send()函数中定义局部变量 a，它只在函数体内部有效，在函数体中的变量 a 的值变为 10，也只对局部变量 a 有效，对函数体外的全局变量 a 无效，所以函数体外变量 a 的值仍然为 100。在 for 循环中声明块级变量 a，输出变量 a 的值是块级变量的值，在循环外面再次输出时，块级变量不再起作用，而是输出了全局变量 a 的值。

（3）实现效果

实现效果如图 4-25 所示。

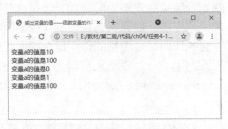

图 4-25 变量的作用域示例

4.3.5 函数的嵌套

4-11 函数的嵌套

函数的嵌套是指在一个函数内包含另外一个函数。在 JavaScript 中，一个函数体内的语句可以调用另外一个函数，这就是函数的嵌套调用。在函数嵌套调用时，被调用的函数应该先写好，否则不能完成函数的嵌套调用。函数嵌套调用的流程如图 4-26 所示。

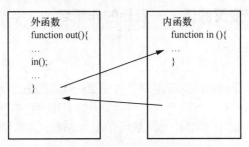

图 4-26 函数嵌套调用的流程

在图 4-26 中，函数 out()在执行时调用了函数 in()，函数 in()执行完毕，函数 out()继续执行后面的语句，直至结束。

【任务实践 4-14】求 1+(1+2)+(1+2+3)+…+(1+2+…+n)的值——函数嵌套

任务描述：使用函数嵌套的方式求出 1+(1+2)+(1+2+3)+…+(1+2+…+n) 的值。

（1）任务分析

① 分析该算式，实际上是求 1~n 的累加和的累加和，所以可以编写一个函数 sum()求 1~n 的累加和，再编写一个函数 sum_all()对这些累加和进行累加。

② 利用 sum_all()函数嵌套 sum()函数即可实现目的。

③ 累加和的求法可使用循环语句来实现。

（2）实现代码

```
<!DOCTYPE html>
<html>
<head>
    <meta charset="utf-8">
    <title>函数的嵌套调用示例</title>
```

```
<script type="text/javascript">
    function Sum(n) {//求 1+2+...+n 的累加和
        var sum = 0, i;
        for (i = 1; i <= n; i++) sum += i;
        return sum;
    }
    function Sum_all(n) {//求 1+(1+2)+(1+2+3)+...+(1+2+...+n)
        var sum = 0, i;
        for (i = 1; i <= n; i++) {//累加 sum(1)+sum(2)+...+sum(n)
            sum += Sum(i);        //调用函数Sum(i)求sum(1)~sum(n)的累加和
        }
        return sum;
    }
</script>
</head>
<body>
    <script type="text/javascript">
        var n = parseInt(prompt("n=", "0"));
        alert("该算式的值为: " + Sum_all(n));
    </script>
</body>
</html>
```

（3）实现效果

实现效果如图 4-27 和图 4-28 所示。

图 4-27 输入 *n* 值

图 4-28 显示结果

任务 4.4 运用函数进阶

除了前面我们经常用到的函数的基础知识之外，函数还有几种表达形式，比如函数表达式、匿名函数、箭头函数等，本任务将具体介绍这几种表达形式的应用。

4.4.1 函数表达式

函数表达式是指将声明的函数赋值给一个变量，通过变量完成函数的调用。具体如下。

4-12 函数表达式

```
var fn = function getSum(num1,num2){
    return num1+num2 ;
};
fn(2,4);
```

比较一下前面学习过的自定义有名函数和函数表达式，如图 4-29 所示。

图 4-29 自定义有名函数和函数表达式

我们可以看出，函数表达式是在自定义函数的基础上，将自定义函数赋值给一个变量，不同的是函数表达式必须在调用的时候采用"变量名()"的形式，而不是采用"函数名()"的形式调用。

4-13 函数的
拓展认识

4.4.2 匿名函数

顾名思义，匿名函数就是没有名称的函数，它是函数表达式的另一种形式，具体如图 4-30 所示。

图 4-30 函数表达式和匿名函数

我们可以看出，匿名函数就是在函数表达式的基础上去掉函数名。观察匿名函数的调用，通过"变量名( )"的形式，可以将整个 function 部分替换成"变量名"，于是就有了如下自调用的方式，这种方式书写起来更加简单。

```
//匿名函数的自调用方式
function(num1,num2){
    return num1+num2 ;
}(4,5);
```

由此可以看出，当一个函数需要多次调用时，可以定义为有名函数或者匿名函数；如果该函数只使用一次，就可以使用匿名函数的自调用方式。

4.4.3 箭头函数

ES6 中新引入了一种匿名函数，称为箭头函数。使用 ES6 箭头函数语法定义函数，需将原函数的 function 关键字和函数名都删掉，并使用"=>"连接参数列表和函数体，如图 4-31 所示。

4-14 箭头函数

图 4-31 匿名函数和箭头函数

箭头函数相当于匿名函数，并且简化了函数定义。箭头函数有两种格式：一种只包含一个表达式，省略花括号和 return；另一种可以包含多条语句，此时就不能省略花括号和 return。
具体语法如下。

```
//无参箭头函数
()=>{函数体};
//有一个参数的箭头函数
```

```
num1=>{函数体};
//有多个函数的箭头函数
(num1,num2,num3)=>{函数体};
//有返回值的箭头函数
(num1,num2,num3)=>{return 返回值};
(num1,num2,num3)=>exp;
```

使用箭头函数，代码书写更加精练、简单、快捷。在实际应用中，箭头函数越来越受欢迎。

【任务实践 4-15】使用箭头函数实现不同层数的三角形图案——箭头函数

任务描述：使用箭头函数来输出"*"形成的三角形图案。

（1）任务分析

① 根据要求，编写函数实现"*"形成的三角形图案，其实与用普通流程语句来编写一样，只是把执行代码放在一个函数体内即可。

② 为了提高函数的适用性，通过函数参数来确定三角形图案的层数。

③ 通过 document.write()来输出结果。

（2）实现代码

```
<script type="text/javascript">
    var draw = n => {
        var i, j;
        for (i = 1; i <= n; i++) {
            for (j = 1; j <= n - i; j++)
                document.write("  ");
            for (j = 1; j <= i; j++) {
                document.write("*");
                document.write("   ");
            }
            document.write("<br />");
        }
    };
    var num = prompt("请输入三角形图案的层数", "0");
    draw(num);
</script>
```

（3）实现效果

本任务实践以实现 6 层图形的效果为示例，运行该程序，在弹出的提示对话框中输入"6"，就可以实现 6 层的图形效果，如图 4-32 和图 4-33 所示。

图 4-32 输入三角形图案的层数

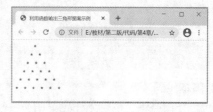

图 4-33 显示指定层数的三角形

项目分析

根据项目要求，编写函数计算个人所得税。根据新颁布的《中华人民共和国个人所得税法》，如表 4-1 所示，个人所得税划分为 7 个等级，每个等级中不同的应纳税所得额对应不同的税率和速算扣除数，这是典型的分支结构，由于条件是采用范围表示的，所以我们选择使用 if 语句的多分支结构。

项目实施

1. 页面框架

根据项目分析，单击页面上的"计算个人所得税"按钮计算个人所得税，具体代码如下。

```html
<!DOCTYPE html>
<html>
<head>
    <meta charset="utf-8">
    <title>计算个人所得税</title>
</head>
<body>
    <p>
        <input type="button" value="计算个人所得税" onclick="calculate()">
    </p>
</body>
</html>
```

页面框架中标记的部分采用事件驱动的方式，即单击按钮执行 calculate()函数。在这里 onclick 作为<input >标签的属性。

2. CSS 结构

设置按钮的样式，具体如下。

```css
<style>
    p {
        text-align: center;
    }
    input {
        background-color: #22A6F2;
        color: white;
        font-size: 40px;
        border-radius: 10px;
        border: 1px solid #22A6F2;
    }
</style>
```

3. 脚本代码

根据项目分析，该脚本代码采用分支结构，具体如下。

```
<script type="text/javascript">
    function calculte() {
        var nsqd = 60000; //纳税起点
        var ynse; //计算应纳税额
        var income = parseFloat(prompt("请输入您的个人收入数", ""));
        var insurance = parseFloat(prompt("请输入您的社会保险数", ""));
        var item = parseFloat(prompt("请输入您的专项附加扣除数", ""));
        var nssd = income - nsqd - insurance - item; //计算应纳税所得额
        if ((nssd <= 0))
            alert("您的收入不需要纳税");
        else {
            if ((nssd <= 36000))
                ynse = nssd * 0.03;
            else if (nssd <= 144000)
                ynse = nssd * 0.1 - 2520;
            else if (nssd <= 300000)
                ynse = nssd * 0.2 - 16920;
            else if (nssd <= 420000)
                ynse = nssd * 0.25 - 31920;
            else if (nssd <= 660000)
                ynse = nssd * 0.30 - 52920;
            else if (nssd <= 960000)
                ynse = nssd * 0.35 - 85920;
            else
                ynse = nssd * 0.45 - 181920;
            alert(income + "元个人收入需要缴纳个人所得税" + ynse + "元");
        }
    }
</script>
```

浏览网页，实现效果如图 4-1~图 4-4 所示。

项目实训——简易计算器

【实训目的】

练习自定义函数和预定义函数的使用。

【实训内容】

实现图 4-34 所示的简易计算器。

【具体要求】

实现网页版的简易计算器，在"数 1"和"数 2"后面的文本框中输入数据，然后单击 4 个运算按钮中的一个，就可以在"结果"后面的文本框中看到运算结果，具体如下。

① 使用自定义函数，可以是有参函数也可以是无参函数。

② 需要判断输入的数据是否是数字，进行除法运算时需要排除特殊情况。

图 4-34 简易计算器

小结

函数在 JavaScript 编程中有重要的地位，掌握函数封装的思想对今后的编程有很大帮助。本项目使用函数计算个人所得税，具体任务分解如图 4-35 所示。

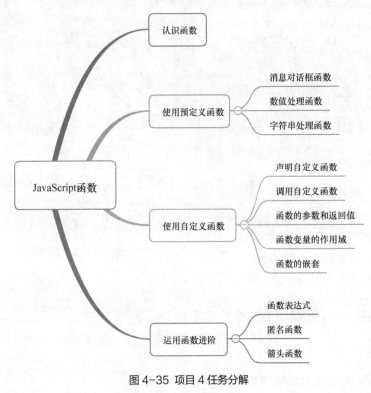

图 4-35 项目 4 任务分解

扩展阅读——JavaScript 中的闭包函数

闭包函数是指有权访问另一个函数作用域中的变量的函数。也就是说，当一个函数的返回值是另外一个函数，而返回的那个函数调用了其父函数内部的其他变量，如果返回的这个函数在外部被执行，就产生了闭包，具体如下。

```
function fn1(){
    var a =1;
```

```
function fn(){
    a++;
    console.log(a); // 2
}
return fn;
}
```

这种函数嵌套方式就是闭包函数，这种模式的好处是可以让内层函数访问到外层函数的变量，并且让函数整体不至于因为函数执行完毕而被销毁。接下来，调用函数的代码如下。

```
// 调用函数
var x  = fn1();
x(); // 结果是2
x();// 结果是3
```

当调用函数时，变量的值都会递增 1，原因是外层函数的变量处理内层函数的作用域时，被内层函数所使用，当 JavaScript 垃圾回收机制读取到这种情况后，就不会进行垃圾回收。

习题

一、填空题

1. JavaScript 定义函数的关键字是_____。

2. 函数与其他的 JavaScript 代码一样，必须位于_____标签中。

3. 常用的内置函数 isNaN()的运行结果只能是_____和_____。

4. 在创建自定义函数时，可以指定函数的_____和_____。

5. 在 JavaScript 中，允许在一个函数的函数体中调用另外一个函数，这称为_____。

6. 在 JavaScript 中，可以为函数指定返回值，返回值可以是任何类型的，使用_____语句可以返回函数值并退出函数。

7. 在 JavaScript 中，函数变量的作用域分为_____和_____。

8. 在 JavaScript 中，我们把定义函数时指定的参数称为_____，简称_____。把调用函数时实际为形参传递值的参数称为_____，简称_____。

9. 在 JavaScript 中，定义函数可以使用_____个参数。

10. 在不同的函数体中，变量是可以同名的。这个说法正确吗？_____。

二、选择题

1. 在定义 JavaScript 函数时，下面各组成部分中可以省略的是_____。
   A. 函数名　　　　　　　　　　B. 指明函数的一对圆括号()
   C. 函数体　　　　　　　　　　D. 函数参数

2. 如果有函数定义"function f(x,y){…}"，那么以下正确的函数调用是_____。
   A. f1,2　　　　B. f(1)　　　　C. f(1,2)　　　　D. f(,2)

3. 定义函数时，在函数名后面的圆括号内可以指定的参数个数是_____。
   A. 0　　　　　B. 1　　　　　C. 2　　　　　D. 任意

4. 在 JavaScript 中，函数的多个参数之间必须用_____分隔。
   A. 逗号　　　　B. 句号　　　　C. 分号　　　　D. 空格

5. 在 JavaScript 中，要定义一个局部变量 myVal，可以在_____中定义。

A. 函数名　　　　B. 指明函数的一对圆括号()
C. 函数体　　　　D. 函数参数

6. 在 JavaScript 常用内置函数中，_____函数用来计算字符串中的表达式，并返回表达式的值。

A. eval()　　　　B. isNaN()　　　　C. isFinite()　　　　D. parseInt()

7. 关于函数，以下说法中错误的是_____。

A. 函数类似于方法，是执行特定任务的语句块
B. 可以直接使用函数名称来调用函数
C. 函数可以提高代码的重用率
D. 函数不能有返回值

8. 以下关于 JavaScript 脚本的类型转换的说法中正确的是_____。

A. parseInt("66.6s")的返回值是 7
B. parseInt("66.6s")的返回值是 NaN
C. parseFloat("66ss36.8id")的返回值是 36
D. parseFloat("66ss36.8id")的返回值是 66

9. 结果为 NaN 的表达式是_____。

A. "80"+"19"　　　B. "十九"+"八十"
C. "八十"*"十九"　　D. "80"*"19"

10. 分析下面的 JavaScript 代码段，输出结果是_____。

```
var s1=parseInt("101中学");
document.write(s1);
```

A. NaN　　　　B. 101 中学　　　　C. 101　　　　D. 出现脚本错误

项目5
毕业倒计时——
JavaScript对象

05

情境导入

张华同学最近在看人才招聘信息，发现人才竞争非常激烈，感慨一定要珍惜大学时光，多学点儿知识，又感叹时间过得真快，这个学期过去一半了，距离毕业只有不到两年的时间了。他向李老师请教，想利用所学的知识做一个毕业倒计时页面，如图 5-1 所示。

图 5-1 毕业倒计时页面

李老师告诉他，这需要用到面向对象的知识。JavaScript 是一种基于对象的程序设计语言，基于对象编程是 JavaScript 的基本编程思想。

"工欲善其事，必先利其器"，想成为合格的前端开发人员，面向对象的知识是不可少的。为了便于进一步的学习，李老师帮助他制订了详细的学习计划，具体如下。

第 1 步：认识对象，理解面向对象和面向过程的概念。

第 2 步：认识常见的几种内置对象。

第 3 步：学会使用自定义对象来解决实际问题。

项目目标（含素养要点）

■ 掌握 JavaScript 基于对象的程序设计思想及对象的基本概念

■ 掌握 JavaScript 内置对象的属性和方法，具备使用内置对象解决问题的能力（珍惜时光）

■ 掌握 JavaScript 自定义对象的创建和访问，进一步了解对象的继承特性（传统文化）

///// **知识储备**

任务 5.1 认识对象

5-1 认识面向对象
和面向过程

学习编程，基本功就是掌握编程语言。而编程的本质是掌握程序的逻辑，所以培养编程思想非常重要。面向过程和面向对象是两种重要的编程思想，实际上编程界的这两大思想一直贯穿在我们的工作和学习中，下面我们学习这两者的区别。

5.1.1 认识面向过程与面向对象

什么是面向过程？在日常工作和学习中，当我们去完成一项复杂的任务时，通常会罗列出要做的步骤，然后按步骤去解决问题，这实质上就是按照面向过程的思想去解决问题。在面向过程的程序设计中，一般使用函数来解决问题。而面向对象不同于面向过程，它按照现实世界的逻辑关系而非步骤来处理问题。在面向对象的程序设计中，首先，要分析问题中存在的实体，就是动作的支配者，没有实体，就没有动作发生。其次，要分析这些实体的属性和方法，然后通过这些实体的属性和方法来解决问题。在面向对象的程序设计中，应尽可能地去模拟真实的现实世界，把构成问题的事物分解成各个对象，通过建立对象来描述某个事物在解决问题各个步骤中的行为。面向对象是一种更符合人类思维习惯的编程思想，它关注的是对象，使用对象间的关系来描述事物之间的联系。

生活中体现这两大编程思想的例子很多，比如用洗衣机洗衣服，面向过程的设计思路就是分析洗衣机洗衣服的步骤。首先打开洗衣机的机盖，然后放入衣服，设定洗衣时间，最后启动洗衣机。不同步骤使用不同的函数实现即可，具体实现过程见【任务实践 5-1】。

【任务实践 5-1】模拟洗衣机洗衣服——面向过程

任务描述：使用面向过程的思想模拟洗衣机洗衣服的过程。

（1）任务分析

① 根据任务要求，分别定义 4 个函数，实现打开机盖、放入衣服、设定洗衣时间、启动洗衣机等功能。

② 定义洗衣机洗衣服的函数，按顺序调用 4 个函数。

（2）实现伪代码

```
<script>
    function open() { //打开洗衣机
        document.write("打开洗衣机");
    }
    function puton() { //放入衣服
        document.write("放入衣服");
    }
    function setTime() { //设定时间
        document.write("设定时间");
    }
    function start() { //启动洗衣机
```

```
            document.write("启动洗衣机");
        }
    function washClothes() { //面向过程模拟洗衣机洗衣服
        open(); //打开洗衣机机盖
        puton(); //放入衣服
        setTime(); //设定洗衣时间
        start(); //启动洗衣机
    }
</script>
```

在上述实现过程中，根据前面的分析，我们定义 4 个函数，然后按照顺序调用，这就是采用面向过程的思想解决问题。我们扮演的是执行者，分析事情发生的过程都由自己来完成。所以当我们用面向过程的思想去编程或解决问题时，首先要清楚详细的实现过程。过程清楚了，代码的实现就比较简单。

如果用面向对象的思想来模拟洗衣机洗衣服的过程，就需要换个思路来思考问题。面向对象的设计思路就是分析其中涉及的对象及其发出的动作，对象有洗衣机和衣服，洗衣机的动作有打开机盖、放入衣服、设定时间、启动洗衣机，衣服没有涉及具体的动作。具体实现过程见【任务实践 5-2】。

【任务实践 5-2】模拟洗衣机洗衣服——面向对象

任务描述：使用面向对象的思想模拟洗衣机洗衣服的过程。
（1）任务分析
① 根据任务要求，分别定义两个对象：衣服对象和洗衣机对象。
② 分别编写衣服对象和洗衣机对象涉及的属性和方法。
③ 分别创建衣服实例和洗衣机实例。
（2）实现伪代码

```
<script>
    function Washer() {//定义洗衣机对象
        function open() { //打开洗衣机
            document.write("打开洗衣机");
        }
        function puton(clothes) { //放入衣服
            document.write("放入衣服");
        }
        function setTime() { //设定时间
            document.write("设定时间");
        }
        function start() { //启动洗衣机
            document.write("启动洗衣机");
        }
    }
    function Clothes(type) {//定义衣服对象
        this.type = type; //表示衣服的种类
    }
```

```
        var dress = new Clothes("上衣");//创建衣服实例
        var washer1 = new Washer();//创建洗衣机实例
        washer1.open();
        washer1.puton(dress);
        washer1.setTime();
        washer1.start();
    </script>
```

在上述实现过程中，我们定义两个对象，即洗衣机对象和衣服对象，并通过它们来完成具体的操作，整个过程中注重的是对象及其发出的动作。

我们通过图 5-2 演示面向过程和面向对象思想，对于面向过程我们关注的是过程，我们是执行者；对于面向对象我们关注的是对象，我们是指挥官。

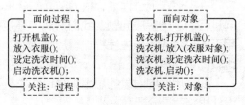

图 5-2 面向对象和面向过程

面向过程和面向对象这两大编程思想，哪一个更好？这也是很多初学者经常询问的问题。其实这两种编程思想没有好坏之分，关键是看你解决问题的需求。可以用比较形象的例子来分析面向过程和面向对象。面向过程编程就好比蛋炒饭，蛋炒饭入味均匀，吃起来香；面向对象编程就好比盖浇饭，喜欢什么菜，就在白米饭上面放什么菜。那么蛋炒饭和盖浇饭哪个更好？由于每个人的偏好不同、口味不一，所以没有统一的答案。具体从做法来看，盖浇饭的好处就是饭菜分离，提高了制作盖浇饭的灵活性——饭令人不满意就换饭，菜令人不满意就换菜。用软件工程的专业术语来说就是"可维护性"比较好，"饭"和"菜"的耦合度比较低。蛋炒饭中"饭""蛋"混合在一起，想更换"饭""蛋"中任何一种都很困难，耦合度很高，"可维护性"比较差。

综上所述，面向对象编程可以提升程序的灵活性和可维护性；而面向过程编程中，我们通过函数来实现功能，随着程序功能复杂性的提高，步骤也越来越多，那么相应的函数也在不断增多，各种功能交织在一起，导致代码结构混乱，程序的可维护性比较差。

面向对象的编程思想比较符合人们日常生活中的思考方式。例如，在日常生活中，会从这个人的姓名、性别、年龄、身高、体重、学历、专业等方面去描绘他的基本特征，除此之外，这个人可能会开车、会做饭等。这都是在现实生活中描述对象的方法。在面向对象的编程思想中，人的特征称为属性，人的行为如开车、做饭、运动等称为方法。在面向对象的编程中，可将事物抽象为对象，同时提供这些对象应该具有的属性及相应的方法，实质就是人们对现实世界的对象进行建模操作，如图 5-3 所示。

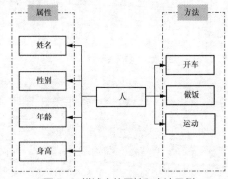

图 5-3 描述人的属性和方法示例

5.1.2 对象的基本概念

1. 类的概念

类是封装对象的属性和行为的载体，也就是说，类（也称对象类）是具有相同属性和方法的一组对象的抽象描述。定义了类以后就可以使用类来创建对象。在 JavaScript 中通过类创建的对象称为对象实例，创建对象的过程就是类的实例化过程。类是一个抽象的概念，而对象是一个实例化的概念。例如，鸟类封装了所有鸟的共同属性和应具有的行为，定义完鸟类以后，可以根据这个类抽象出一个实体对象，例如，使用鸟类创建一个实例对象大雁，那么大雁就是一个对象实例，一般称为对象。

2. 对象的概念

面向对象编程，首先要了解对象。对象是来自客观世界的认识，用来描述客观世界存在的特定实体，所以对象就是事物存在的实体，如人类、书桌、计算机、高楼大厦等。在理解对象时，可以将对象划分为两个部分，即静态部分和动态部分，静态部分就是"不能动"的部分，称为"属性"。任何对象都具备属性，如一个人包括身高、体重、性别、年龄等属性。动态部分就是除了这些属性外的行为、动作，例如，人有哭泣、微笑、说话、行走等行为。我们就是通过观察对象的属性和行为来了解和描述对象的。

在计算机编程中，面向对象程序设计的思想就是要以对象来思考问题，首先要将现实世界的实体抽象为对象，再考虑这个对象具备的属性和行为。例如，使用面向对象的思想解决大雁从北方飞往南方的实际问题。

（1）可以从这个问题中抽象出对象，这里抽象出来的对象是大雁。

（2）识别这个对象的属性，对象具备的属性都是静态属性，如大雁有一对翅膀、黑色的羽毛等。

（3）识别这个对象的动态行为，即大雁可以进行的动作，如飞行、觅食等。这些行为都是基于其属性而具有的动作。

实质上，所有的大雁都具有以上属性和行为，可以将这些属性和行为封装起来，描述大雁这类动物。由此可见，类实质上是封装对象属性和行为的载体，而对象则是类具体化出来的一个实例。

3. 对象的属性和方法

作为一个实体，对象包含两个要素，即属性和方法。

（1）属性是指用来描述对象特征的一组数据，以变量的形式存在，也叫成员变量。

（2）方法是指用来描述对象的动作，表现为函数。

在 JavaScript 中，对象就是属性和方法的集合。方法作为对象成员的函数，表明对象所具有的行为。而属性作为对象成员的变量，表明对象的状态。通过访问或设置对象的属性，并且调用对象的方法，就可以对对象进行各种操作，实现某种功能。

4. 面向对象的特征

面向对象的三大特征是封装性、继承性和多态性，下面分别进行介绍。

（1）封装性

封装是指隐藏内部的实现细节，只对外开放操作接口。接口是对象的方法，无论对象的内部多么复杂，用户只需知道这些接口怎么使用即可。例如，键盘的实现原理复杂，但我们在使用键盘时并不需要知道其结构，只要会操作就可以了。封装的优势在于，无论对象的内部修改了多少次，只要不改变接口，就不会影响到这个对象的使用。

（2）继承性

继承是指一个对象继承另一个对象，从而在不改变另一个对象的前提下进行扩展。例如，苹果和香蕉都属于水果，在程序中我们可以实现苹果类和香蕉类，它们都继承自水果类。

（3）多态性

多态是指在同一个操作域操作不同的对象，会产生不同的执行结果。在面向对象中，多态的实现离不开继承，这是因为当多个对象继承了同一个对象后，就获得了相同的方法，然后可以根据每个对象的需求来改变同名方法的执行结果。

5.1.3 JavaScript 的对象框架

JavaScript 是一种基于对象的语言，在面向对象上它不像 Java 那样要求严格，相对比较灵活。在大部分情况下，JavaScript 的类和对象是可相互转换的概念，比如 JavaScript 提供了一系列的内置对象，内置对象既可以作为类，也可以作为对象。JavaScript 中通常包括两种对象，即自定义对象和预定义对象。自定义对象是根据需求自己创建的对象；预定义对象是 JavaScript 提供的已经定义好的对象，用户可以直接使用。预定义对象包括浏览器对象和 JavaScript 内置对象。

浏览器对象是浏览器提供的、可供 JavaScript 使用的对象，项目 7 中将详细介绍的 BOM，就是一个典型的浏览器对象模型。大部分浏览器可以根据系统当前的配置和所装载的页面自动地为 JavaScript 提供一些可使用的对象。本书前面经常使用到的 Document 对象就是浏览器对象的一种。项目 6 中将介绍的 DOM 对象是文档对象模型，提供了大量的 JavaScript 内置对象。

任务 5.2 使用内置对象

内置对象（类）是由 JavaScript 提供的一系列对象（类）。了解这些内置对象的使用方法是使用 JavaScript 内置对象进行编程的基础和前提。JavaScript 提供的内置对象主要有 Math、Date、String、Array、Number、Boolean、Function、Object、RegExp、Error 等实现一些常用功能的对象。

JavaScript 内置对象（内置类）的基本功能如表 5-1 所示。

表 5-1 JavaScript 内置对象（内置类）的基本功能

内置对象	说明
Math	数学对象，用于数学运算功能
Date	日期对象，用于定义日期对象
String	字符串对象，用于定义字符串对象和处理字符串
Array	数组对象，用于定义数组对象
Number	原始数值对象，可以在原始数值和对象之间进行转换
Boolean	布尔值对象，用于将非布尔值转换成布尔值（true 或 false）
Function	函数对象，用于定义函数
Object	基类，所有 JavaScript 内置类都是从基类 Object 派生（继承）出来的
RegExp	正则表达式对象，用于完成有关正则表达式的操作和功能
Error	异常对象，用于对异常进行处理。它还派生出几个处理异常的子类； EvalError，用于处理发生在 eval()中的异常； SyntaxError，用于处理语法异常； RangeError，用于处理数值超出范围的异常； ReferenceError，用于处理引用异常； TypeError，用于处理不是预期处理变量类型的错误； URIError，用于处理发生在 encodeURI()或 decodeURI()中的错误

5.2.1 Object 对象类

Object 对象是 JavaScript 的基类，从表 5-1 中可以看出，所有的 JavaScript 内置对象（类）都是从基类 Object 派生（继承）过来的。Object 类包含的属性和方法可以被所有 JavaScript 内置对象（类）继承。

Object 对象的属性和方法如表 5-2 和表 5-3 所示。

表 5-2 Object 对象的属性

属性	说明
prototype	指定对象原型的引用
constructor	创建对象的构造函数

表 5-3 Object 对象的方法

方法	说明
hasOwnProperty(proName)	判断对象是否含有指定名称（proName）的属性，返回布尔值
isPrototypeOf(object)	判断一个对象是否是另一个对象（object）的原型
propertyIsEnumerable(proName)	判断指定属性（proName）是否可列举
toString()	返回对象的字符串表示
valueOf()	返回对象的值

5.2.2 Date 对象类

5-2 创建 Date 对象

JavaScript 的 Date 对象主要用于管理和操作日期和时间数据，提供了一系列获取和设置日期与时间的方法。

1. 创建 Date 对象

在使用 Date 对象类时，必须先使用 new 关键字创建一个 Date 对象。创建 Date 对象的常见方式有以下 4 种。

（1）创建当前时刻的 Date 对象，如下。

```
var today=new Date();
```

利用上面的代码创建的是当前系统日期和时间的 Date 对象，表示此时此刻。

（2）创建指定日期的 Date 对象，如下。

```
var time = new Date("2023-3-1");
var time= new Date("2023/3/1");
var time=new Date("2023,3,1");
```

利用上面的代码将创建指定日期的时间，上面的参数都指 2023 年 3 月 1 日，而且这个对象的时、分、秒、毫秒值都为 0，这 3 种参数的区别在于使用不同的连接符号表示日期，指定的日期以字符串的方式表示。除此之外，还可以以非字符串的形式出现，即以数字的方式表示。

```
var date=new Date(2023,3,1);
```

这种指定日期的形式是单个的数字，表示的是 2023 年 4 月 1 日的 Date 对象，可以看出实际的月份和参数有一些出入，这是因为以 Date 对象的方法得到的月份就是这个结果，后面会做详细介绍。

（3）创建一个指定日期和时间的 Date 对象，如下。

```
var time=new Date("2023,3,1,10:20:30:50");
```

利用上面的代码将创建指定日期和时间的 Date 对象，具体表示年、月、日、时、分、秒、毫秒，如上例即 2023 年 3 月 1 日 10 点 20 分 30 秒 50 毫秒，同样，当我们将引号去掉，采用下面的方式创建。

```
var time=new Date(2023,3,1,10,20,30,50);
```

据前所述，以这种方式表示的时间是 2023 年 4 月 1 日 10 点 20 分 30 秒 50 毫秒，表示的月份相差 1。

（4）其他的创建方法。我们可以使用以下方法创建一个时间。

5-3 Date 对象的人生哲理

```
var time=new Date(milliseconds);
```

该方式表示创建一个新的 Date 对象，其中 milliseconds 为从 1970 年 1 月 1 日 0 时到指定日期之间的毫秒总数。

2. Date 对象的方法

了解完 Date 对象的创建方法后，我们来认识 Date 对象的常用方法，如表 5-4 所示。

表 5-4 Date 对象的常用方法

方法		说明
get 方法	getDate()	返回用本地时间表示的一个月中的日期值（1~31）
	getDay()	返回用本地时间表示的一个星期中的星期值（0~6）
	getFullYear()	返回用本地时间表示的 4 位数字的年份值（如 2018）
	getHour()	返回用本地时间表示的小时值（0~23）
	getMilliseconds()	返回用本地时间表示的毫秒值（0~999）
	getMinutes()	返回用本地时间表示的分钟值（0~59）
	getMonth()	返回用本地时间表示的月份值（0~11）
	getSeconds()	返回用本地时间表示的秒值（0~59）
	getTime()	返回 1970 年 1 月 1 日至今的毫秒数
set 方法	setDate()	设置 Date 对象中用本地时间表示的日期值（1~31）
	setFullYear()	设置 Date 对象中用本地时间表示的 4 位年份值
	setHour()	设置 Date 对象中用本地时间表示的小时值
	setMonth()	设置 Date 对象中用本地时间表示的月份值
	setMinutes	设置 Date 对象中用本地时间表示的分钟值
	setMilliseconds()	设置 Date 对象中用本地时间表示的毫秒值
	setSeconds()	设置 Date 对象中用本地时间表示的秒值
	setTime()	以毫秒数（1970 年 1 月 1 日 0 时至今的毫秒数）设置 Date 对象
	setYear()	设置 Date 对象中的 2 位年份值
字符串表示相关方法	toString()	返回日期的字符串表示，其格式采用 JavaScript 的默认格式
	toLocaleString()	返回日期的字符串表示，其格式要根据系统当前的区域设置确定
	valueOf()	返回指定日期的时间戳

在表 5-4 中，方法分为 3 类，分别是 get 方法的获取操作、set 方法的设置操作及字符串表示相关方法。

这 3 类方法中，需要格外注意的是 get 系列的获取操作中的 3 个方法，具体解释如下。

（1）getDay()方法，它的返回值是 0～6，其中 0 表示星期天、1 表示星期一、2 表示星期二、3 表示星期三、4 表示星期四、5 表示星期五、6 表示星期六。

（2）getMonth()方法，它的返回值是 0～11，0 表示 1 月，1 表示 2 月，依次类推，11 表示 12 月，为了符合我们日常的使用习惯，在使用时可以将这个数字加 1。

（3）getTime()方法，用来获取时间戳，代表的是 1970 年 1 月 1 日 0 时至今的毫秒数，主要用来计算两个日期相差的毫秒数，并将其转换成要求的时间表示，就可以计算过去了多少天或者实现倒计时的功能，具体实现参见【任务实践 5-4】。

【任务实践 5-3】显示指定格式日期——Date 对象方法

任务描述：要求使用 Date 对象在页面上输出"今天是×××× 年××月××日星期×"。

（1）任务分析

5-4 显示指定格式
日期——Date
对象方法

① 根据任务要求，可以使用 Date 对象的 getFullYear()得到年份，使用 getMonth()方法得到月份，使用 getDate()得到日期，使用 getDay()得到星期值，但是返回的数字是阿拉伯数字，与我们日常所见的"星期几"是有差别的，所以我们需要做一一对应的设置。

② 使用 new Date()方法创建日期对象。

③ 利用 document.write()实现输出结果。

（2）实现代码

```
<script type="text/javascript">
    var today = new Date();
    var year = today.getFullYear();
    var month = today.getMonth() + 1;
    var date = today.getDate();
    var week = today.getDay();
    var res = (week) => {
        var result;
        switch (week) {
            case 1:
                result = "星期一";
                break;
            case 2:
                result = "星期二";
                break;
            case 3:
                result = "星期三";
                break;
            case 4:
                result = "星期四";
                break;
```

```
        case 5:
            result = "星期五";
            break;
        case 6:
            result = "星期六";
            break;
        default:
            result = "星期日";
            break;
    }
    return result;
}
document.write("今天是" + today.getFullYear() + "年" + (today.getMonth() + 1) + "月
" + today.getDate() + "日" + res(week));
</script>
```

（3）实现效果

实现效果如图 5-4 所示。

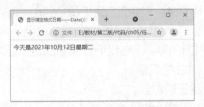

图 5-4 读取当前的日期并在页面上显示出来

除字符串"+"连接字符外，ES6 新增了模板字符串，使用"``"（反引号）标注，反引号可通过~键输入。使用模板字符串时在"${}"中放置动态数据或者变量，字符串用一组"``"符号标注，如下。

```
<script type="text/javascript">
    var today = new Date();
    var year = today.getFullYear();
    var month = today.getMonth() + 1;
    var date = today.getDate();
    var hour = today.getHours();
    var min = today.getMinutes();
    var sec = today.getSeconds();
    document.write(`现在是${year}年${month}月${date}日${hour}:${min}:${sec}`);
</script>
```

5-5 计算已经度过的
时光——getTime()
方法

【任务实践 5-4】计算已经度过的时光——getTime()方法

任务描述：使用 Date 对象输入出生日期后，在页面上显示"您经过了××××天的时光……"。

（1）任务分析

① 根据任务要求，首先按照格式要求在对话框中输入出生日期，然后使用 Date 对象格式化输入的出生日期。

② 创建当前的日期对象。

③ 分别使用日期对象的 getTime()方法来获取出生日期到 1970 年 1 月 1 日 0 时的毫秒数和当前时间距离 1970 年 1 月 1 日 0 时的毫秒数。

④ 将这两个数相减，就得到一共经历了多少毫秒数，然后将这个毫秒数除以一天的毫秒数，就可以得到一共经历了多少天。

（2）实现代码

```
<script type="text/javascript">
    var yourdate=prompt("请输入出生日期，格式为xxxx/x/x","");
    var borndate=new Date(yourdate);
    var nowdate=new Date();
    var borndays=borndate.getTime();//计算出生日期到1970年1月1日0时的毫秒数
    var newdays=nowdate.getTime();//计算当前时间距离1970年1月1日0时的毫秒数
    var result=newdays-borndays;//计算一共经历了多少毫秒数
    var numdays=24*60*60*1000;//一天的毫秒数
    var alldays=parseInt(result/numdays);
    alert(`您经过了${alldays}天的美好时光，生命诚可贵，接下来好好珍惜！`);
</script>
```

（3）实现效果

实现效果如图 5-5 和图 5-6 所示。

图 5-5 按照格式要求输入出生日期

图 5-6 显示度过的时光

5.2.3 String 对象类

String 对象类用来管理和操作字符串数据。

5-6 创建 String 对象

1. 创建 String 对象

在使用 String 对象时，可以用以下两种方法来创建它。

（1）使用 new 关键字来创建 String 对象，如下。

```
var myStr=new String("字符串对象测试");
```

在创建 String 对象时，String()可以有参数，也可以没有参数。如果有参数，则会把参数作为该对象的初始值。

（2）直接使用字符串来进行赋值，如下。

```
var myStr="字符串对象测试";
```

事实上任何一个字符串变量（用单引号或双引号括起来的字符串）都是一个 String 对象，可以将其直接作为对象来使用，只要在字符串变量的后面加"."，便可以直接调用 String 对象的属性和方法。

字符串与 String 对象的不同在于二者的 typeof 值，前者的是 string 类型，后者的是 object 类型。

String 对象类提供了对字符串进行处理的属性和方法。下面对部分常用的 String 对象的属性和方法分别进行详细说明。

2. String 对象的属性

String 对象只有一个属性，就是 length 属性，用来返回字符串的长度，如【例 5-1】所示。

【例 5-1】计算字符串的长度。

```javascript
<script type="text/javascript">
    var mystr=new String(""宝剑锋从磨砺出，梅花香自苦寒来"");
    strLength=mystr.length;
    document.write('"${mystr}"字符串的长度为${strLength}');
</script>
```

实现效果如图 5-7 所示。

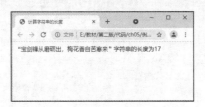

图 5-7 计算字符串的长度

3. String 对象类的方法

String 对象类常用的方法如表 5-5 所示。

表 5-5　String 对象类常用的方法

方法分类	方法	说明
查找字符串方法	charAt(index)	返回指定位置（index）处的字符，第 1 个字符的 index 为 0
	charCodeAt(index)	返回指定位置（index）处的字符的 Unicode，第 1 个字符的 index 为 0
	indexOf()	返回 String 对象内第一次出现子字符串的位置
	lastIndexOf()	返回 String 对象内最后一次出现子字符串的位置
截取字符串方法	substring()	返回 String 对象中指定位置的子字符串
	substr(start,len)	返回一个从指定位置（start）开始的指定长度（len）的子字符串
	slice(start,end)	返回从 start 开始，到 end 结束的字符串片段
转换字符串方法	toUpperCase()	将字符串的字母转化为大写字母
	toLowerCase()	将字符串的字母转化为小写字母
	trim()	去掉字符串的前后空格，还有 trimLeft()、trimRight()，用于去掉字符串前面的空格和字符串后面的空格
连接、替换、拆分方法	concat()	用于对两个字符串进行连接，相当于 "+" 运算符
	replace()	用于在字符串中用一些字符替换另一些字符
	split()	用于将一个字符串分割为子字符串，然后将结果作为字符串数组返回
格式化字符串方法	link(url)	创建一个以 url 为地址的超链接
	big()	为 String 对象的文本字符加上<big></big>标签，实现放大字体的效果
	fixed()	用于把字符串显示为打印机字体的文字
	strike()	为 String 对象的文本字符加上<strike>…</strike>标签，实现为字符加上删除线的效果
	sub()	用于将字符串显示为下标

续表

方法分类	方法	说明
格式化字符串方法	sup()	用于将字符串显示为上标
	anchor()	用来创建一个 HTML 锚点
ES6 新增字符串方法	includes()	判断字符串是否包含指定的值
	startsWith()	判断当前字符串是否以另外一个给定的子字符串开头
	endsWith()	判断当前字符串是否以另外一个给定的子字符串结尾

● 查找字符串的方法

查找字符串的方法是开发中经常用到的方法，在 JavaScript 中提供了 4 种查找字符串的方法，包括 charAt()、charCodeAt()、indexOf()、lastIndexOf()。

5-7 charAt()方法

第一，charAt()方法

charAt()方法返回指定位置的字符，第一个字符的位置从 0 开始。具体使用方法如【例 5-2】所示。

【例 5-2】获取某个位置的字符。

```
<script type="text/javascript">
    var str = new String("Hello JavaScirpt!");
    document.write(str.charAt(0));
</script>
```

相对于使用带[]的索引查找指定字符，charAt()方法的性能更好。我们通常使用这个方法返回某个位置的字符，然后对获取的字符进行判断，具体使用如【任务实践 5-5】所示。

【任务实践 5-5】提取数字——charAt()方法

任务描述：设计函数，实现从含有数字的字符串中取出所有数字。

（1）任务分析

① 根据任务要求，编写从一个字符串中提取数字的函数，函数的参数可以设为提取数字的字符串。

② 要提取字符串中某一个位置的字符，使用 String 对象的 charAt()方法实现。

③ 确定取数字的位置可以使用循环语句实现，条件为判断当前字符是否为数字，如果是就提取，不是则继续执行。

④ 将取出的数字连接成一个新的字符串并输出。

（2）实现代码

```
<script type="text/javascript">
    function CollectDigits(source) { //收集数字串
        var s = new String(source);
        var result = "";
        var ch, i;
        for (i = 0; i < s.length; i++) {
            ch = s.charAt(i);
            if (ch >= "0" && ch <= "9")
                result += ch;
        }
```

```
            return result;
    }
    var s;
    s = prompt("请输入一个含有数字的字符串:", "");
    alert("收集的数字串:\n" + CollectDigits(s));
</script>
```

在实现代码中，接收通过键盘输入的含有数字的字符串，然后通过 String 对象的 charAt()方法实现对其中数字的提取。

（3）实现效果

实现效果如图 5-8 和图 5-9 所示。

图 5-8 输入含有数字的字符串   图 5-9 提取数字的结果

第二，charCodeAt()方法

charCodeAt()方法返回指定位置的字符的 Unicode（十进制表示），第一个字符的位置从 0 开始。具体使用方法如【例 5-3】所示。

【例 5-3】返回字符串的 Unicode。

```
<script type="text/javascript">
    var mystr = new String("Hello JavaScirpt!");
    document.write(mystr.charCodeAt(2));
</script>
```

返回的字符对应的 Unicode 是 108。

第三，indexOf()方法

indexOf()方法用于返回子字符串在字符串对象中首次出现的位置，语法格式如下。

```
stringObject.indexOf(str, [index]);
```

stringObject 为对象实例名称。Str 为指定需要检索的字符串。Index 指在字符串中开始检索的位置，其值为 0~（字符串长度－1）。具体使用如下。

```
<script type="text/javascript">
    var str="JavaScript";
    document.write(str.indexOf("c"));
</script>
```

检索字符串中"c"首次出现的位置，检索结果为 5，即第 6 个字符。如果找不到该字符，那么返回-1，我们通常利用这一特点来判断查找的字符串是否存在，具体使用方法如【例 5-4】所示。

【例 5-4】判断查找的字符串是否存在。

```
<script type="text/javascript">
    var str = "Any application that can be written in JavaScript, will eventually be
written in JavaScript";
    if (str.indexOf("JavaScript") > -1)
        document.write("存在JavaScript标识");
```

```
else
    document.write("不存在JavaScript标识");
</script>
```

第四，lastIndexOf()方法

lastIndexOf()方法与 indexOf()方法类似，用于返回子字符串在字符串对象中最后出现的位置，语法格式如下。

```
stringObject. lastIndexOf (str, [index]);
```

stringObject 为对象实例名称。str 为指定的需要检索的字符串。index 指从字符串中结束位置开始向前检索的位置，其值为 0 ~ (字符串长度－1)。

5-8 substring()方法

- 截取字符串的方法

截取字符串是指取当前字符串对象中的某一部分字符。在 String 对象中，提供了 3 种截取字符串的方法，分别是 substring()、slice()、substr()。

① substring()方法。

substring()方法用于返回 String 对象中指定位置的字符串，语法格式如下。

```
stringObject.substring(start,end);
```

stringObject 为对象实例名称。start 用于指定要提取的子字符串的第一个字符在 stringObject 中的位置，start 的值从 0 开始，0 为第 1 个字符，1 为第 2 个字符，依次类推。end 用于指定要提取的子字符串的最后一个字符在 stringObject 中的位置，注意 end 值比要提取的子字符串的最后一个字符在 stringObject 中的位置数少 1。具体实现方法如【例 5-5】所示。

【例 5-5】使用 substring()方法从字符串中提取子字符串。

```
<script type="text/javascript">
    var str="JavaScript";
    document.write(str.substring(5,8))
</script>
```

子字符串是从字符串 JavaScript 中提取的第 6~9 个字符，所以结果为 cri。

② slice()方法。

slice()方法与 substring()方法类似，也包含同样的两个参数。但是它们有两点差别：一是 substring()方法的两个参数是没有先后顺序的，程序会自动进行调整，而 slice()方法的两个参数有先后顺序，起始位置在前，结束位置在后；二是 substring()方法的两个参数不能是负数，而 slice()方法的两个参数可以是负数，意思是从后面的位置开始截取。具体使用方法如【例 5-6】所示。

【例 5-6】slice()和 substring()方法的区别。

```
<script type="text/javascript">
    var str = "JavaScript";
    document.write(str.slice(3, 5) + "<hr />");
    document.write(str.substring(5, 3) + "<br />");
    document.write(str.slice(-5, -3));
</script>
```

③ substr()方法。

substr()方法不同于上面的两个方法，它用来返回 String 字符串从指定位置开始的指定长度的子字符串，语法格式如下。

5-9 隐藏手机号码
部分数字

```
stringObject.substr(start,len);
```

stringObject 为对象实例名称。start 用于指定要提取的子字符串的第一个字符在 stringObject 中的位置，start 的值从 0 开始，0 为第 1 个字符，1 为第 2 个字符，依次类推。len 用于指定要提取的子字符串的长度。具体使用方法如【例 5-7】所示。

【例 5-7】使用 substr()方法从字符串中提取子字符串。

```
<script type="text/javascript">
    var str="JavaScript";
    document.write(str.substr(3,5));
</script>
```

子字符串是从字符串 JavaScript 中的第 4 个字符开始提取的长度为 5 的字符串，所以结果为 aScri。

● 转换字符串的方法

除了查找和截取的操作外，还可以对字符串进行转换。

第一，toUpperCase()方法、toLowerCase()方法。

toUpperCase()方法用于将字符串中所有的字母全部转换为大写字母，即原来小写的字母转换为大写字母，原来大写的字母仍然为大写字母。toLowerCase()的用法正好相反，是将所有字母转换为小写字母。语法格式如下（以 toUpperCase()为例）。

```
stringObject.toUpperCase(str);
```

stringObject 为对象实例名称。str 为要转换成大写字母的字符串。具体实现方法如【例 5-8】所示。

【例 5-8】将"Hello,JavaScript"中的全部字母转换为大写字母。

```
<script type="text/javascript">
    var str="Hello,JavaScript";
    document.write(str.toUpperCase());
</script>
```

这里，我们可以结合前面学习的查找字符串的方法，实现将字符串反向并转换为大写形式，如【任务实践 5-6】所示。

【任务实践 5-6】将字符串反向并转换为大写形式——toUpperCase()方法

任务描述：输入字符串，然后将这个字符串反向并转换为大写形式输出，例如，字符串"JavaScript"反向显示为"tpircSavaJ"，并且进行大写形式显示。

（1）任务分析

① 根据任务要求，输入字符串，使用 String 对象的 toUpperCase()方法将字符串的字母变成大写字母。

② 反向提取，第 1 个提取的字符为字符串的最后一个字符，提取位置即字符串长度减 1（charAt(index)中的 index 是从 0 开始的），倒数第 2 个提取的字符的位置为字符串长度减 2，依次类推，直到字符串开头，位置为 0。使用循环来解决这个问题。

③ 将取出的字符组合成为一个新的字符串并输出。

（2）实现代码

```
<script type="text/javascript">
    var origin_s,upper_s,i;
    origin_s = prompt("请输入一个字符串:","");
    upper_s = origin_s.toUpperCase();
```

```
        for(i=upper_s.length-1;i>=0;i--){
                document.write(upper_s.charAt(i));
        }
</script>
```

在实现代码中，接收通过键盘输入的字符串，然后通过循环语句对字符串的字符从末尾向前依次取出，并将其转换为大写字母输出。

（3）实现效果

实现效果如图 5-10 和图 5-11 所示。

图 5-10 输入字符串

图 5-11 将字符串反向并进行大写形式输出

第二，trim()方法。

trim()方法用来去掉字符串的前后空格，具体使用方法如【例 5-9】所示。

【例 5-9】去掉字符串的前后空格。

```
<script type="text/javascript">
    var str = " Hello JavaScript ";
    document.write(`原字符串为: ${str}<br />`);
    document.write(`去掉空格后的字符串为: ${str.trim()}`);
</script>
```

（4）连接、替换、拆分字符串的方法

除了上述字符串操作外，还可以对字符串进行一些连接、替换、拆分操作等。

① concat()方法。

concat()方法用于将两个字符串连接，功能相当于 "+" 连接字符，语法格式如下。

```
stringObject.concat(str);
```

stringObject 为对象实例名称，表示同 str 进行字符串连接。

具体实现方法如【例 5-10】所示。

【例 5-10】使用 concat()方法连接两个字符串。

```
<script type="text/javascript">
    var str1="Hello,";
    var str2=" JavaScript";
    document.write(str1.concat(str2)+"<br />");
    document.write(str1+str2);
</script>
```

上述代码用两种方法实现了字符串的连接：一种是使用 String 对象的方法；另一种是使用运算符进行计算。虽然两种方法都可以实现连接，但其实现的原理是不一样的。

② replace()方法。

replace()方法用于在字符串中用一些字符替换另一些字符，语法格式如下。

```
stringObject.replace(substr,replacement)
```

substr 是指定要对 stringObject 进行替换的子串。replacement 是指定替换成的子串。具体使用方法如【例 5-11】所示。

【例 5-11】使用 replace() 方法替换字符串。

```
<script type="text/javascript">
    var str = "Hello,JavaScript";
    document.write(str.replace("JavaScript", "jQuery"));
</script>
```

③ split() 方法。

split() 方法用于按照给定的规则将字符串分割成数组，语法格式如下。

```
stringObject.split(separator,limit);
```

stringObject 为对象实例名称，separator 是分割符号，也可以省略，代表将字符串整体分割。limit 表示分割后的数组个数，省略则表示不限制分割后的数组个数。具体使用方法如【例 5-12】所示。

【例 5-12】使用 split() 方法将字符串分割为数组。

```
<script type="text/javascript">
    var str = "Tom Jack Mary";
    document.write(str.split(" "));
</script>
```

（5）ES6 新增字符串的方法

① includes() 方法。

includes() 方法用于判断字符串是否包含指定的值，语法格式如下。

```
stringObject. includes(valueToFind[, fromIndex]);
```

stringObject 为对象实例名称。valueToFind 是我们要查找的字符串。fromIndex 可以省略，表示开始查找的位置。具体使用方法如【例 5-13】所示。

【例 5-13】使用 includes() 判断邮箱地址是否合法。

```
<script type="text/javascript">
    var email = prompt("请输入要判断的邮箱地址");
    if (email.includes("@", 1) && email.includes(".", 3))
        alert("你输入的邮箱地址合法");
    else
        alert("输入的邮箱地址不合法");
</script>
```

输入邮箱地址，然后进行测试，实现效果如图 5-12 和图 5-13 所示。

图 5-12 输入邮箱地址

图 5-13 显示测试结果

经过测试，我们发现能够基本实现邮箱地址的验证。前面我们也学习了有类似功能的 indexOf()，它返回的是具体的位置或者-1。在编程中当我们只需要判断对象是否存在而不需要具体的位置时，就可以使用 includes()方法。对这个示例仔细研究，会发现邮箱地址的格式还存在一定的问题，我们只保证了里面存在@和.符号，并且@符号在前，更加详细的测试还需要配合正则表达式实现。

5-10 startsWith()方法

② startsWith()方法、endsWith()方法。

startsWith()方法用于判断字符串是否以指定的字符串开头，语法格式如下。

```
stringObject. startsWith (valueToFind[, fromIndex]);
```

stringObject 为对象实例名称。valueToFind 是我们要查找的字符串。fromIndex 可以省略，表示开始查找的位置，默认从字符串开头开始。endsWith()方法用于判断字符串是否以指定的字符串结尾。具体使用方法如【例 5-14】所示。

【例 5-14】使用 startsWith()判断 URL 是否以 http 开头。

```
<script type="text/javascript">
    var url = prompt("请输入要判断的URL");
    if (url.startsWith("http"))
        alert("输入的URL符合要求");
    else
        alert("输入的URL不符合要求");
</script>
```

输入 URL，可以进行简单的测试，结果如图 5-14 和图 5-15 所示。

图 5-14 输入 URL

图 5-15 显示测试结果

前面我们学习的 indexOf()在返回 0 时，可以实现同样的效果。lastIndexOf()若要实现和 endsWith()同样的效果，就比较麻烦。由此可见，新技术、新标准极大地方便了编程，提高了编程效率。startsWith()和 endsWith()指定第 2 个参数时含义不同，而 startsWith()和 includes()指定第 2 个参数的结果是相同的，都是指从第 n 个位置直到字符串结束的字符，endsWith()指定第 2 个参数是指前 n 个字符，使用方法如图 5-16 所示。

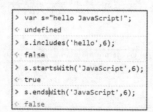

图 5-16 用 3 种方法设置第 2 个参数的对比

5.2.4 Array 对象类

Array 对象类用于对数组对象进行定义和管理。

1. 数组定义

数组是在内存中保存一组数据的集合。实质上数组也是一种变量，不过这个变量同其他变量只能保存一个值不同，数组变量能够保存多个值，这也是数组变量同其他变量本质的区别。数组变量的多值性相当于一个数组变量可以包含多个子变量，而每个子变量与普通变量一样，可以被赋值，也可以从中取值。为了区别数组变量和普通变量，我们把数组的子变量称为数组元素变量（简称数组元素）。另外，把数组中数组元素的个数称为数组大小（或数组长度）。一个数组具有如下特性。

（1）和变量一样，每个数组都有一个唯一的名称，称为数组名。

（2）每个元素都有索引和值两个属性：索引用于定义和标识数组元素的位置，是一个从 0 开始的正整数；值是数组元素对应的值。

（3）一个数组可以有一个或多个索引，索引的个数也称为数组的维度。拥有一个索引的数组就是一维数组，拥有两个索引的数组就是二维数组，依次类推。

5-11 创建数组元素

2. 创建数组对象

在 JavaScript 中创建数组对象有两种方式：一种是实例化 Array 对象；另一种是直接使用"[]"。

（1）使用 Array 对象创建数组

使用实例化 Array 对象的方式来创建数组，需使用 new 关键字，如下。

```
var arrayname=new Array(arraysize);
var arrayname=new Array(element);
```

arrayname 是指数组变量名。Array 是指内置数组类。arraysize 是指数组的长度，arraysize 值是正整数或者未定义，没有 arraysize 值的数据叫作空数组。圆括号内的内容也可以是数组元素的值，具体如下。

```
var arr1 = new Array();//创建空数组
var arr2 = new Array(20); //创建有20个元素的数组
var arr3 = new Array(21, 34, 55); //创建数值型数组
var arr4 = new Array("a", "b", "c", 1, true); //创建混合型数组
```

（2）使用"[]"创建数组

使用"[]"创建数组的方式与使用 Array 对象的方式类似，具体如下。

```
var arr5 =[];//创建空数组
var arr6 =["yellow","red","blue","green"];//创建颜色数组
```

以上是创建数组的两种方式，不管使用哪种方式，都可以使用 Array 对象的属性和方法。这两种方式的区别在于，在创建空元素时，第一种方式是不允许的，第二种方式可以创建空元素，具体如图 5-17 所示。

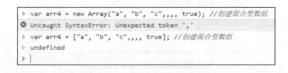

图 5-17 两种创建方式的区别

3. 数组元素

在 JavaScript 中，不同的数组元素通过索引来区分，即一个数组元素由数组名、一对方括号[]和这对方括号中的索引组合起来表示。例如，myArr[0]、 myArr[1]、myArr[2]、myArr[3]，其中，数组元素的索引从 0 开始，第 1 个元素的索引为 0，第 2 个元素的索引为 1，依次类推，最后一个元素为 myArr[arraysize-1]。

【任务实践 5-3】实现了显示今天是星期几，我们采用了分支结构实现。这里我们学习了 Array 对象，我们可以定义一个保存星期值的数组，通过数组中索引和元素一一对应的特点来实现，具体对应关系如表 5-6 所示。

表 5-6 数组索引和元素的对应关系

索引	0	1	2	3	4	5	6
数组元素	星期日	星期一	星期二	星期三	星期四	星期五	星期六
getDay()结果	0	1	2	3	4	5	6

我们发现，索引值和 getDay()的结果是一致的，所以可以让 getDay()的结果作为索引来获取相应的星期值，具体实现参见【任务实践 5-7】。

【任务实践 5-7】输出今天是星期几——Array 对象

任务描述：使用 Array 对象和 Date 对象在页面上输出今天是星期 X。

（1）任务分析

① 根据任务要求，使用 Date 对象的 getDay()得到星期几，但是返回的是阿拉伯数字，与我们日常所见的"星期几"是有差别的，所以我们需要做一一对应的设置。通过 Array 对象创建保存星期值的数组，数组元素为星期一到星期日，这个数组的索引和 getDay()的结果是一致的。

② 使用 new Date()方法创建日期对象，同时创建 week 数组对象，通过 Date 对象获得当前日期的星期值，使用星期值作为 week 数组元素的索引，从而获得星期几。

（2）实现代码

```html
<script type="text/javascript">
    var week, today, week_i;
    week = new Array("星期日", "星期一", "星期二", "星期三", "星期四", "星期五", "星期六");
    today = new Date();
    week_i = today.getDay(); //返回0~6的一个整数，代表一周中的某一天
    document.write(today.toLocaleString() + week[week_i]);
</script>
```

（3）实现效果

实现效果如图 5-18 所示。

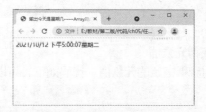

图 5-18 页面显示星期几

我们对数组元素的赋值，既可以采用【任务实践 5-7】的方式，也可以单独赋值，根据具体情况来进行。如果我们想把数组元素分别赋值给几个变量，通常采用分别赋值的方式，如下。

```
var arr1 = [3, 4, 5];
var a = arr1[0];
var b = arr1[1];
var c = arr1[2];
```

在 ES6 标准中提供了一个新的赋值方式，称为解构赋值。解构赋值语法是一种 JavaScript 表达式。通过解构赋值，可以将属性/值从对象/数组中取出，赋值给其他变量。上面那段代码的简化形式如下。

```
[a, b, c] = [3, 4, 5];
```

4. 数组属性

Array 对象同其他对象一样，也有自己的属性。Array 对象常用的属性如表 5-7 所示。

表 5-7 Array 对象常用的属性

属性	说明
length	返回数组中元素的个数

length 属性用来获取数组的长度，其值为数组元素最大索引加 1。length 属性可以用于获取数组的长度，也可以用于修改数组的长度，具体如图 5-19 所示。

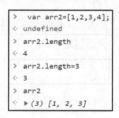

图 5-19 数组长度

5-13 输出学生信息

5. 数组元素的访问

访问数组实际上是指访问数组中的数组元素，也就是输出数组元素。在 JavaScript 中，输出数组元素有 3 种方法，分别是使用数组对象名输出数组元素、使用数组对象的索引获得元素值和使用循环语句访问数组元素，下面一一进行介绍。

（1）使用数组对象名输出数组元素

该方法用创建的数组对象本身来输出数组中所有元素的值，代码如下。

```
var arrayObj=new Array( "a","b","c","d" );
document.write(arrayObj);
```

运行结果为：a,b,c,d。

（2）使用数组对象的索引获得元素值

该方法通过数组对象的索引获得指定的元素值，代码如下，可以获得数组第 3 个元素的值。

```
var arrayObj=new Array( "a","b","c","d" );
document.write(arrayObj[2]);
```

运行结果为：c。

（3）使用循环语句访问数组元素

使用循环语句访问数组元素，通常叫作循环遍历数组，主要有 for、for…in、for…of 这 3 种

for 循环方法。下面分别进行说明。

- 使用 for 循环语句遍历数组元素。

使用 for 循环语句遍历数组元素，实际上是指通过 for 循环语句遍历数组所有的索引，通过索引来输出元素的值，即数组元素值=数组名[索引]。一般的代码形式如下。

```
var arrayObj = new Array("a", "b", "c", "d");
for (var i = 0; i < arrayObj.length; i++) {
    document.write(arrayObj[i]);
}
```

【任务实践 5-8】输出十二生肖——for 循环

任务描述：使用 Array 类创建一个数组对象变量 arr，用来保存十二生肖，然后在页面上输出。

（1）任务分析

① 根据任务要求，使用 Array 类创建一个数组对象实例 arr。arr 数组对象里有 12 个数组元素。

② 访问 12 个数组元素，可以根据数组元素索引通过 for 循环遍历访问，遍历的第一个索引应为 0，因为有 12 个元素，所以最大值为 11。

③ 通过 document.write()输出结果。

（2）实现代码

```
<script type="text/javascript">
    var arr, i;
    arr = new Array("子鼠", "丑牛", "寅虎", "卯兔", "辰龙", "巳蛇", "午马", "未羊", "申猴",
"酉鸡", "戌狗", "亥猪");
    document.write("十二生肖分别是");
    for (i = 0; i < arr.length; i++) { //从0开始遍历索引，一直到11
        if (i < 11)
            document.write(`${arr[i]}、`);
        else
            document.write(`${arr[i]}。`);
    }
</script>
```

在实现代码中，通过 new Array()定义了一个数组对象实例 arr，并且赋予了 12 个数组元素。通过 for 循环语句对索引进行遍历查找，最后输出查询结果。

（3）实现效果

实现效果如图 5-20 所示。

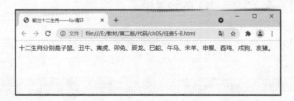

图 5-20 输出十二生肖

- 使用 for…in 语句来访问数组元素。

　　JavaScript 的 for…in 语句是一种特殊的 for 循环语句，专门用来处理与数组和对象相关的循环操作。用 for…in 语句来访问数组元素，可以依次对数组中的每个数组元素执行一个或多个操作。其基本语法格式如下。

```
for(variable in array_name){
    循环体//主要通过array_name[variable]来访问数组元素
}
```

　　通常执行步骤如下。
　　第 1 步：variable 被赋值为数组的第 1 个元素的索引值（一般为 0）。
　　第 2 步：如果 variable 值是一个有效的索引，就执行步骤 3。
　　第 3 步：执行循环体。
　　第 4 步：variable 被赋值为数组的下一个索引，转而去执行第 2 步，进行循环。
　　具体使用示例参见【任务实践 5-9】。

【任务实践 5-9】输出十二生肖——for…in 语句

　　任务描述：创建的数组对象 arr，用来保存十二生肖，然后通过 for…in 语句在页面上输出十二生肖。
　　（1）任务分析
　　① 根据任务要求，使用 Array 类创建一个数组对象实例 arr。arr 数组对象里有 12 个数组元素。
　　② 访问 12 个数组元素，通过 for…in 语句遍历整个数组。
　　③ 通过 document.write()输出结果。
　　（2）实现代码

```
<script type="text/javascript">
    var arr, i
    arr = new Array("子鼠", "丑牛", "寅虎", "卯兔", "辰龙", "巳蛇", "午马", "未羊", "申猴",
"酉鸡", "戌狗", "亥猪");
    document.write("十二生肖分别是");
    for (i in arr) { //从0开始遍历索引，一直到11
        if (i < 11)
            document.write(`${arr[i]}、`);
        else
            document.write(`${arr[i]}。`);
    }
</script>
```

　　代码执行的效果与【任务实践 5-8】的效果相同。
　　● 使用 for…of 语句来访问元素。
　　除以上两种 for 循环语句之外，ES6 标准中新增了 for…of 语句来访问数组元素，其基本语法格式如下。

```
for(value of array_name){
    循环体//主要通过value来访问数组元素
}
```

　　变量 value 表示每次遍历时对应的数组元素的值。具体示例实现请参照 for…in 语句的示例。

6. 数组元素的添加和删除

添加和删除是数组的常见操作,具体方法如表 5-8 所示。

表 5-8 Array 对象的添加和删除方法

方法	说明
push()	向数组末尾添加一个或多个元素,并返回新的长度
pop()	删除并返回数组的最后一个元素
shift()	删除并返回数组的第一个元素
unshift()	向数组的开头添加一个或多个元素,并返回新的长度
concat()	连接两个或更多的数组,并返回结果
splice()	删除元素,并向数组添加新元素

(1)push()、pop()方法

push()用于在数组末尾添加一个或多个元素,返回值为新数组的长度。pop()用于删除数组的最后一个元素,返回值为最后一个元素。这两种方法都会改变原来的数组,具体示例代码如图 5-21 所示。

(2)shift()、unshift()方法

shift()用于删除数组的起始元素,返回值为起始元素。unshift()用于在数组开头添加一个或多个元素,返回值为新数组的长度。这两种方法都会改变原来的数组,具体示例代码如图 5-22 所示。

(3)concat()方法

concat()方法用于连接多个数组,返回新连接的数组,但是不改变原来的数组,具体示例代码如图 5-23 所示。

图 5-21 push()、pop()方法使用对比　图 5-22 shift()、unshift()方法使用对比　图 5-23 concat()方法使用示例

【任务实践 5-10】数组连接——concat()方法

任务描述:使用数组对象的方法,将两个数组组合成一个数组。

(1)任务分析

① 根据任务描述,将两个数组组合成一个数组,可用 Array 对象的 concat()方法来实现。

② 创建两个数组,通过 concat()将其连接成一个数组。

③ 将连接后的数组输出。

(2)实现代码

```
<script type="text/javascript">
    var arr1, arr2;
```

```
    arr1 = [123, 456, 789,];
    arr2 = ["a", "b", "c"];
    document.write("连接后的数组元素为: " + arr1.concat(arr2));
</script>
```

在实现代码中，arr1 数组中的元素为数字，arr2 数组对象中的元素为字母，通过 concat()连接后，输出为数字和字母混合的数组元素。

（3）实现效果

实现效果如图 5-24 所示。

图 5-24 使用 concat()方法将两个数组连接成一个数组

（4）splice()方法

splice()方法可以在数组的任意位置实现添加、替换、删除数组元素的操作，语法格式如下。

```
arrayObject.splice(start,length,element1,element2,...)
```

第一个参数是数组的起始位置，第二个参数是删除的个数，从第三个参数开始是数组的添加元素，返回值为删除的元素数组，这个方法会改变原数组。

① 添加操作，将第二个参数设置为 0，如图 5-25 所示。

② 替换操作，设置第二个参数，如图 5-26 所示。

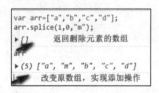

图 5-25 splice()实现添加操作

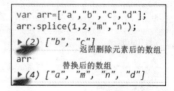

图 5-26 splice()实现替换操作

③ 删除操作，第三个及以后的参数不需要设置，如图 5-27 所示。

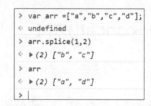

图 5-27 splice()实现删除操作

7. 数组的排序

对数组进行排序，排序后原来的数组将被改变。

（1）reverse()方法

reverse()方法用于颠倒数组中元素的顺序，返回改变后的数组，如图 5-28 所示。

（2）sort()方法

sort()方法用于按照字符串的字典顺序对数组元素进行排序，如图 5-29 所示。

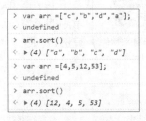

```
var arr =["a","b","c","d"];
undefined
arr.reverse()
▶ (4) ["d", "c", "b", "a"]
arr
▶ (4) ["d", "c", "b", "a"]
```

图 5-28 reverse()翻转数组操作

```
> var arr =["c","b","d","a"];
< undefined
> arr.sort()
< ▶ (4) ["a", "b", "c", "d"]
> var arr =[4,5,12,53];
< undefined
> arr.sort()
< ▶ (4) [12, 4, 5, 53]
```

图 5-29 sort()排序示例

图 5-29 中，进行排序时第一个数组是按照字典顺序排列的，而第二个数组的排序结果就不符合我们的认知习惯了。实际上，第二个数组的排序过程是数值先转为字符串，再按照字典顺序进行排序，但这不是我们理解的数组的升序或者降序排列。那么怎样对数组实现升序或者降序排列呢？

【任务实践 5-11】数组元素升序排序——sort()方法

任务描述：创建一个数组，并对其中的数组元素进行升序排序。

（1）任务分析

① 要对数组中的数组元素进行排序，可以使用数组对象的 sort()方法实现。

② 创建一个数组对象，可以使用创建数组对象的方法 new Array()来创建一个数组。

③ 为创建的数组对象建立数组元素。

④ 通过数组对象的 sort()方法为数组排序。

（2）实现代码

```
<script type="text/javascript">
    var arr = [45, 34, 66, 33, 55, 23];
    document.write("原数组为" + arr + "<br />");
    document.write("升序排序后的数组为" + arr.sort(function(a, b) {
        return a - b;
    }));
</script>
```

在实现代码中，通过输出的效果就可以看出，通过 arr.sort()方法对数组元素进行了重新排序。

（3）实现效果

实现效果如图 5-30 所示。

图 5-30 使用 sort()方法对数组元素进行升序排序示例

sort()方法实现了对数组元素升序排序，可以继续使用 reverse()方法对之进行翻转，从而实现降序排序。

5-14 Math 对象类

5.2.5 Math 对象类

JavaScript 的 Math 对象主要用于数学运算，Math 对象的属性是数学中常用的常量。该对象的所有属性和方法都是静态的，使用该对象时，不需要对其进行创建。Math 对象常用的属性如表 5-9 所示。

表 5-9　Math 对象常用的属性

属性	说明
Math.E	自然对数的底
Math.LN2	2 的自然对数
Math.LN10	10 的自然对数
Math.LOG2E	以 2 为底的自然对数 e 的对数
Math.LOG10E	以 10 为底的自然对数 e 的对数
Math.PI	圆周率
Math.SQRT1_2	1/2 的平方根
Math.SQRT2	2 的平方根

【任务实践 5-12】计算圆的面积——Math 对象属性

任务描述：输入圆的半径，然后求出圆的面积。

（1）任务分析

① 根据任务要求，已知圆的半径，求圆的面积，需要用到圆周率，使用 Math 对象的 PI 得到圆周率。

② 使用提示对话框输入圆的半径。

③ 利用圆的面积公式求出圆的面积，最后通过警示对话框输出结果。

（2）实现代码

```
<script type="text/javascript">
    var r,s;  //r为半径，s为面积
    r=prompt("请输入圆的半径(厘米: ","0");
    s=Math.PI*r*r;
    alert("半径为"+r+"的圆的面积为: "+s+"平方厘米");
</script>
```

在实现代码中，接收通过键盘输入的半径值，然后通过 Math 对象的 PI 属性得到圆周率的值，最后求出圆的面积。

（3）实现效果

实现效果如图 5-31 和图 5-32 所示。

图 5-31　输入圆的半径

图 5-32　计算圆的面积

Math 对象还提供了一些十分有用的数学方法，如表 5-10 所示。

表 5-10 Math 对象常用的方法

方法	说明
Math.abs(x)	返回 x 的绝对值
Math.sqrt(x)	返回 x 的平方根
Math.exp(x)	返回自然对数的底 e 的 x 次方
Math.log(x)	返回 x 的自然对数
Math.pow(x,y)	返回 x 的 y 次方
Math.max(x,y)	返回 x、y 中的最大值
Math.min(x,y)	返回 x、y 中的最小值
Math.ceil(x)	返回大于等于 x 的最小整数
Math.floor(x)	返回小于等于 x 的最大整数
Math.round(x)	返回 x 四舍五入的取整值
Math.random()	返回[0,1)的伪随机数

- round()方法

Math.round()方法用来获取四舍五入的取整值，具体使用方法如【任务实践 5-13】所示。

【任务实践 5-13】求圆周率的 4 次方——Math.round()方法

任务描述：对圆周率进行 4 次方运算，并对结果进行四舍五入取整运算，输出结果。

（1）任务分析

① 根据任务要求，首先得到圆周率，使用 Math 对象的 PI 来实现。

② 使用 Math 对象的 pow()求圆周率的 4 次方。

③ 对得到的圆周率的 4 次方进行四舍五入取整运算，使用 Math 对象的 round()方法来实现。

④ 通过警示对话框输出结果。

（2）实现代码

```
<script type="text/javascript">
    var p,num;  //p为圆周率的值，num为得到的最后结果
    p=Math.PI;
    num=Math.round(Math.pow(p,4));
    alert("圆周率的4次方经过四舍五入取整后的值为: "+num);
</script>
```

（3）实现效果

实现效果如图 5-33 所示。

- random()方法

Math.random()方法用于生成随机数，这个随机数是[0,1)的小数，通过乘法、加法运算可以实现扩大范围，如图 5-34 所示。

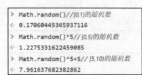

图 5-33 圆周率的 4 次方经四舍五入取整后的结果示例   图 5-34 随机数使用示例

115

如果小数位数比较多，可以利用 Math 对象的取整函数进行取整。floor()函数又称为地板函数，返回比它自身小的最大整数；ceil()函数也称为天花板函数，返回比它自身大的最小整数，如下。

```
console.log(Math.floor(5.6));//地板函数，输出5
console.log(Math.ceil(5.6));//天花板函数，输出6
```

如果想获取任意范围的随机数，可以结合取整函数和随机函数，具体实现如下。

```
function getRand(a, b) {
    return Math.floor(Math.random() * (b - a + 1) + a);
}
```

【任务实践 5-14】模拟抽奖过程——Math.random()方法

任务描述：使用随机函数来模拟抽奖过程。

（1）任务分析

① 根据任务要求，我们假定抽取到某数字来代表获奖情况，抽取到每一个数字的概率是一致的，我们假设抽到 1 表示获得 1 等奖，抽到 2 和 3 表示获得 2 等奖，抽取到 4~7 表示获得 3 等奖。

② 我们定义 3 个变量，分别表示抽奖的范围、获奖的等级和结果。

③ 通过分支语句实现数字和获奖等级一一对应。

④ 通过警示对话框输出结果。

（2）实现代码

```
<script type="text/javascript">
    btn.onclick = function() { //btn为"点我抽奖"按钮
        var rand = Math.random(); //生成0~1的随机数
        var total = 100 //抽奖范围及人数
        var level = 0 //获奖等级
        var bonus = 0 //抽奖结果
            // 生成1~total的整数（包括1和total）
        bonus = Math.floor(rand * total + 1);
        function getRand(m, n) {
            return Math.floor(Math.random() * (n - m + 1) + m);
        }
        //抽奖过程
        if (bonus == 1)
            level = 1; //1等奖
        else if (bonus == 2 || bonus == 3)
            level = 2 //2等奖
        else if (bonus > 3 && bonus < 8)
            level = 3 //3等奖
            //展示抽奖结果
        if (level)
            alert("恭喜! 您获得了" + level + "等奖");
        else
```

```
            alert("谢谢参与！");
    }
</script>
```

（3）实现效果

实现效果如图 5-35 所示。

图 5-35 模拟抽奖实现效果

5.2.6 Number 对象类

JavaScript 的 Number 对象与 Math 对象类似，也是 JavaScript 已经定义的内置对象，在使用时可以直接使用，而不必使用 new 关键字来创建。Number 对象主要用于存放一些极端数值，如无穷大、无穷小等。Number 对象常用的属性如表 5-11 所示。

表 5-11 Number 对象常用的属性

属性	说明
Number.MAX_VALUE	返回 JavaScript 可以处理的最大数值
Number.MIN_VALUE	返回 JavaScript 可以处理的最小数值
Number.NaN	表示非数值
Number.NEGATIVE_INFINITY	返回负无穷大的数字
Number.POSTIVE_INFINITY	返回正无穷大的数字

【任务实践 5-15】输出 JavaScript 能够处理的数值区间——Number 对象

任务描述：求出 JavaScript 能够处理的最大数值和最小数值，并在页面上输出。

（1）任务分析

① 根据任务要求，JavaScript 能够处理的最大数值和最小数值，可以使用 Number 对象的 MAX_VALUE 属性和 MIN_VALUE 属性来获得。

② 把取得的结果通过页面输出。

（2）实现代码

```
<script type="text/javascript">
    var range;
    range = "JavaScript 有效数的范围是:";
    range += "["+Number.MIN_VALUE+","+Number.MAX_VALUE+"]";
    document.write(range);
</script>
```

在实现代码中，利用 Number 对象的求最大数值和最小数值的属性，就可以获得所要求的结果，最后可以通过页面输出结果。

（3）实现效果

实现效果如图 5-36 所示。

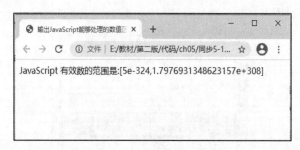

图 5-36 输出 JavaScript 能够处理的数值区间示例

任务 5.3 使用自定义对象

在 JavaScript 中，除了内置对象外，还可以根据需求自己创建对象，即自定义对象。对象是由属性和方法组成的，所以在创建自定义对象时需声明对象的属性和方法。一般使用 new 关键字来创建对象，语法格式如下。

```
引用变量=new 对象类（）;
```

将创建的对象赋值给一个变量后，这个变量就是引用类型的变量，简称引用变量。通过引用变量就可以访问对象的属性和方法。如获取当前年份，可以用如下代码来实现。

```
var date=new Date();
var year=date.getFullYear();
document.write(year);
```

创建自定义对象的常用方法有 Object 对象、字面量对象和构造函数 3 种。创建自定义对象后，还可以通过 Function 对象定义方法。

5.3.1 通过 Object 对象创建对象

Object 对象类是所有对象的基类，主要用于为所有的 JavaScript 对象提供通用的功能。实际上，JavaScript 的所有对象都是 Object 对象类的实例，任何对象都可以使用 Object 对象的属性和方法。

（1）通过 Object 对象创建新的对象，方法是先创建 Object 对象，再为该对象添加新对象的属性和方法，基本语法如下。

```
变量=new Object();
```

（2）创建好新对象后，就可以为对象创建属性，对象的属性包含从 Object 继承的预定义的属性，也可以自己为新对象定义属性。定义属性的方法是直接为新对象的属性赋值，如下。

```
obj.new_attr=attr_value
```

obj.new_attr 是对象的新属性名。attr_value 是属性值。

【任务实践 5-16】创建对象——Object 对象类

任务描述：通过 Object 对象创建一个 Animal 对象（即动物对象），再为该对象添加属性和方法。

（1）任务分析

① 根据任务要求，创建一个新对象 Animal，可以使用 Object 对象进行创建。

② 定义新对象的属性。

③ 通过 document.write()输出相关内容。

（2）实现代码

```
<script type="text/javascript">
    var Animal=new Object();
    Animal.name="花花";
    Animal.owner="王小丽";
    Animal.color="黑色"
    document.write(Animal.owner + "家的小狗名字叫" + Animal.name + "，是" + Animal.color + "的");
</script>
```

在实现代码中，首先利用 Object 对象创建了新的对象 Animal，通过对其属性直接赋值的方法定义属性，最后通过运算符输出对象的属性值。

（3）实现效果

实现效果如图 5-37 所示。

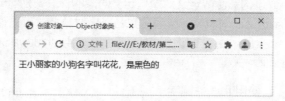

图 5-37 通过 Object 创建对象示例

5.3.2 通过字面量对象创建对象

创建自定义对象的另一个方法是通过字面量对象进行创建。所谓的字面量对象是在程序代码中直接书写的对象，其格式主要是使用一对花括号标注的一个或多个用逗号分隔的属性声明，而每个属性声明写成"属性名：属性值"的形式，其语法格式如下。

```
var obj_name={
    obj_attr1: attr_value,
    …
    obj_attrn: attr_value
};
```

其中，obj_name 是新对象名。obj_attr 是对象的新属性名。attr_value 是属性值。

【任务实践 5-17】创建对象——字面量对象

任务描述：通过字面量对象创建【任务实践 5-16】中的 Animal 对象。

（1）任务分析

① 根据任务要求，使用字面量对象创建一个新对象 Animal，直接声明对象变量名为对象名。

② 定义新对象的姓名属性（name）、主人属性（owner）和颜色属性（color）。

③ 通过 document.write() 输出相关内容。

（2）实现代码

```
<script type="text/javascript">
    var Animal={
    //通过字面量对象创建新对象
        name:"花花",
        owner:"王小丽",
        color:"黑色"
    }
    document.write(Animal.owner+"家的小狗名字叫"+Animal.name+"，是"+Animal.color+"的");
</script>
```

在实现代码中，首先利用字面量对象创建了新的对象 Animal；在创建属性时，属性名和属性值之间用冒号分隔，最后一行不要加标点，其他的属性定义后面加逗号。

（3）实现效果

实现效果如图 5-37 所示。

5.3.3 通过构造函数创建对象

5-15 使用 this 关键字

在 JavaScript 中，通过构造函数定义对象是定义对象的标准方法。本质上定义了构造函数就表示定义了对象类，构造函数名就是对象名，可以通过 new 关键字来创建对象实例。通过构造函数创建对象，用到 JavaScript 的 this 关键字、function 关键字和 new 关键字。

1. 使用 this 关键字

在 JavaScript 中，this 关键字用于引用本类对象，可以隐式地引用对象的属性和方法。在对象中 this 关键字的常用用法如下。

```
var Obj=new Object();
Obj.name="张华";
Obj.age=19;
Obj.fun=function(){
    document.write("我是"+this.name+","+this.age);
```

在上述代码中，输出语句中 this.name 指的是对象中的 name 属性。

2. 使用 function 定义构造函数

可以使用 function 关键字像定义普通函数一样来定义构造函数。不同之处是，在构造函数内部一般不使用 return 语句，并且通常使用 this 关键字来引用创建的对象。例如，要创建一个 Animal 类，则可以使用如下代码来实现。

```
function Animal(name,color){
    this.name=name; //定义属性name
    this.color=color; //定义属性color
}
```

定义了构造函数之后就可以使用 new 关键字来创建对象实例了，代码如下。

```
var animal=new Animal("花花","黑色");
```

构造函数的调用与普通函数的调用基本相同，不同之处在于构造函数在调用前须用 new 关键字。用 new 关键字来调用构造函数，大致可以分以下几个步骤来进行。

第 1 步：利用构造函数创建一个新对象。

第 2 步：构造函数的函数体用 this 关键字来引用新对象，定义属性。

第 3 步：创建完构造函数，利用 new 关键字来调用构造函数。

下面通过一个实例来理解用构造函数创建对象的实例，如【例 5-15】所示。

【例 5-15】定义一个名为 Animal 的构造函数，并通过该函数创建两个 Animal 对象。

```
<script type="text/javascript">
    function Animal(name,color){
        this.name=name;
        this.color=color;
    }
    var animal1=new Animal("花花","黑色");//创建第一个对象
    var animal2=new Animal("兰兰","黄色");//第二个对象
</script>
```

3. 使用 new 关键字来创建构造函数

在 JavaScript 中，构造函数用于创建类，而构造函数名就是类名。使用 new 关键字来创建构造函数的语法格式如下。

```
new constructor(参数1,参数2,...,参数n);
```

通过一个实例理解使用 new constructor()来创建对象的方法，如【例 5-16】所示。

【例 5-16】通过 new 关键字来定义 Animal 的构造函数。

```
<script type="text/javascript">
    function Animal(name,color){
        this.name=name;
        this.color=color;
    }
    var animal1=new Animal("花花","黑色");//创建第一个对象
    var animal2=new Animal("狗狗","黄色");//第二个对象
    document.writeln("喵星人的名字为" + animal1.name + ",是" + animal1.color+"的");
    document.writeln("汪星人的名字为" + animal2.name + ",是" + animal2.color+"的");
    document.write(animal1.constructor.toString()+"<br />");//显示构造函数代码
</script>
```

通过 new 关键字也可以实现 JavaScript 对象的创建，在页面上输出效果。也可以直接输出 constructor 函数代码，可通过 obj.constructor.toString()来实现。toString()方法的功能就是将函数代码以字符串的形式输出。

实现效果如图 5-38 所示。

图 5-38 使用 new constructor() 来创建对象的方法示例

Instanceof 关键字用于判断对象是否为特定类的一个实例，其语法格式如下。

```
obj instanceof class;
```

判断 obj 是否为 class 的一个实例，如果是，则返回 true，否则返回 false。

具体应用如【例 5-17】所示。

【例 5-17】判断对象是否为指定类的实例。

```
<script type="text/javascript">
    function Animal(name, color) {
        this.name = name;
        this.color = color;
    }
    var animal = new Animal("花花", "黑色"); //创建第一个对象
    if (animal instanceof Animal)
        document.write("变量animal引用的对象是Animal对象类实例" + "<br />");
    else
        document.write("变量animal引用的对象不是Animal对象类实例" + "<br />");
    var str = new String();
    if (str instanceof Date)
        document.write("变量str引用的对象是Date对象类实例" + "<br />");
    else
        document.write("变量str引用的对象不是Date对象类实例" + "<br />");
</script>
```

上述代码中，引用变量 animal 引用的是 Animal 对象，所以通过 instanceof 来判断其引用的对象是不是 Animal 对象的实例，结果应为 true，所显示结果应是"变量 animal 引用的对象是 Animal 对象类实例"。

引用变量 str 引用的是内置对象 String，所以通过 instanceof 来判断其引用的对象是不是 Date 对象的实例，结果应为 false，所显示结果应是"变量 str 引用的对象不是 Date 对象类实例"。

实现效果如图 5-39 所示。

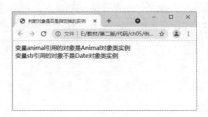

图 5-39 判断对象是否为指定类的实例示例

4. 类对象的 prototype 属性

prototype 属性表示构造函数（对象类）对一个对象的引用。该对象称为类实例对象的原型对象，一般来说，原型对象指的是 Object 对象。

原型对象的用途是为类的实例对象提供共享的方法和属性，从而避免为每个对象定义代码相同的属性和方法。因此，通过实例对象访问的属性和方法分为以下两类：一类是实例对象自定义的属性和方法；另一类是来自原型对象的属性和方法（原型属性和原型方法）。接下来通过【例 5-18】来理解原型对象的应用。

【例 5-18】利用对象访问来自原型对象的属性和方法。

```
<script type="text/javascript">
    function Student(name,gender,marjor){
        this.name = name;
        this.gender = gender;
        this.marjor=marjor;
        }
    Student.prototype.stuMsg = function() { //定义共享方法
        document.write("我叫" + this.name + ", " + this.gender + "，我的专业是: " + this.
marjor + "<br />");
    };
    var stu1 = new Student("张华", "男", "软件技术");
    var stu2 = new Student("李红", "女", "计算机网络技术");
</script>
```

实现效果如图 5-40 所示。

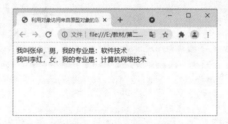

图 5-40 利用对象访问来自原型对象的属性和方法

JavaScript 中，定义对象类时一般要注意两方面：第一，在构造函数中定义对象的属性；第二，在原型对象中为对象定义共享的方法。

【任务实践 5-18】创建对象—— 构造函数

任务描述：通过构造函数创建名为 Students 的对象，该对象中应包括学号、姓名、性别、电话 4 个属性和一个共享属性专业，并创建实例输出。

（1）任务分析

① 根据任务要求，可以使用构造函数创建一个对象 Students，函数名即 Students。

② 在函数体内利用 this 语句定义 4 个属性，分别为 ID、name、gender 和 call。

③ 使用对象的 prototype 属性定义共享属性 major。

④ 通过 new 关键字定义对象的实例，在页面上输出学生的学号、姓名、性别、电话、专业。

（2）实现代码

```javascript
<script type="text/javascript">
    function Students(ID, name, gender, call) {
        this.ID = ID;
        this.name = name;
        this.gender = gender;
        this.call = call;
    }
    Students.prototype.major = "软件技术"; //共享属性
    var stu1 = new Students("s001", "张华", "男", "22367863")
    var stu2 = new Students("s002", "李强", "男", "22367863")
    document.write("504宿舍第一个学生的详细信息为: 学号" + stu1.ID + ", 姓名" + stu1. name + ",
性别" + stu1.gender + ", 专业" + stu1.major + ", 电话" + stu1.call + "<br />");
    document.write("504宿舍第二个学生的详细信息为: 学号" + stu2.ID + ", 姓名" + stu2. name + ",
性别" + stu2.gender + ", 专业" + stu2.major + ", 电话" + stu2.call + "<br />");
</script>
```

在实现代码中，首先利用构造函数创建了函数 Students，在函数体内定义了 ID、name、gender 和 call 属性。通过 prototype 属性定义了 major 属性，在创建对象实例后，其共享属性在所有的实例中都存在。

（3）实现效果

实现效果如图 5-41 所示。

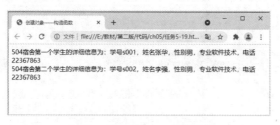

图 5-41 创建对象——构造函数

5.3.4 通过 Function 对象定义方法

定义方法即定义函数。那如何来定义函数呢？JavaScript 提供了一个 Function 内置对象，通过 Function 对象就可以定义函数。实际上，JavaScript 中的所有函数都是 Function 对象。定义函数的方法通常有两种：一种是使用关键字 new 来显式地创建 Function 对象；另一种是常用的定义方法，即用 function 关键字隐式地创建 Function 对象。

1. 显式地创建 Function 对象

显式地创建 Function 对象，是 JavaScript 定义函数的一种方式，其语法格式如下。

```
var fun_name=new Function(参数1,参数2,...,函数体代码);
```

其中 fun_name 是函数名。在定义函数时，可以定义一个或多个参数，每个参数都是字符串，最后一个参数为函数体代码。

【任务实践 5-19】创建方法——显式创建 Function 对象

任务描述：通过 Function 对象来显式创建函数，并进行数据的测试。

（1）任务分析

① 根据任务要求，可以使用 Function 对象创建一个函数，按照显式创建函数对象的语法格式，确定参数及函数体代码。

② 定义函数对象 Welcome，确定参数 msg，函数体代码实现显示参数。

③ 调用函数，测试其结果。

（2）实现代码

```
<script type="text/javascript">
    var Welcome=new Function("msg","  document.write(msg);"); //创建 Function 对象
    document.write(Welcome.toString());  //通过toString()输出 Function 对象的代码
    Welcome("欢迎学习JavaScript! ");  //通过函数对象变量调用函数
    //函数对象变量的赋值运算
    var fun1,fun2;
    fun1=Welcome;  //将函数对象变量Welcome赋值给变量fun1
    fun1("fun1相当于Welcome函数");//调用fun1，其效果同Welcome
    fun2=fun1;   //将函数对象变量fun1赋值给变量fun2
    fun2("fun1相当于Welcome函数");//调用fun2，其效果同Welcome
</script>
```

在实现代码中，首先通过 Function 对象创建了函数对象 Welcome，对象的代码可以通过 toString()显示在页面上。Function 对象也是对象，可以赋值给变量，将函数变量赋值给另一个变量后，另一个变量就成了同 Welcome 一样的函数变量，可实现一样的调用效果。注意，这里的赋值是函数作为一个对象变量进行的赋值，不是调用函数，所以不要加圆括号。如上面代码中，写成 fun1=Welcome()是不对的。但调用函数时要加圆括号。

（3）实现效果

实现效果如图 5-42 所示。

图 5-42 通过 Function 对象显式地创建方法示例

2. 隐式地创建 Function 对象

隐式地创建 Function 对象，实际上是指用 function 关键字来创建构造函数，从前文可知，创建构造函数相当于创建对象。也就是说，当使用 function 关键字创建了一个函数时，也隐式地创建了一个 Function 对象。此时，函数名就是隐式创建的 Function 对象的引用变量。显式创建函数对象的语法"var fun_name=new Function(参数 1，参数 2，…，函数体代码);"可以改为普通的隐式创建函数的语法，如下。

```
function fun_name(参数1,参数2,...){
    函数体代码;
}
```

【任务实践 5-20】创建方法——隐式创建 Function 对象

任务描述：将【任务实践 5-19】通过隐式创建 Function 对象的方法来实现。

（1）任务分析

① 根据任务要求，将【任务实践 5-19】中的 Function 对象创建的函数通过隐式的方式创建。

② 在隐式创建函数对象时，其函数名为 Welcome，参数为 msg。函数体代码要写在花括号中，而不是写在参数的圆括号内。

③ 调用隐式创建的函数，测试其结果是否与【任务实践 5-19】中的一致。

（2）实现代码

```
<script type="text/javascript">
    function Welcome(msg){
        document.writeln(msg);
    }
    document.write (Welcome.toString()+"<br />");
    Welcome("欢迎学习JavaScript! ");
    var fun1,fun2;
    fun1=Welcome;
    fun1("fun1相当于Welcome函数");
    fun2=fun1;
    fun2("fun2相当于Welcome函数");
</script>
```

在实现代码中，将【任务实践 5-19】显式创建的函数对象使用隐式方式创建，其结果是一样的。

5.3.5 通过原型对象定义方法

JavaScript 中，除了用 Function 对象创建属性外，还可以用原型对象来进行创建，语法格式如下。

```
obj_name.prototype.fun_name=function(){ }
```

其中，obj_name 是对象的名字，fun_name 是方法的名字，function(){ }是匿名函数，实现方法的功能。

【任务实践 5-21】访问共享方法——原型对象

任务描述：通过原型对象创建对象，添加共享方法并进行测试。

（1）任务分析

① 根据任务要求，通过 function 关键字创建对象，添加属性参数 name 和 major。

② 通过原型对象创建一个共享属性。

③ 通过测试，检验其结果。

（2）实现代码

```
<script type="text/javascript">
    function Animal(name, color) {
        this.name = name;
        this.color = color;
    }
    Animal.prototype.type = "宠物"; //定义共享属性type="宠物"
    Animal.prototype.animal_fun = function() {
        document.write(animal1.color + "的" + animal1.name + "是小丽家的" + animal1.type
+ "，不要伤害它" + "<br />");
    }
    var animal1 = new Animal("花花", "黑色");
    var animal2 = new Animal("狗狗", "黄色");
    document.write(animal1.color + "的" + animal1.name + "是小丽家的" + animal1.type +
"<br />");
    document.write(animal2.color + "的" + animal2.name + "是小美家的" + animal2.type +
"<br />");
    animal1.animal_fun();
</script>
```

在实现代码中，利用原型对象创建了一个共享方法 animal_fun()，通过调用该方法可以得到
其结果。

（3）实现效果

实现效果如图 5-43 所示。

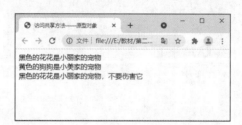

图 5-43 通过原型对象访问共享方法示例

5.3.6 通过 for…in 语句访问对象的属性

自定义对象的属性可以访问，访问方法类似遍历数组的方法。使用 for…in 语句可以轻松地访
问对象的所有属性，其语法格式如下。

```
for(var variableName in Obj){
    遍历循环体；
}
```

【任务实践 5-22】遍历对象的属性——for…in 语句

任务描述：使用 for…in 语句将自定义属性列举出来。

（1）任务分析

① 根据任务要求，将 Animal 对象创建的属性列举出来。

② 在使用 for…in 语句列举属性时，声明一个变量 animal_attr 保存列举的属性。

③ 列举出的属性将以数组的形式保存在 animal_attr 中，最后通过 document.write()输出。

（2）实现代码

```html
<script type="text/javascript">
    var animal = { //通过字面量创建新对象
        name: "花花",
        owner: "王小丽",
        color: "黑色"
    }
    document.write(Animal.owner + "家的小狗名字叫" + Animal.name + "，是" + Animal.color
+ "的" + "<br/>");
    document.write("对象Animal有以下的属性: " + "<br/>");
    for (var animal_attr in Animal) {
        document.write(animal_attr + ": " + Animal[animal_attr] + "<br/>");
    }
</script>
```

在实现代码中，利用 Animal[animal_attr]保存列举出的属性，然后就可以通过 document. write()输出。

（3）实现效果

实现效果如图 5-44 所示。

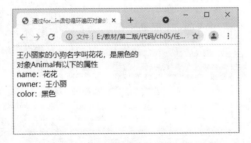

图 5-44 for…in 语句循环遍历对象的属性示例

5.3.7 通过 with 语句访问对象的属性和方法

在访问一个对象的属性时，经常会遇到要重复访问一个对象的属性的情况，按照普通的对象属性的访问方法，需要多次使用这个对象引用。例如，需要多次获取日期对象的年份、月份、日期信息，每次实现都要调用 Date。使用 with 语句就可以避免多次调用对象的现象，只要调用一次就行了，语法格式如下。

```
with(object){
    statements;
}
```

object 是指定在 statements 语句中可以多次引用的对象。

【任务实践 5-23】输出当前日期——with 语句

任务描述：要求使用 with 语句对【任务实践 5-3】进行修改，完成输出"今天是××××年××月××日"。

（1）任务分析

① 根据任务要求，使用 with 语句，可以声明一个对象引用变量 today，使用 with(today) 来对对象进行引用。

② with 的语句体可以直接使用 get×××() 来获取对象的某些数值。

③ 利用 document.write() 实现输出结果。

（2）实现代码

```javascript
<script type="text/javascript">
    var today;
    today=new Date();
    with(today){
        document.write("今天是"+getFullYear()+"年"+(getMonth()+1)+"月"+getDate()+"日");
    }
</script>
```

在实现代码中，with(today) 中的 today 变量就是重复引用的对象，括号中的对象在其下的代码中可以省略，如 getFullYear() 就可以省略对象引用。

（3）实现效果

实现效果如图 5-45 所示。

图 5-45 输出当前日期——with 语句

5.3.8 继承

JavaScript 是基于对象的语言，同面向对象语言一样，也有继承的基本特性。JavaScript 语言的继承机制是通过原型链来实现的，所以 JavaScript 也称为基于原型的语言。

1. 父类与子类

父类与子类指的是对象的继承关系，一个对象（如 A）继承于另一个对象（如 B），则 A 称为 B 的子类，而 B 称为 A 的父类。在继承关系中，子类的属性和方法可以来自父类，并且子类可以重新修改属性和方法。

在 JavaScript 中，为子类 A 指定父类 B 的方法是将父类 B 的实例对象赋值给子类 A 的 prototype 属性，代码如下。

```javascript
A.prototype=new B(...);
```

执行了上述代码后，A 就成了 B 的子类。

2. call()方法

在 JavaScript 中，经常用到 call()方法。call()方法是 Function 对象的一个方法，作用是调用一个对象的方法，以另一个对象替换当前对象，语法格式如下。

```
obj1.call(obj2,arg1,arg2,...,argn);
```

其中，obj1 表示当前的对象，obj2 表示替换当前对象 obj1 的对象，arg1,arg2,...,argn 是可选项，将被传递方法参数序列。

方法还是当前对象 obj1 的方法，但经过 call()方法后，obj2 替换了 obj1，即 obj2 继承了 obj1 的方法。

【任务实践 5-24】子类拥有父类的属性和方法——继承

任务描述：创建一个类，定义属性和方法，然后为这个类定义一个子类继承其属性和方法，在子类中增加属性和方法，并显示其结果。

（1）任务分析

① 根据任务要求，先创建 Person 类，定义两个属性 name 和 gender，然后定义方法 introduce()，用于介绍自己。

② 定义 Student 子类，继承 Person 的属性和方法，增加专业属性 major，并重新定义方法。

③ 调用两个对象的方法，分别输出其结果。

（2）实现代码

```javascript
<script type="text/javascript">
    function Person(name, gender) {
        this.name = name; //定义属性 name
        this.gender = gender; //定义属性 gender
    }
    Person.prototype.introduce = function() {
        document.write("我叫" + this.name + ", " + this.gender + "<br/>");
    };


    function Student(name, gender, major) {
        Person.call(this, name, gender); //在子类中重新定义父类中的属性
        this.major = major; //定义属性 major
    }
    Student.prototype = new Person(); // 将类 Person 定义为类 Student 的父类
    var stu = new Student("张华", "男", "软件技术"); //创建 Student 对象
    stu.introduce(); //调用继承的方法

    Student.prototype.introduce = function() { //重定义继承的方法 introduce()
        document.write("我叫" + this.name + ", " + this.gender + ", " + this.major + "专业" + "<br/>");
    };
```

```
        stu.introduce(); //调用重定义的方法
    </script>
```

在实现代码中，Person 为父类，Student 为子类，通过 Student.prototype=new Person();
定义了二者的继承关系，在继承属性时，使用 Function 对象的 call()方法进行了属性的继承与重写。
同时对方法也进行了重写，通过输出可以看出，子类可以继承父类的属性和方法，并可以对继承的
属性和方法进行重写。

（3）实现效果

实现效果如图 5-46 所示。

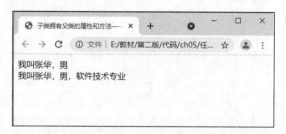

图 5-46 子类拥有父类的属性和方法——继承

项目分析

根据要求，要实现毕业倒计时页面，使用 Date 对象获得当前时间。将当前时间的数字值与毕
业时间进行运算，计算出具体的值。本项目实现起来较复杂，所以可用定义函数的方式来完成。

项目实施

根据项目分析，页面显示倒计时效果，具体代码如下。

```html
<!DOCTYPE html>
<html>
<head>
    <meta charset="utf-8">
    <title>毕业倒计时</title>
    <style>
        body {
            background-color: #fef4d2;
        }
        p {
            text-align: center;
            font-size: 30px;
        }
        ul {
            width: 400px;
            margin: 0 auto;
            list-style: none;
```

```
            color: white;
        }
        li {
            float: left;
            width: 80px;
            height: 80px;
            background-color: #6312E7;
            margin-left: 10px;
            font-weight: bold;
            font-size: 30px;
            text-align: center;
        }
        .title {
            font-size: 18px;
        }
    </style>
</head>
<body>
    <p>距离2024年毕业还有</p>
    <ul>
        <li>
            <span id="day"></span>
            <br>
            <span class="title">天</span>
        </li>
        <li>
            <span id="hour"></span>
            <br>
            <span class="title">时</span>
        </li>
        <li>
            <span id="min"></span>
            <br>
            <span class="title">分</span>
        </li>
        <li>
            <span id="sec"></span>
            <br>
            <span class="title">秒</span>
        </li>
    </ul>
    <script type="text/javascript">
        function calcute() {
            var now = new Date();
            var sports = new Date("2024,7,15");
```

```
            var leftSeconds = (sports.getTime() - now.getTime()) / 1000;
            var daysLeft = Math.floor(leftSeconds / 3600 / 24);
            var hoursLeft = Math.floor(leftSeconds / 60 / 60 % 24);
            var minutesLeft = Math.floor(leftSeconds / 60 % 60);
            var secondsLeft = Math.floor(leftSeconds % 60);
            document.querySelector("#day").innerHTML = daysLeft;
            document.querySelector("#hour").innerHTML = hoursLeft;
            document.querySelector("#min").innerHTML = minutesLeft;
            document.querySelector("#sec").innerHTML = secondsLeft;
        }
        calcute();
    </script>
</body>
</html>
```

在实现代码中，首先使用 Date 对象的 getDate()方法获得当前时间，然后结合毕业时间运算得出结果，最后通过页面输出结果。

实现效果如图 5-1 所示。

项目实训——模拟随机选人

【实训目的】

练习自定义对象和预定义对象的使用。

【实训内容】

实现图 5-47 所示的随机选人。

【具体要求】

实现随机选人效果，单击"确定"按钮选中合适的人，按钮内容变成"继续选人"；继续单击，实现继续选人。具体如下。

① 使用二维数组存储姓名和照片。

② 通过 Math 对象的随机函数选择随机索引，选择对应的姓名和照片。

图 5-47 随机选人

小结

使用面向对象编程可以为大型软件项目提供解决方案，尤其是多人合作的项目。用面向对象编程的思想来进行 JavaScript 的高级编程，对于提高 JavaScript 编程能力和规划好的 Web 开发构架是非常有意义的。通过本项目的学习，读者可以体会到面向对象编程的强大功能，建立正确的面向对象的编程思想。本项目通过面向对象的知识实现了倒计时效果，具体任务分解如图 5-48 所示。

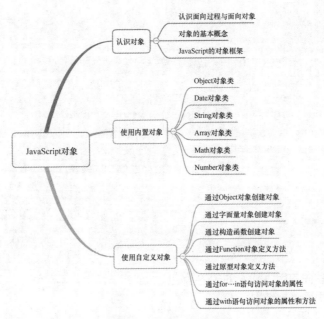

图 5-48 项目 5 任务分解

扩展阅读——ES6 新增面向对象

在 ES5 中通过构造函数创建对象与传统的面向对象语言的相关实现相比，具有很大差异，容易让初学者感觉困惑。

ES6 提供了更接近传统语言的写法，引入了类作为对象的模板。通过 class 关键字创建类，具体如下。

```
class Animal {
    constructor(name, owner) {
        this.name = name;
        this.owner = owner;
    }
    shout() {
        document.write("我是" + this.name + ",我会发出喵喵声");
    }
}
var cat = new Animal("猫咪", "小红");
cat.shout();
```

constructor()方法为固定方法，表示构造器，一般用于设置对象中的属性。shout()方法为自定义方法，表示添加到原型下的方法。创建对象的方式与 ES5 中的相关实现是一样的。

习题

一、填空题

1. 在 JavaScript 中，若要使用一个 JavaScript 对象，则必须先使用_____关键字创建它。

2. 在 JavaScript 中，任何对象都是_____对象类的实例。

3. 在 JavaScript 中，任何函数都是_____对象。

4. 在 JavaScript 中，可以使用_____访问对象的属性和方法。

5. 对象有三大特征，分别是_____、_____和_____。

6. 在 JavaScript 中，使用对象的_____属性来定义对象共享的属性和方法。

二、选择题

1. 在 JavaScript 中，运行"Math.ceil(25.5);"的结果是_____。
   A. 24　　　　　　B. 25　　　　　　C. 25.5　　　　　D. 26

2. 下面表达式的值为引用值的是_____。
   A. 123　　　　　B. arr.length　　C. true　　　　　D. new Date( )

3. 在 JavaScript 中，可以对数组元素进行排序的方法是_____。
   A. add( )　　　　B. join( )　　　　C. sort( )　　　　D. length( )

4. 数组的索引值是从_____开始的。
   A. 0　　　　　　B. 1　　　　　　C. 2　　　　　　D. 3

5. 创建对象使用的关键字是_____。
   A. function　　　B. new　　　　　C. var　　　　　D. String

6. 以下对代码"var x=myhouse.kitchen;"的说法中正确的是_____。
   A. 将字符串"myhouse.kitchen"赋值给 x
   B. 将 myhouse 和 kitchen 的和赋值给变量 x
   C. 将 myhouse 对象的 kitchen 属性值赋值给变量 x
   D. 将 kitchen 对象的 myhouse 属性值赋值给变量 x

7. 执行语句"var str="123456789"; str=str.substr(5,2);"后，变量 str 的值是_____。
   A. "52"　　　　　B. "56"　　　　　C. "67"　　　　　D. "78"

8. 在 JavaScript 脚本中，用来返回在字符串中指定位置处字符的方法是_____。
   A. indexOf()　　B. search()　　　C. replace()　　　D. charAt()

9. 在 JavaScript 中，有两个类 A、B，若要将 B 类定义为 A 类的父类，则使用语句_____。
   A. A.constructor=new B(...);　　　　B. A.prototype=new B(...);
   C. A.constructor=B;　　　　　　　　D. A.prototype=B;

10. 在 JavaScript 内置对象 Math 中返回一个[0,1)的伪随机数的方法是_____。
    A. Math.random()　　　　　　　　B. Math.ceil()
    C. Math.floor()　　　　　　　　　D. Math.trunc()

项目6
商品放大镜——DOM对象

06

情境导入

张华同学特别关注国产软件和国产计算机的新技术和新产品。他听说某品牌最近又发布了新品，就登录电商网站查看，在浏览商品信息时，发现图 6-1 所示的效果，当鼠标指针在小图中移动时，右边的放大图片也相应地移动。

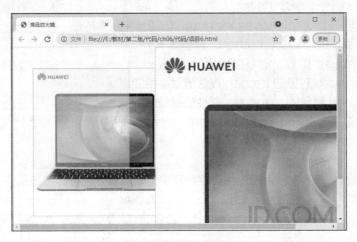

图 6-1 商品放大镜效果

李老师告诉他，这是各大电商网站为了提升用户体验，在页面上使用了放大镜效果。张华同学迫不及待地想编写这样的程序，可是他发现自己遇到了很多困难，不知道怎么获取图片、怎么显示和移动放大镜等。

李老师告诉他，这需要学习文档对象模型（Document Object Model，DOM）的相关知识，这是一种处理 HTML 文档的应用程序接口，它的作用是将网页转换为 JavaScript 对象，从而可以使用 JavaScript 对网页进行各种操作，如增、删内容等。DOM 是学习 JavaScript 的最关键的内容之一，张华明白"纲举目张"的道理，学好 DOM 对象的相关知识至关重要，于是制订了详细的学习计划。

第 1 步：认识 DOM 对象的基础知识。

第 2 步：理解 HTML DOM 的基本概念。

第 3 步：学会操作元素，解决实际问题。

第 4 步：学会操作节点。

项目目标（含素养要点）

■ 理解 DOM 对象的基本概念
■ 理解 HTML DOM 的基本概念
■ 掌握操作 DOM 元素的方法
■ 掌握操作 DOM 节点的方法（勤思多练）

知识储备

任务 6.1 认识 DOM 对象

DOM 对象是处理 HTML 文档的技术。通过 DOM 对象，JavaScript 可以动态访问、更新、操纵 HTML 页面的内容、结构和样式。

6.1.1 DOM 概述

DOM 定义了访问 HTML 和 XML 文档的标准，是通用型的标准，为所有标记语言而设计。DOM 将标记语言文档的各个组成部分封装为对象，可以使用这些对象对标记语言文档进行 CRUD 操作，即增加（Create）、检索（Retrieve）、更新（Update）和删除（Delete）操作。

6-1 DOM 概述

DOM 是中立于平台和语言的接口，W3C DOM 标准分为 3 个不同的部分。

1. 核心 DOM——针对任何结构化文档的标准模型

核心 DOM 提供了操作文档的公有属性和方法，相当于"鼻祖"。它可操作一切结构化文档（包括 HTML 文档和 XML 文档）的 API。

2. HTML DOM——针对 HTML 文档的标准模型

HTML DOM 是专门操作 HTML 文档的简化版 DOM，仅对常用的复杂 API 进行了简化，对核心 DOM 进行了在 HTML 方面的拓展。

3. XML DOM——针对 XML 文档的标准模型

XML DOM 提供了所有 XML 元素的对象和属性，以及它们的访问方法，与 HTML DOM 类似。

在 JavaScript 中，一般使用的是 HTML DOM，在后文中若未专门说明，DOM 指的就是 HTML DOM。

6.1.2 核心 DOM

HTML DOM 和 XML DOM 都是核心 DOM 的扩展和封装，对于核心 DOM 的对象，HTML DOM 和 XML DOM 都可以使用。核心 DOM 的对象主要有以下几个。

6-2 核心 DOM

（1）Document：文档对象。
（2）Element：元素对象。

（3）Attribute：属性对象。

（4）Text：文本对象。

（5）Comment：注释对象。

（6）Node：节点对象。

其中，Node 对象是其他 5 个对象的父对象，它们之间的关系如图 6-2 所示。

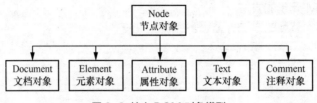

图 6-2 核心 DOM 对象模型

【任务实践 6-1】枚举 Node 对象——核心 DOM 对象

任务描述：列举文档中的 Node 对象。

（1）任务分析

① 根据任务描述要求，列举文档中的 Node 对象，使用 document.body.childNodes 来获取。

② 通过控制台显示最后的结果。

（2）实现代码

```
<!DOCTYPE html>
<html lang="en">

<head>
    <title>核心DOM对象</title>
</head>

<body>
    <!-- 这是注释 -->
    <p>核心DOM对象</p>
    <script>
        console.log(document.body.childNodes);
    </script>
</body>

</html>
```

在上述代码中，使用 document.body.childNodes 获取所有 Node 对象。

（3）实现效果

实现效果如图 6-3 所示。

我们通过对比列举的结果和实际文档中的元素来认识核心 DOM 对象，对比结果如图 6-4 所示。

图 6-3 核心 DOM 对象

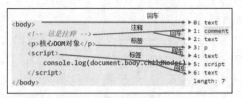

图 6-4 对比结果

6.1.3 Document 对象

Document 对象是 DOM 文档树的根，为我们提供对文档数据的最初（或最顶层）访问入口。Document 对象提供了创建和使用元素对象、文本对象、注释对象等对象的属性和方法。Node 对象提供了一个 ownerDocument 属性，用来将这些对象与创建它们的 Document 关联起来。Document 对象提供了一系列关于元素的属性和方法，下面几个就是常用的获得元素的方法。

（1）getElementById()：根据元素的 ID 值来获取元素对象，其中 ID 是唯一的。

（2）getElementsByTagName()：根据元素名称获取元素对象，其返回值是一个数组。

（3）getElementsByName()：根据 name 属性获取元素对象，其返回值是一个数组。

关于这些方法的具体使用方法，将在任务 6.3 中具体介绍。

任务 6.2 认识 HTML DOM

HTML DOM 对核心 DOM 进行了扩展和封装，使其对 HTML 文档的处理更加方便和具有针对性，功能更加强大。核心 DOM 的方法在 HTML DOM 中基本都能使用。

6.2.1 DOM 树

从原理上来看，每当通过浏览器打开一个网页，DOM 就会根据这个网页创建一个文档对象，DOM 是一个树型结构模型。在这个树型结构模型中，网页中的元素与内容表现为一个个相互连接的节点。DOM 的最小组成单位叫作节点，以节点的方式表示文档中的各种内容，代码如下。

```html
<html>
<head>
    <title>标题</title>
</head>
<body>
    <h1>一级标题</h1>
    <p>文档段落</p>
</body>
</html>
```

可见，在 DOM 中会根据 HTML 文档中标签的嵌套层次将 HTML 文档处理为 DOM 树，如图 6-5 所示。

在 DOM 中，每一个对象都是一个节点，下面分别介绍其概念。

（1）根节点，处于树的最顶层，如<html>。

（2）父节点，一个节点之上的节点，如<head>的父节点是<html>。

（3）子节点，一个节点之下的节点就是该节点的子节点，如<body>的子节点是<h1>和<p>。

（4）兄弟节点，处于同一层次的节点，如<head>和<body>就是兄弟节点。

6-3 HTML DOM
节点类型

（5）叶子节点，树的最底层的节点，如"标题""文档段落"等文本。

图 6-5 HTML 文档的 DOM 树

6.2.2 HTML DOM 节点类型

根据 W3C 标准，DOM 树中的节点分为 12 种类型。其中常用的节点类型有元素、属性、文本、注释、文档 5 种，如表 6-1 所示。

表 6-1 常用的 DOM 节点类型

节点类型	ID	说明
Element	1	元素节点，HTML 文档元素，如<head>、<body>、<p>等
Attribute	2	属性节点，如<a>标签的 href="×××"属性
Text	3	文本节点，元素节点中的内容，如<p>节点中的"文档段落"就是文本节点
Comment	8	注释节点，表示文档中的注释
Document	9	文档节点，表示整个文档对象

【任务实践 6-2】节点类型——HTML DOM 节点类型

任务描述：查看文档中的节点类型

（1）任务分析

① 根据任务描述要求，要查看文档中的节点类型，通过 document.body.childNodes[i].nodeName 来实现。

② 通过控制台显示最后的结果。

（2）实现代码

```html
<!DOCTYPE html>
<html lang="en">
<head>
    <meta charset="UTF-8">
    <title>节点类型——HTML DOM节点类型</title>
</head>
<body>
    <!-- 这是一级标题 -->
    <h1 align="center">一级标题</h1>
```

```
    <p id="p1">文档段落</p>
    <script>
        for (var i = 0; i < document.body.childNodes.length; i++) {
            console.log("节点类型是" + document.body.childNodes[i].nodeName + ", 节点ID是" +
    document.body.childNodes[i].nodeType);
        }
    </script>
</body>
</html>
```

（3）实现效果

实现效果如图 6-6 所示。

我们通过对比列举的结果和实际文档中的元素来查看节点类型，对比结果如图 6-7 所示。

图 6-6 查看节点类型

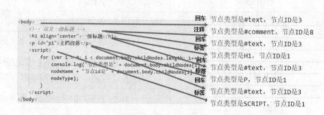

图 6-7 对比结果

6.2.3 HTML DOM 对象分类

在 HTML DOM 对象中，常用的是节点（Node）对象、元素（Element）对象、文档（Document）对象及特定类型的 HTML 元素对象，每个对象都有自己的属性和方法。

1. 节点对象

节点对象是最核心的对象，用来表示 DOM 树中的节点。

2. 元素对象

元素对象是最基础的对象，用来表示 HTML 文档中的元素。Element 对象提供的属性和方法对 DOM 节点对象和 HTML 元素对象都适用。

3. 文档对象

在 HTML DOM 中的 Document 对象表示整个 HTML 文档。其继承和封装了核心 DOM 对象的属性和方法，所以核心 DOM 对象的方法和属性在 HTML DOM 中也可以正常使用。

4. 特定类型的 HTML 元素对象

在 BOM 对象中也为不同类型的 HTML 元素定义了相应类型的元素对象，对象名称一般是标签名称，不过首字母需大写。DOM 也为这些对象提供了属性和方法。所以在 DOM 中，整个 HTML 文档的元素都是对象。这些特定类型的 HTML 元素对象的属性/方法如表 6-2 所示。

表 6-2 DOM 中特定类型的 HTML 元素对象的属性/方法

属性	说明
Meta	表示\<meta>元素
Base	表示\<base>元素
Link	表示\<link>元素
Body	表示\<body>元素，是 HTML 文档的主体
Anchor	表示\<a>元素，即锚点元素。可以创建从一个文档到另一个文档的链接或者创建文档内的标签
Image	表示\<image>元素
Area	表示图像映射中的\<area>元素。图像映射是指带有可单击区域的图像
Object	表示\<object>元素
TableCell	表示\<td>元素
TableRow	表示\<tr>元素
Form	表示\<form>元素
Button	表示\<button>元素
Input Button	表示 HTML 表单中的一个按钮，即\<input type="button">元素
Input Checkbox	表示 HTML 表单中的复选框，即\<input type="checkbox">元素
Input FileUpload	表示 HTML 表单中的文件上传对象（\<input type="file">），对象中的 value 属性保存指定的文件名，当提交表单时，对象向服务器提交文件名和文件内容
Input Hidden	表示 HTML 表单中的隐藏域，即\<input type="hidden">元素
Input Password	表示 HTML 表单中的密码域，即\<input type="password">元素
Input Reset	表示 HTML 表单中的重置按钮，即\<input type="reset">元素
Input Radio	表示 HTML 表单中的单选按钮，即\<input type="radio">元素
Input Submit	表示 HTML 表单中的提交按钮，即\<input type="submit">元素
Input Text	表示 HTML 表单中的单行文本框，即\<input type="text">元素
TextArea	表示 HTML 表单中的多行文本框，即\<input type="textarea">元素
Select	表示\<select>元素
Option	表示\<option>元素

任务 6.3 操作元素

6-4 获取 HTML
文档元素

在 HTML 页面中，通过 Document 对象和 Element 对象可以对 HTML 元素进行动态操作，如获取元素、获取元素内容和大小等，下面将分别进行介绍。

6.3.1 获取 HTML 文档元素

要实现 HTML 页面的特效设计，需要先获取 HTML 元素。JavaScript

中，利用 Document 对象、Element 对象提供的方法可以完成对元素的获取操作。

HTML 文档元素可以通过元素的 ID、属性名和元素名来获取，可以由 Document 对象提供的元素获取方法来获取，可以通过 ID 获取单个元素对象，通过属性名和元素名获取元素数组，用法如下。

```html
<body>
    <div id="id1">DOM对象元素的获取方式</div>
    <input type="checkbox" name="hobby" value="swiming"/>游泳
    <input type="checkbox" name="hobby" value="sing"/>唱歌
    <input type="checkbox" name="hobby" value="football"/>足球
    <script type="text/javascript">
        var id=document.getElementById("id1");
        var names=document.getElementsByName("hobby");
        var taginput=document.getElementsByTagName("input");
    </script>
</body>
```

document.getElementById()的参数是元素的 id 属性，documnet.getElementsByName()的参数是 name 属性值，document.getElemetsByTagName()的参数是元素名，使用这些方法可以获得单个元素或者多个元素，如下。

```html
<p id="p1" class="para">第一个段落</p>
<p id="p2" class="para">第二个段落</p>
<script>
    console.log(document.getElementById("p1"));//获取id属性为p1的元素
    console.log(document.querySelector("#p1"));//使用id选择器，获取对应的唯一元素
    console.log(document.querySelector(".para"));//使用类选择器，仅获取第一个<P>元素
    console.log(document.querySelector("p"));//使用标签选择器，仅获取第一个<P>元素
</script>
```

以上方法，通过 CSS 选择器来获取唯一元素对象，如 id 选择器、类名选择器、元素选择器等，其语法如下。

```
document.querySelector("选择器名称");
```

【任务实践 6-3】显示实时时间——document.getElementById()方法

任务描述：在页面上显示当前时间。

（1）任务分析

① 根据任务描述要求，显示当前时间，使用内置对象 Date 来获取当前时间。

② 在页面上使用 document.getElementById()方法获取放置时间的位置。

③ 通过定时器设置动态显示效果。

（2）实现代码

```html
<!DOCTYPE html>
<html>
<head>
    <meta charset="utf-8">
    <title>实时时钟</title>
    <style>
```

```
        p {
            font-size: 50px;
            text-align: center;
        }
        span {
            font-weight: bolder;
        }
    </style>
</head>
<body>
    <p>现在是<span id="clock"></span></p>
    <script type="text/javascript">
        function two(s) {
            if (s < 10)
                s = "0" + s;
            return s;
        }
        function ShowTime() {
            var now, clock_line, time_text;
            now = new Date();
            time_text = two(now.getHours()) + ":" + two(now.getMinutes()) + ":" +
two(now.getSeconds());
            clock_line = document.getElementById("clock"); // 获取 clock 段落元素对象
            clock_line.innerHTML = time_text; //设置段落文本
        }
        ShowTime();
        setInterval(ShowTime, 1000); //设置定时器
    </script>
</body>
</html>
```

上述代码中，使用 document.getElementById()获取存放显示时间的元素位置，然后将时间保存在 time_text 中，并用 time_text 的值代替原来元素的内容。innerHTML 属性的用法将在后文中介绍。最后使用定时器将 ShowTime()函数延时显示，由于该定时器设置为 1s 后执行，为了防止程序开始执行时时间文本是空白的，需要先调用一次 ShowTime()。

（3）实现效果

实现效果如图 6-8 所示。

图 6-8 显示实时时间

6-5 简单的 DOM
访问方法

6.3.2 获取元素的集合对象

获取 HTML 页面元素，不仅可以获取一个元素，也可以获取特征相同的一组元素，这一组元素组成一个集合对象，大多是数组的形式。元素集合对象可以通过 Document 对象的属性来获取。Document 对象提供了一些获取集合对象的属性，如 all、anchors、forms、images 和 links 等，通过获取集合对象的属性可以访问这些集合对象。在访问集合对象时，以数组对象的方式来访问，如 all[i]。

获取集合的属性如表 6-3 所示。

表 6-3 获取集合的属性

属性	说明
all	返回文档中所有元素对象的集合
anchors	返回文档中所有锚点对象（<a name="...">）的集合
forms	返回文档中所有表单对象（<form>）的集合
images	返回文档中所有图形对象（<img>）的集合
links	返回文档中所有超链接对象（<a href="...">）的集合
styleSheets	返回文档中所有样式表对象的集合，包括嵌入的样式表（<style type="text/css">）和链接的外部样式表（<link rel="styleSheets" type="text/css" href=""/>）
body	返回<body>元素对象的集合
documentElement	返回<html>元素对象的集合

【任务实践 6-4】显示文档的所有标签——DOM 集合对象

任务描述：统计当前页面的所有标签。

（1）任务分析

① 根据任务描述要求，统计当前页面的所有标签，使用获取 DOM 集合对象的属性 all 来实现。

② 在 DOM 集合对象中，可以将集合对象作为数组来使用，所以 all[i]就可用来保存所有的标签。

③ 通过 for 循环遍历整个页面文档，输出所有的标签。

（2）实现代码

```
<!DOCTYPE html>
<html>
<head>
    <meta charset="utf-8">
    <title>使用集合对象显示所有标签</title>
</head>
<body>
    <p><a href="http://www.ryjiaoyu.com">人邮教育</a>
        <a href="http://www.ptpress.com.cn">人民邮电出版社</a>
        <div align="center">这一段代码是为测试DOM集合对象的用法而设置的</div>
    </p>
    <hr />
```

```
    <h3>本文档使用了以下 HTML 标签:</h3>
    <script type="text/javascript">
        var i, cell;
        for (i = 0; i < document.all.length; i++) { //遍历文档中的所有标签
            if (i > 0) document.write(",  ");
            document.write(document.all[i].tagName); //输出标签名
        }
    </script>
</body>
</html>
```

（3）实现效果

实现效果如图 6-9 所示。

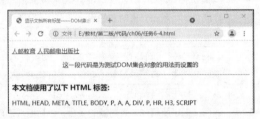

图 6-9 显示当前 HTML 文档中所有的标签名

除了可以使用集合对象的方式获取元素，还可以采用 Document 对象的方法获取元素，常见的方法如表 6-4 所示。

表 6-4 获取元素的常见方法

方法	说明
getElementsByName()	获取指定名称的页面元素对象集合
getElementsByTagName()	获取指定标签的页面元素对象集合
getElementsByClassName()	获取指定类名的页面元素对象集合
querySelectorAll()	获取指定选择器的页面元素对象集合

通过页面元素的 class 属性、name 属性及标签名可分别访问指定类名、指定名称和指定标签名的元素。querySelectorAll()是 HTML5 新增的获取元素集合的方法。其具体使用方法如下。

```
<p id="p1" class="para" name="p4">第一个段落</p>
<p id="p2" class="para" name="p4">第二个段落</p>
<p id="p3" class="para" name="p4">第三个段落</p>
<span class="para">单独的文字</span>
<script>
    console.log(document.getElementsByName("p4")); //获取name属性为p4的3个元素
    console.log(document.getElementsByClassName("para")); //获取class属性为para的所有元素
    console.log(document.getElementsByTagName("p")); //获取标签名为p的3个元素
    console.log(document.querySelectorAll(".para")); //获取所有类选择器为.para的元素
    console.log(document.querySelectorAll("p")); //使用标签选择器，获取所有<P>元素
</script>
```

【任务实践 6-5】全选购物车商品——document.querySelectorAll()方法

任务描述：实现购物车商品的全选功能。

（1）任务分析

① 根据任务描述要求，要实现全选，首先需要获取所有的商品，然后进行相应的操作。

② 这里采用 document.querySelectorAll()方法获取所有的商品。

③ 通过 for 循环遍历所有的商品，实现商品的全选。

（2）实现代码

```
<script>
    var check = document.getElementById("check");//check为全选的id获取全选按钮
    var goods = document.querySelectorAll(".goods");//获取所有商品
    check.onclick = function() {
        for (var i = 0; i < goods.length; i++) {
            if (check.checked == false)
                goods[i].checked = false;
            if (check.checked == true)
                goods[i].checked = true;
        }
    }
</script>
</body>
</html>
```

（3）实现效果

实现效果如图 6-10 所示。

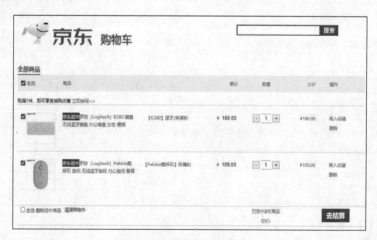

图 6-10 全选购物车商品

6.3.3 改变元素样式

获取元素以后，我们就可以操作元素了，如修改元素的样式、元素的大小、元素的位置等，本小节重点介绍如何修改元素的样式。

6-6 改变元素样式

元素样式按照书写方式，有行内样式、内部样式、外部样式。对于行内样式，我们可以采用 "style.属性" 的方式进行读写，如果这个属性是单个单词，直接使用就可以了；如果这个属性是通过 "−" 连接的属性，使用时则需去掉短横线并将第二个及以后的单词首字母大写，具体写法如下。

```
<p id="p1" style="font-size: 30px;color:red;">第一个段落</p>
<script>
    var p = document.querySelector("#p1");
    console.log(p1.style.color);//获取元素的颜色
    console.log(p1.style.fontSize);//获取元素的字号
</script>
```

如果是非行内样式，采用 "element.currentStyle.属性"（只兼容 IE）或者 "window.get ComputedStyle"（不兼容 IE）方式读取，采用 "element.style.属性" 方式写入。

【任务实践 6-6】隔行换色——设置元素样式

任务描述：实现新闻列表的隔行换色效果。

（1）任务分析

① 根据任务描述要求，要实现换色，首先需要获取相应的元素。

② 这里采用 document.querySelectorAll() 方法获取所有新闻的列表。

③ 通过 for 循环遍历所有的新闻，针对不同的行，显示不同的背景颜色，通过 "style.属性" 方式修改背景颜色。

（2）实现代码

```
<!DOCTYPE html>
<html lang="en">
<head>
    <meta charset="UTF-8">
    <title>隔行换色——设置元素样式</title>
    <style>
        ul {
            list-style: none;
        }
        li {
            height: 30px;
            width: 700px;
            line-height: 30px;
        }
        .new {
            background-color: #eeeeee;
            font-size: 18px;
            font-weight: bolder;
        }
    </style>
</head>
<body>
    <ul>
```

```
        <li>好书专递||人邮、人民网联合出品：新媒体创新人才培养系列丛书来了！</li>
        <li>重磅发布||人邮-华为物联网实践系列教材发布，助力院校培养物联网应用型人才！</li>
        <li>好书专递||AI 教材就选Arm系列了！</li>
        <li>新书速递||千呼万唤，智慧商业新形态活页式教材终于来了!</li>
        <li>新书速递||在线课+培训+研讨……山大版大学数学教材全都有！</li>
        <li>教育广角|| 特殊的2020过半，教师的职业认知还能有哪些升级？</li>
    </ul>
    <script>
        var li = document.querySelectorAll("li");
        for (i in li) {
            if (i % 2 == 0)
                li[i].style.background = "#C8C8C8";
            else
                li[i].className = "new";
        }
    </script>
</body>
</html>
```

（3）实现效果

实现效果如图 6-11 所示。

这里介绍了修改单个样式的方法，如果要修改多个样式，比如在任务实践中，我们希望修改隔行新闻的文字颜色、字体、字号等样式，每个样式都单独修改就比较麻烦，这里可以采用提前定义一个样式"new"，然后操作的时候直接定义更换后的样式的方法。

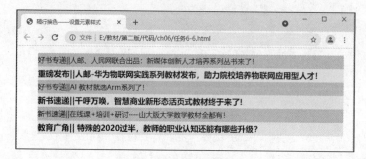

图 6-11 隔行换色

6.3.4 改变元素内容

在获取元素之后，如果想要修改元素的内容，常用的属性/方法如表 6-5 所示。

6 7 改变元素内容

表 6-5 改变元素内容常用的属性/方法

属性/方法	说明
innerHTML	读写元素的开始标签和结束标签之间的内容
innerText	读写除标签外的内容
textContent	读写指定节点的文本内容

【任务实践 6-7】显示当前日期和时间——innerHTML、innerText 和 textContent

任务描述：要求在页面显示当前日期和时间。

（1）任务分析

① 根据任务描述要求，要统计当前时间，可以使用内置对象 Date 来获取当前的日期和时间。

② 在页面上使用 document.getElementById()方法获取放置时间的元素，通过 3 种方式设置这个元素的内容。

（2）实现代码

```html
<!DOCTYPE html>
<html lang="en">
<head>
    <meta charset="UTF-8">
<title>显示当前日期和时间</title>
    <style>
        p {
            font-size: 30px;
            text-align: center;
        }
    </style>
</head>
<body>
    <p>现在是<span id="time1"></span></p>
    <p>现在是<span id="time2"></span></p>
    <p>现在是<span id="time3"></span></p>
    <script type="text/javascript">
        function Show() {
            var time1 = document.getElementById("time1"); //获取元素对象
            var time2 = document.getElementById("time2"); //获取元素对象
            var time3 = document.getElementById("time3"); //获取元素对象
            var now = new Date();
            var date = now.toLocaleDateString();
            time1.innerHTML = `<b>${date}</b>`; //设置段落文本
            time2.innerText = `<b>${date}</b>`; //设置段落文本
            time3.textContent = `<b>${date}</b>`; //设置段落文本
        }
        Show();
    </script>
</body>
```

在上述代码中，使用 document.getElementById()获取存放显示时间的元素，然后将时间保存在 time 中，通过 3 个属性 innerHTM、innerText、textContent 设置其显示内容。

（3）实现效果

实现效果如图 6-12 所示，后面两个属性不能解释 HTML 标签，所以将其原样显示出来。

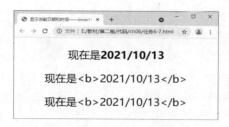

图 6-12 显示当前日期和时间

6.3.5 改变元素位置和大小

在 JavaScript 中，我们可以通过 DOM 获取元素的大小、位置等，常用的属性如表 6-6 所示。

表 6-6 获取元素的位置和大小常用的属性

属性	说明
offsetLeft	获取元素相对父元素左边框的偏移量
offsetTop	获取元素相对父元素上边框的偏移量
offsetWidth	获取元素自身的宽度，包括边框和内边距
offsetHeight	获取元素自身的高度，包括边框和内边距

利用 offsetLeft 和 offsetTop 获取元素到页面边框的距离，利用 offsetWidth 和 offsetHeight 获取元素自身的大小，具体用法如下。

```
<style>
    #big {
        position: relative;
        width: 200px;
        height: 200px;
        background: coral;
    }

    #small {
        position: absolute;
        left: 50px;
        top: 50px;
        width: 100px;
        height: 100px;
        padding: 10px;
        border: 1px ,solid black;
        background: darkgray;
    }
</style>
</head>
<body>
    <div id="big">
        <div id="small">小盒子</div>
```

```
    </div>
    <script>
        var big = document.querySelector("#big");
        var small = document.querySelector("#small");
        console.log(small.offsetLeft);
        console.log(small.offsetWidth);
    </script>
</body>
```

得到结果如图 6-13 所示：小盒子的 offsetLeft 属性表示小盒子与 id 为 big 的元素的左边框的距离，小盒子的 offsetWidth 包括 border、padding 和 margin。

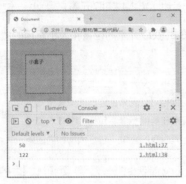

图 6-13　小盒子的位置和大小

【任务实践 6-8】商品放大镜的移动——offset 系列属性

任务描述：要求实现电商网站中商品放大镜的移动效果。

（1）任务分析

① 根据任务描述要求，鼠标和放大镜的位置是一致的，要设置放大镜的坐标，需要先获取鼠标在小图中的坐标，如图 6-14 所示。

② 获取了鼠标在小图中的坐标以后，就可以得到放大镜的坐标，如图 6-15 所示，接下来设置放大镜的移动范围。

图 6-14　获取鼠标坐标

鼠标在小图的坐标

```
//获取鼠标在小图中的位置
var boxX=event.pageX-box.offsetLeft;//鼠标在小图的横坐标
var boxY=event.pageY-box.offsetTop;
```

放大镜在小图的坐标

```
//设置放大镜在小图的位置
mask.style.left = boxX+"px";//放大镜在小图的横坐标
mask.style.top = boxY+"px";
```

图 6-15　鼠标和放大镜的坐标

（2）实现代码

```
<script type="text/javascript">
    var smallBox = document.getElementById("smallBox");
```

```
    var bigBox = document.getElementById("bigBox");
    var bigBoxImg = bigBox.querySelector("img");
    var zoom = document.getElementById("zoom");
    //1.鼠标经过小图显示放大镜和大图
    smallBox.onmouseover = function() {
        zoom.style.display = "block"; //显示放大镜
        bigBox.style.display = "block"; //显示大图
    }
    //2.鼠标经过小图隐藏放大镜和大图
    smallBox.onmouseout = function() {
        zoom.style.display = "none"; //隐藏放大镜
        bigBox.style.display = "none"; //隐藏大图
    }
    smallBox.onmousemove = function(e) {
        var event = event || window.event;
        //获取鼠标在小图中的位置
        var boxX = event.pageX - smallBox.offsetLeft;
        var boxY = event.pageY - smallBox.offsetTop;
        //设置放大镜的坐标
        var zoomX = boxX - zoom.offsetWidth / 2;
        var zoomY = boxY - zoom.offsetHeight / 2;
        //3.限制放大镜的移动范围
        if (zoomX < 0) zoomX = 0;
        else if (zoomX > smallBox.offsetWidth - zoom.offsetWidth)
            zoomX = smallBox.offsetWidth - zoom.offsetWidth;
        if (zoomY < 0) zoomY = 0;
        else if (zoomY > smallBox.offsetHeight - zoom.offsetHeight)
            zoomY = smallBox.offsetHeight - zoom.offsetHeight;
        //4.设置放大镜的位置
        zoom.style.left = zoomX + "px";
        zoom.style.top = zoomY + "px";
    }
</script>
```

（3）实现效果

实现效果如图 6-16 所示。

图 6-16 放大镜移动

任务 6.4 操作节点

前面我们简单了解了 DOM 节点的基础知识，本任务介绍如何获取这些节点，以及一些常见的操作。

6.4.1 节点关系

HTML 文档可以看作一棵树，我们可以利用节点之间的关系来获取节点，从而操作 HTML 中的元素。

6-8 子节点

1. 子节点

子节点是父节点的下一层节点，可以通过以下几个属性获取子节点。

（1）childNodes 和 children

childNodes 和 children 都返回当前节点的子节点。childNodes 返回的是节点的子节点集合，包括元素节点、文本节点和属性节点；children 只返回节点的元素节点集合。具体使用方法如下。

```html
<div id="box">
    <span>文本1</span>
    <span>文本2</span>
</div>
<script>
    var box = document.querySelector("#box");
    console.log(box.childNodes);
    console.log(box.children);
</script>
```

结果如图 6-17 所示。

我们发现 childNodes 得到 NodeList 的 5 个元素，包括 3 个 text 和 2 个 span，这是因为 childNodes 获取元素节点、文本节点和属性节点，得到的文本节点信息如图 6-18 所示。

图 6-17 子节点关系

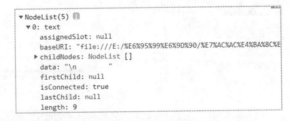

图 6-18 文本节点

图 6-17 和图 6-18 所示的"text"文本节点是代码换行时产生的节点，也就是说 childNodes 得到了标签和标签之间的换行文本信息。而 children 得到了 HTMLCollection 的 2 个元素，即 2 个<span>元素。

HTMLCollection 和 NodeList 的区别在于，前者用于元素操作，后者用于节点操作。

所以在判断某节点是否有子节点的时候，应尽量使用 children。

（2）firstChild 和 firstElementChild

firstChild 和 firstElementChild 这两个属性都返回当前节点的第一个子节点。前者返回文本节点或者元素节点，后者只返回元素节点。具体用法如下。

```
<div id="box">
    <span>文本1</span>
    <span>文本2</span>
</div>
<script>
    var box = document.querySelector("#box");
    console.log(box.firstChild);
    console.log(box.firstElementChild);
</script>
```

结果如图 6-19 所示。

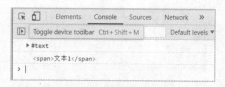

图 6-19 第一个子节点

firstChild 得到的文本节点表示换行，也就是说 firstChild 得到了标签和标签之间的换行文本信息，而 firstElementChild 得到了第一个<span>元素，只获取元素节点，不会获取文本节点等其他类型的节点。所以在获取第一个子节点的时候，应尽量使用 firstElementChild。

（3）lastChild 和 lastElementChild

lastChild 和 lastElementChild 的用法与 firstChild 和 firstElementChild 的用法类似。lastChild 获取最后一个子节点，包括文本节点或者元素节点；lastElementChild 获取最后一个子节点，只包含元素节点。所以在获取最后一个子节点的时候，应尽量使用 lastElementChild。

2. 父节点

父节点是节点树的根节点，通过以下 3 种方式获取父节点。

（1）parentNode

parentNode 用来获取指定节点的父节点，具体用法如下。

```
<div id="box">
    <span>文本1</span>
    <span>文本2</span>
</div>
<script>
    var span1 = document.querySelectorAll("span")[0];
    console.log(span1.parentNode);
</script>
```

获取第一个<span>元素的父节点，即<div>元素，结果如图 6-20 所示。

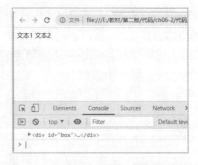

图 6-20 通过 parentNode 获取父节点

（2）offsetParent

offsetParent 用来获取距离该子元素最近的有定位的父节点，具体用法如下。

```html
<div id="outerbox" style="position: relative;">
<div class="innerbox">
    <span>文本1</span>
    <span>文本2</span>
</div>
</div>
<script>
    var span1 = document.querySelectorAll("span")[0];
    console.log(span1.offsetParent);
</script>
```

获取最近的有定位的父节点，获取的是 id 为 "outerbox" 的元素，结果如图 6-21 所示。

图 6-21 通过 offsetParent 获取父节点

（3）closest

closest 用来获取满足筛选条件的最近的父节点，具体用法如下。

```html
<div id="outerbox" style="position: relative;">
<div class="innerbox">
    <span>文本1</span>
    <span>文本2</span>
</div>
</div>
<script>
```

```
        var span1 = document.querySelectorAll("span")[0];
        console.log(span1.closest(".innerbox"));
</script>
```

获取满足条件类选择器是 ".innerbox" 的父节点，结果如图 6-22 所示。

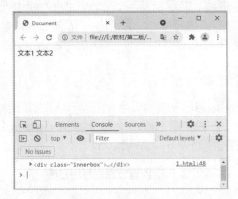

图 6-22 通过 closest 获取父节点

6-9 兄弟节点

3. 兄弟节点

（1）nextSibling 和 nextElementSibling

nextSibling 和 nextElementSibling 都获取当前节点后面的第一个同级节点。前者返回文本节点、元素节点等，后者只返回元素节点。具体用法如下。

```
<div class="innerbox">
    <span>文本1</span>
    <span>文本2</span>
</div>
<script>
    var span1 = document.querySelectorAll("span")[0];
    console.log(span1.nextSibling);
    console.log(span1.nextElementSibling);
</script>
```

nextSibling 获取的是文本节点，也就是标签和标签之间的换行文本信息；nextElementSibling 获取的<span>元素。结果如图 6-23 所示。

图 6-23 兄弟节点

所以获取当前节点后面的第一个同级节点的时候，应尽量使用 nextElementSibling。

（2）previousSibling 和 previousElementSibling

previousSibling 和 previousElementSibling 的用法与 nextSibling 和 nextElementSibling 的用法类似。previousSibling 获取当前节点前面的第一个同级节点，包括文本节点或者元素节点；previousElementSibling 获取当前节点前面的第一个同级节点，只包含元素节点。所以获取当前节点前面的第一个同级节点的时候，应尽量使用 previousElementSibling。

除了获取节点，还可以对节点进行操作，如创建、添加、删除等，后文将详细介绍节点的操作。

6.4.2 创建和添加节点

在 JavaScript 中，我们可以自己来创建节点，创建节点主要是指创建元素节点对象、创建文本节点对象和创建属性节点对象。一般使用 Document 对象的 createElement()、createTextNode() 等方法创建节点对象，常用的方法如表 6-7 所示。

表 6-7 创建节点的常用方法

方法	说明
createElement()	创建元素节点
createTextNode ()	创建文本节点
createAttribute ()	创建属性节点

具体使用方法如下。

```
var newp = document.createElement("p");//创建<p>元素
var newtext=document.createTextNode("你好");//创建文本节点
var newattr =document.createAttribute("style");//创建属性节点
```

前面创建了元素节点、文本节点、属性节点，接下来我们需要把它们组合起来，然后放到 HTML 文档中。这里使用 appendChild()、insertBefore(node,[refnode])等方法将创建好的节点对象添加到 HTML 文档中的指定位置。前者将节点添加到子节点列表的末尾，后者在子节点列表中的 refnode 节点之前插入 node。具体用法如下。

```
<div id="box"></div>
<script>
    var newp = document.createElement("p"); //创建<p>元素
    var newtext = document.createTextNode("你好"); //创建文本节点
    var newattr = document.createAttribute("style"); //创建属性节点
    var box = document.querySelector("#box");
    newattr.value = "font-weight:bold";
    newp.setAttributeNode(newattr);
    newp.appendChild(newtext); //将元素节点和文本节点捆绑在一起
    box.appendChild(newp); //将newp添加到box的最后
</script>
```

首先通过 newp.appendChild(newtext)将元素节点和文本节点绑定在一起，然后使用 appendChild()方法将其添加在 HTML 文档中，结果如图 6-24 所示。

使用 appendChild()方法将新创建的节点添加到当前节点列表的末尾，如果采用 insertBefore()，具体使用方法如下。

```
document.body.insertBefore(newp, box);
```

注意，需要通过父节点添加节点，也就是说要使用 box.parentnode.insertBefore (newp, box)将新的节点添加到 box 的最前面，结果如图 6-25 所示。

图 6-24 appendChild()方法

图 6-25 insertBefore()方法

【任务实践 6-9】列表移动——移动节点

任务描述：通过单击"移动列表"按钮将列表中的第 1 个元素移到元素列表的末尾。

（1）任务分析

① 根据任务描述要求，先获取父元素。

② 获取父元素的第 1 个子元素。

③ 使用 appendChild()或者 insertBefore()方法将第 1 个元素插入到父元素的元素列表的末尾。

（2）实现代码

```html
<!DOCTYPE html>
<html>
<head>
    <meta charset="utf-8">
    <title>列表移动</title>
</head>
<body>
    <ul id="list">
        <li>本学期开的第1门专业课程是Java</li>
        <li>本学期开的第2门专业课程是JavaScript</li>
        <li>本学期开的第3门专业课程是jQuery</li>
        <li>本学期开的第4门专业课程是JavaWeb</li>
    </ul>
    <form action="" method="get">
        <input type="button" value="移动列表" onclick="moveNode()" />
    </form>
    <script type="text/javascript">
        function moveNode() {
            var parNode = document.getElementById("list"); //获取父元素
```

```
                var firstNode = parNode.firstElementChild;  //获取第1个子元素
                parNode.appendChild(firstNode);  //将第1个子元素添加到元素列表的末尾
        }
    </script>
</body>
</html>
```

上述代码中，onclick=" "表示事件驱动（关于事件的知识将在后文加以介绍），绑定了自定义函数 moveNode()，通过鼠标单击事件，执行自定义函数 moveNode()，从而达到移动元素节点的目的。

（3）实现效果

移动前和移动后的效果如图 6-26 和图 6-27 所示。

图 6-26 移动前

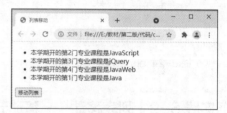

图 6-27 将页面上第一个元素移到末尾

6.4.3 复制和替换节点

复制元素节点，可以使用 cloneChild(deep)来实现，其语法格式如下。

```
parentNode.cloneChild(deep)
```

其中，parentNode 是父元素对象，deep 参数是一个布尔值，表示是否为深度复制。当 deep 的值为 true 时表示为深度复制，即将当前节点的所有子节点都复制；当 deep 的值为 false 时表示为普通复制，只简单地复制当前节点，不复制其子节点。

【任务实践 6-10】复制表单——复制节点

任务描述：通过单击"普通复制"和"深度复制"按钮实现复制一个表单及其内容。

（1）任务分析

① 根据任务描述要求，创建函数实现上面的功能。

② 要复制表单，通过 cloneChild(deep)方法来实现，参数 deep 可以作为函数的参数。

③ 创建两个按钮，分别实现普通复制和深度复制功能。

（2）实现代码

```
<!DOCTYPE html>
<html>
<head>
    <meta charset="utf-8">
    <title>复制元素</title>
    <script type="text/javascript">
        function AddClone(deep) {
            var selNode = document.getElementById("genderId");  //获取元素节点
```

```
                    var newSelect = selNode.cloneNode(deep); //复制节点
                    var newNode = document.createElement("br"); //创建新的节点
                    var divNode = document.getElementById("div1"); //获取当前节点
                    divNode.appendChild(newSelect);
                    divNode.appendChild(newNode); //将创建的新节点添加到当前节点列表的末尾
                }
        </script>
</head>
<body>
        <form name="form1" action="" method="post">
            <hr>
            <select name="genderSelect" id="genderId">
            <option value="%">请选择性别</option>
            <option value="0">男</option>
            <option value="1">女</option>
            </select>
            <hr>
            <div id="div1"></div>
            <input type="button" value="普通复制" onClick="AddClone(false)" />
            <input type="button" value="深度复制" onClick="AddClone(true)" />
        </form>
</body>
</html>
```

（3）实现效果

本任务实践在页面中实现了一个表单，表单的内容为一个下拉列表框和两个按钮。单击"普通复制"按钮，只复制<select>元素节点；单击"深度复制"按钮，不只复制<select>元素节点，连同<select>元素节点下的<option>元素节点也一同复制。复制前的效果、普通复制的效果和深度复制的效果如图 6-28～图 6-30 所示。

图 6-28 复制前的效果

图 6-29 普通复制效果

图 6-30 深度复制效果

161

复制完节点以后，我们可以采用 replaceChild(new,old) 方法实现节点的替换，其语法格式如下。

```
parentNode.replaceChild(new,old)
```

其中，parentNode 是父元素对象，new 是要替换的节点，old 是原来的节点。通过这个方法可以将子节点列表中的 old 节点用 new 节点替换。

【任务实践 6-11】替换内容——替换节点

任务描述：要求将【任务实践 6-9】的第一行内容替换为"JavaScript 实训课"。

（1）任务分析

① 根据任务描述要求，首先获得父元素。

② 创建新节点<li>。

③ 创建新的文本节点，文本内容为"JavaScript 实训课"。

④ 将创建的文本节点添加到新创建的节点中。

⑤ 使用新创建的<li>节点替换原来的<li>节点。

（2）实现代码

```html
<!DOCTYPE html>
<html>
<head>
    <meta charset="utf-8">
    <title>替换列表</title>
</head>
<body>
    <ul id="list">
        <li>本学期开的第1门专业课程是Java</li>
        <li>本学期开的第2门专业课程是JavaScript</li>
        <li>本学期开的第3门专业课程是jQuery</li>
        <li>本学期开的第4门专业课程是JavaWeb</li>
    </ul>
    <form action="" method="get">
        <input type="button" value="替换列表" onclick="replaceNode()" />
    </form>
    <script type="text/javascript">
        function replaceNode() {
            var parNode = document.getElementById("list"); //获取父元素
            var firstP = parNode.firstElementChild; //获取第1个子元素
            var newli = document.createElement("li");
            var newtext = document.createTextNode("JavaScript实训课");
            newli.appendChild(newtext);
            parNode.replaceChild(newli, firstP);
        }
    </script>
</body>
</html>
```

（3）实现效果

替换节点前和替换节点后的效果如图 6-31 和图 6-32 所示。

图 6-31 替换节点之前

图 6-32 替换节点之后

6.4.4 删除节点

6-10 删除节点

删除节点可使用 removeChild(node)来实现，其语法格式如下。

```
parentNode.removeChild(node)
```

其中，parentNode 是要删除节点的父元素，node 是要删除的子元素节点名称。

【任务实践 6-12】删除水平线——删除节点

任务描述：要求将页面上出现的水平线删除。

（1）任务分析

① 根据任务要求，要删除水平线元素\<hr\>，那么 hr 就是要删除的元素名。

② 通过 document.querySelectorAll("hr")得到所有的\<hr\>元素节点。

③ 使用其父元素对象的 removeChild(hr)将其删除掉。

（2）实现代码

```
<!DOCTYPE html>
<html>
<head>
    <meta charset="utf-8">
    <title>删除水平线</title>
</head>
<body>
    <h1>JavaScript程序设计</h1>
    <hr />
    <h2>什么是JavaScript</h2>
    <p>JavaScript是一门基于对象和事件驱动的嵌入式脚本语言</p>
    <hr />
    <h2>第一部分 JavaScript概述</h2>
    <p>JavaScript的发展历史</p>
    <input type="button" value="删除水平线" onclick="delhr()" />
    <script type="text/javascript">
        function delhr() {
            var hrs = document.querySelectorAll("hr"); //获取所有 <hr> 元素
```

```
            for (var i = 0; i <= hrs.length - 1; i++) {
                //依次获取水平线元素节点
                var hr = hrs[i];
                //使用其父元素的删除方法进行删除
                hr.parentNode.removeChild(hr);
            }
        }
    </script>
</body>
</html>
```

上述代码中，hr.parentNode 获取<hr>的父元素，然后使用父元素删除子元素的方法来删除<hr>元素节点。

（3）实现效果

原始效果和删除水平线效果如图 6-33 和图 6-34 所示。

图 6-33 原始效果

图 6-34 删除水平线的效果

项目分析

根据项目目标，实现商品放大镜效果，分为以下 3 步。

① 放大镜和大图的显示和隐藏。

元素的显示和隐藏表示元素的属性发生变化，这里通过改变元素的样式来实现。

② 放大镜的移动。

放大镜的移动在【任务实践 6-8】中已经实现。

③ 大图的移动——offsetWidth 和 offsetHight。

大图的移动和放大镜的移动是同步的，可以通过图 6-35 所示的分析得出。

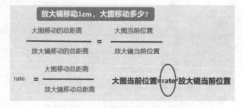

图 6-35 获取大图的位置

项目实施

1. 页面框架

该页面有两部分，小图和大图，小图中有放大镜，大图可移动显示，具体框架如下。

```html
<!DOCTYPE html>
<html>
<head>
    <meta charset="UTF-8">
    <title>商品放大镜</title>
</head>
<body>
    <div id="smallBox">
        <div id="zoom"></div>
        <img src="images/01.jpg" />
    </div>
    <div id="bigBox">
        <img src="images/001.jpg" />
    </div>
</body>
</html>
```

2. CSS 样式

```css
<style type="text/css">
    * {
        margin: 0;
        padding: 0;
    }
    #smallBox {
        position: relative;
        z-index: 1;
        width: 350px;
        height: 350px;
        margin: 50px;
        border: 1px solid #ccc;
    }
    #zoom {
        display: none;
        width: 235px;
        height: 235px;
        position: absolute;
        background: #ffffcc;
        border: 1px solid #ccc;
        filter: alpha(opacity=50);
```

```css
        opacity: 0.5;
    }
    #bigBox {
        display: none;
        position: absolute;
        top: 0;
        left: 350px;
        width: 540px;
        height: 540px;
        overflow: hidden;
        border: 1px solid #ccc;
        z-index: 1;
    }
    #bigBox img {
        position: absolute;
        z-index: 5
    }
</style>
```

3. 脚本代码

按照前面的分析，只需要实现功能①和功能③就可以了，具体代码如下。

```javascript
<script type="text/javascript">
    var smallBox = document.getElementById("smallBox");
    var bigBox = document.getElementById("bigBox");
    var bigBoxImg = bigBox.querySelector("img");
    var zoom = document.getElementById("zoom");
    //1.鼠标指针经过小图时显示放大镜和大图
    smallBox.onmouseover = function() {
        zoom.style.display = "block"; //显示放大镜
        bigBox.style.display = "block"; //显示大图
    }
    //2.鼠标指针经过小图时隐藏放大镜和大图
    smallBox.onmouseout = function() {
        zoom.style.display = "none"; //隐藏放大镜
        bigBox.style.display = "none"; //隐藏大图
    }
    smallBox.onmousemove = function(e) {
        var event = event || window.event;
        //获取鼠标指针在小图中的位置
        var boxX = event.pageX - smallBox.offsetLeft;
        var boxY = event.pageY - smallBox.offsetTop;
        //设置放大镜的坐标
        var zoomX = boxX - zoom.offsetWidth / 2;
        var zoomY = boxY - zoom.offsetHeight / 2;
        //3.限制放大镜的移动范围
```

```
            if (zoomX < 0) zoomX = 0;
            else if (zoomX > smallBox.offsetWidth - zoom.offsetWidth)
                zoomX = smallBox.offsetWidth - zoom.offsetWidth;
            if (zoomY < 0) zoomY = 0;
            else if (zoomY > smallBox.offsetHeight - zoom.offsetHeight)
                zoomY = smallBox.offsetHeight - zoom.offsetHeight;
            //4.设置放大镜的位置
            zoom.style.left = zoomX + "px";
            zoom.style.top = zoomY + "px";
            //5. 设置大图移动
            var bigMove = bigBoxImg.offsetWidth - bigBox.offsetWidth; //大图移动距离
            var zoomMove = smallBox.offsetWidth - zoom.offsetWidth; //放大镜移动距离
            var rate = bigMove / zoomMove;
            bigBoxImg.style.left = -rate * zoomX + "px";
            bigBoxImg.style.top = -rate * zoomY + "px";
        }
</script>
```

执行代码后首先显示图 6-36 所示的效果，将鼠标指针移入小图中，显示图 6-1 所示的商品放大镜效果。

图 6-36 商品未放大效果

项目实训——各地人口数据的折叠菜单

【实训目的】
练习节点的相关操作。

【实训内容】
实现图 6-37 所示的各地人口普查数据的显示和折叠。

第七次全国人口普查数据

地区	人口数	2020年比重	2021年比重
▲山东	101527453	7.19	7.15
济南市	9202432	9.06	8.47
青岛市	10071722	9.92	9.10
枣庄市	3855601	3.80	3.89
▲北京	21893095	1.55	1.46
▼天津	13866009	0.98	0.97
▼河北	74610235	5.28	5.36

图 6-37 人口普查数据显示效果

【具体要求】

折叠菜单（也叫伸缩菜单）是指单击某个标题时，可以隐藏或者显示其对应下级菜单的菜单。本项目实训实现人口普查数据的折叠菜单，具体要求如下。

① 通过 CSS 设置各个菜单对应列表的显示样式为 none 来实现。

② 使用 JavaScript 实现：当单击标题时，首先判断其下级菜单是否显示，如果不显示，则隐藏其下级菜单；如果显示，则首先隐藏其他下级菜单，然后显示该菜单的下级菜单。

小结

本项目实现了商品放大镜效果，具体任务分解如图 6-38 所示。

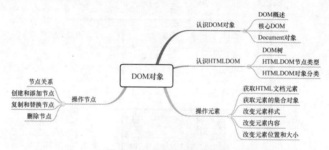

图 6-38 项目 6 任务分解

扩展阅读——循环遍历

通常情况下，我们通过 for 循环遍历所有元素，除了这种方式外，还有其他几种方式。
第 1 种方式如下。

```
for (var i in goods) {
    if (check.checked == false)
        goods[i].checked = false;
    if (check.checked == true)
        goods[i].checked = true;
}
```

这种方式是 ES5 里面的遍历元素的方法，我们发现这种方法简化了 for 循环的写法。
第 2 种方式如下。

```
for (var i of goods) {
    if (check.checked == false)
```

```
        i.checked = false;
    if (check.checked == true)
        i.checked = true;
}
```

这种方式是 ES5 里面的遍历元素的方法，我们发现这种方法不仅简化了 for 循环的写法，还简化了获取单个元素的方法。

第 3 种方式如下。

```
goods.forEach(item => {
    if (check.checked == false)
        item.checked = false;
    if (check.checked == true)
        item.checked = true;
})
```

这种方式是 ES6 里面新增的遍历元素的方法，我们发现这种方法更进一步简化了 for 循环的写法，还简化了获取单个元素的方法。可见，新的标准、新的技术对于编程有极大的帮助。

习题

一、填空题

1. Document 对象除了拥有大量的方法和属性之外，还拥有大量的_____，它可以用来控制 HTML 文档中的图片、超链接、表单元素等控件。

2. 通过_____、_____、_____、_____、_____、_____等属性获取子节点。

3. Document 对象的_____属性可以返回整个 HTML 文档中的所有 HTML 元素。

4. JavaScript 通过_____指定延迟时间，延迟执行某程序。

5. JavaScript 中若已知元素的 name 属性，通过_____可以获得一组元素。

6. JavaScript 中，如果已知 HTML 页面中的某元素对象的 id="username"，用_____方法获得该元素对象。

7. 终止定时器的方法是_____。

8. nodeType 属性可用于获取节点类型，如果返回值为 1，则表明该节点是_____。

9. 在 HTML DOM 树中，_____是最顶层节点对象。

二、选择题

1. 下列选项中不属于文档对象方法的是_____。
   A. createElement()   B. getElementById()
   C. getElementByName()   D. forms.length

2. Document 对象中能够返回当前文档完整 URL 的属性是_____。
   A. domain   B. referrer   C. URL   D. title

3. 下列关于 Document 对象的 writeln()方法与 write()方法的说法中正确的是_____。
   A. writeln()方法是指在行尾加一个标签
   B. writeln()方法是指在行尾加一个标签<p/>
   C. writeln()方法是指在行尾加一个换行符
   D. 以上都不是

项目7
故宫轮播图——BOM对象

07

　　学校组织观看纪录片《我在故宫修文物》，该纪录片讲的是中国的顶级"工匠"在故宫修文物的故事。从纪录片中张华得知，潍坊就有两位传承人被选入故宫修文物。想去故宫修文物并不容易，不仅要有过硬的技艺，还要"过五关斩六将"。张华没有去过故宫，却深深地被纪录片中的各种修补工作吸引了，于是开始搜索有关故宫的一些知识。当浏览到故宫博物院的网站时，他发现首页最上面的图片很特别，如图 7-1 所示。

图 7-1 故宫轮播图

　　张华向李老师请教，这是什么效果？李老师告诉他，这是轮播图。随着互联网技术的飞速发展，网页内容的呈现越来越注重用户体验和动态效果的艺术展现，轮播图就是很好的例子。无论是购物网站，还是新闻网站，轮播图几乎是网站的"标配"。

　　张华开始编写轮播图的代码，使用在项目 6 中学到的 DOM 的相关知识，图片只能切换一轮，不能连续进行更换，他请教李老师这个问题该怎么解决。

　　李老师告诉他，这需要用到 BOM 的相关知识，JavaScript 是由 ECMAScript、BOM 和 DOM 这 3 部分组成的。ECMAScript 提供核心语言功能，就是前面学到的 JavaScript 基本语法、数组、函数和对象；DOM 提供访问和操作网页内容的方法和接口；BOM 提供与浏览器交互的方法和接口。除了学习 BOM 的基础知识外，还需要认识 Screen、Navigator、Location、History 和 Document 等的相关知识。他迫切地想了解这些知识。"不积跬步，无以至千里"，想要学好 JavaScript，就不能放过每一个知识点，必须脚踏实地地去理解、应用，于是张华制订了详细的学习计划。

第 1 步：认识 BOM 对象，掌握它的组成，认识它的核心对象——Window 对象。

第 2 步：理解其他 BOM 对象，包括 Screen 对象、Navigator 对象、Location 对象、History 对象、Document 对象等。

项目目标（含素质要点）

- 掌握 BOM 的概念以及 BOM 对象体系的构成
- 掌握 Window 对象的属性和方法
- 掌握 Screen 对象的属性
- 掌握 Navigator 对象的属性
- 掌握 Location 对象的属性和方法
- 掌握 History 对象的属性和方法
- 掌握 Document 对象的属性和方法（传统文化）

知识储备

任务 7.1 认识 BOM

浏览器对象模型（Browser Object Model，BOM）主要用于访问和操纵浏览器窗口。BOM 主要是由一系列的浏览器对象组成的。这一系列的浏览器对象被称为 BOM 对象体系，如图 7-2 所示。BOM 主要包括 Window、Document、History、Location、Navigator、Screen 等对象，主要用于操纵浏览器窗口的行为和特征。本任务将详细介绍 BOM 对象。

7-1 认识 BOM

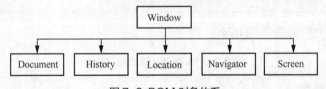

图 7-2 BOM 对象体系

BOM 对象的具体功能如表 7-1 所示。

表 7-1 BOM 对象的具体功能

对象	说明
Window	BOM 的最顶层对象，表示浏览器窗口
Document	文档对象，用来管理 HTML 文档，可以用来访问页面中的元素
History	浏览器的访问历史记录
Location	浏览器地址栏的相关数据
Navigator	客户端浏览器的信息
Screen	客户端显示屏的信息

在 BOM 对象体系中，Window 位于顶层，可以使用标识符 window 直接访问下层对象，代码如下。

```
window.document.write("hello!");
```

因为 Window 是顶层对象，在平时写代码时，window 是可以省略的，如上述代码可以直接写成如下语句。

```
document.write("hello!");
```

Window 对象用来表示浏览器中一个打开的窗口。Window 对象的属性如表 7-2 所示。

表 7-2 Window 对象的属性

分类	属性	说明
基本属性	parent	返回父窗口
	self	返回对当前窗口的引用
	window	等价于 self 属性，包含对窗口自身的引用
	top	返回最顶层的父窗口
坐标属性	pageXOffset	设置或返回当前页面相对于窗口显示区左上角的 x 坐标
	pageYOffset	设置或返回当前页面相对于窗口显示区左上角的 y 坐标
	screenLeft/screenX	只读整数，声明了窗口的左上角在屏幕上的 x 坐标
	screenTop/screenY	只读整数，声明了窗口的左上角在屏幕上的 y 坐标
尺寸属性	innerheight	返回窗口显示区的高度
	innerwidth	返回窗口显示区的宽度
	outerheight	返回窗口的外部高度
	outerwidth	返回窗口的外部宽度

Window 对象的方法如表 7-3 所示。

表 7-3 Window 对象的方法

方法	说明
对话框	alert()	弹出警告对话框
	confirm()	弹出确认对话框
	prompt()	弹出提示对话框
定时器和延时器	setInterval(exp,time)	设置定时器，使 exp 中的代码每间隔 time ms 就周期性自动执行一次。该方法返回定时器的 ID，即 timeID
	setTimeout(exp,time)	设置延时器，使 exp 中的代码在 time ms 后自动执行一次。该方法返回延时器的 ID，即 timeID
	clearInterval()	取消由 setInterval()方法设置的 time
	clearTimeout()	取消由 setTimeout()方法设置的 time
打开/关闭窗口	close()	关闭浏览器窗口
	open()	打开浏览器窗口

	方法	说明
	moveBy()	根据给定的坐标移动窗口
	moveTo()	将窗口移动到指定位置
改变窗口位置和大小	resizeBy(x,y)	按照给定的数据重新调整窗口的大小
	resizeTo(x,y)	将窗口设置为指定的大小
	focus()	获得焦点
	blur()	失去焦点

JavaScript 中 Window 对象的使用，主要集中在各种对话框的应用、设置定时器和延时器、打开和关闭窗口、改变窗口大小和位置等。有关对话框的应用在项目 3 中已做介绍，其他的具体应用介绍如下。

1. 设置定时器

setInterval() 方法指按照指定的周期（以 ms 计）来循环调用函数或计算表达式。

定时器的语法格式如下。

```
setInterval(code/function, milliseconds);
```

其中，code/function 是指要执行一段 JavaScript 代码或者一个函数；milliseconds 是指周期性执行或调用 code/function 的时间间隔，以 ms 计。具体示例如下。

执行一段 JavaScript 代码实现定时的代码如下。

```
setInterval("alert('hello')",2000);
```

这表示每隔 2s 弹出"hello"，这里通过代码字符串的方式实现，也可以通过自定义函数的方式实现，具体如下。

```
function FunHello(){
    alert("hello");
}
setInterval(FunHello,2000);
```

通过执行自定义函数的方式来设置定时器时，函数可以带参数，然后将参数输出。定时器在调用带参数的函数时，需要使用 JavaScript 代码字符串。

```
function alertFunc(str) {
    alert(str);
}
setInterval("alertFunc('hello')", 2000);
```

如果想要在定时器启动后取消它，我们可以将 setInterval()方法的返回值传递给 clearInterval()方法，具体如下。

```
var timerId = setInterval(FunHello, 2000);
clearInterval(timerId);
```

2. 设置延时器

延时器 setTimeout()方法用于在指定的毫秒数后调用函数或计算表达式。

延时器的语法格式如下。

```
setTimeout(code/function, milliseconds);
```

其中，code/function 是指要执行一段 JavaScript 代码或者一个函数，milliseconds 是指延迟的时间，以 ms 计。

执行一段 JavaScript 代码实现延时的代码如下。

```
setTimeout("alert('hello')",2000);
```

这段代码是指 2s 后弹出"hello"，这里通过代码字符串的方式实现，也可以通过自定义函数的方式实现，具体如下。

```
function FunHello(){
    alert("hello");
}
setTimeout(FunHello,2000);
```

通过执行自定义函数的方式来设置延时器时，函数可以带参数，然后将参数输出。延时器在调用带参数的函数时，需要使用 JavaScript 代码字符串。

```
function alertFunc(str) {
    alert(str);
}
setTimeout("alertFunc('hello')", 2000);
```

如果想取消延时器，我们可以将 setTimeout()方法的返回值传递给 clearTimeout()方法，具体如下。

```
var timerId = setTimeout(FunHello, 2000);
clearTimeout(timerId);
```

【任务实践 7-1】实时变化的时钟——定时器

任务描述：显示实时变化的时钟。

（1）任务分析

① 根据任务描述要求，要显示实时变化的时钟，也就是时间在动态变化，那么需要定时器来动态更新页面时钟的显示，所以要使用 Window 对象的 setInterval()方法来实现定时器。

② 自定义函数 showTime()来显示当前时间。

③ 获取当前时间，可以通过内置对象 Date 来实现，再通过 toLocalTimeString()方法来实现习惯使用的时间的显示。

④ 再定义一个停止显示时间的函数，函数体主要执行 Window 对象的 clearInterval()方法来清除定时器。

（2）实现代码

```
<!DOCTYPE html>
<html lang="en">
<head>
    <meta charset="UTF-8">
    <title>实时变化的时钟</title>
</head>
```

```
<body>
    <p id="p1"><a href="javascript:startShow()">显示时钟</a></p>
    <p><a href="javascript:stopShow()">取消时钟</a></p>
    <script type="text/javascript">
        var timerID;
        function showTime() {
            var now = new Date(); //当前时间
            var p1 = document.querySelector("#p1");
            p1.innerHTML = now.toLocaleTimeString();
        }
        function startShow() {
            timerID = window.setInterval(showTime, 1000); //每间隔1s执行一次 showTime()
        }
        function stopShow() { //停止显示时间
            window.clearInterval(timerID); //取消定时器
        }
    </script>
</body>
</html>
```

通过上述实现代码，每隔 1s 获取时间并显示。在页面上还有一个用于取消显示时间的超链接，单击超链接后，就会停止时钟的变化。

（3）实现效果

实现效果如图 7-3 所示。

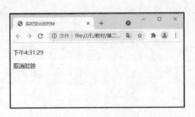

图 7-3 实时变化的时钟

7-3 打开和关闭窗口

3. 打开和关闭窗口

open() 方法用于打开一个新的浏览器窗口或查找一个已命名的窗口，具体语法格式如下。

```
window.open(URL,name,specs)
```

其中，URL 是指要打开的指定页面的 URL，如果没有指定 URL，则打开一个新的空白窗口；name 是指 target 属性或窗口的名称；specs 是指窗口的特征列表，通过逗号分隔，具体如表 **7-4** 所示。

表 7-4 specs 可选的参数

参数	说明
width	窗口的宽度，最小值为 100px
height	窗口的高度，最小值为 100px
left	窗口左侧的位置
top	窗口顶部的位置

close() 方法用于关闭浏览器窗口，除了关闭主窗口外，还可以关闭新创建的窗口，具体用法如下。

```
window.close();
myWindow.close();
```

myWindow.close()表示关闭 myWindow 窗口，而 myWindow 是通过 open()方法创建的窗口，也就是前面 open()的返回值。

【任务实践 7-2】打开/关闭新窗口——open()方法

任务描述：通过 Window 对象的 open()方法打开人邮教育社区窗口，通过 close()方法关闭人邮教育社区窗口和主窗口。

（1）任务分析

① 根据任务描述要求，通过 open()方法打开新窗口，可以使用自定义函数的方法来实现，定义一个打开窗口的函数 openWin()，通过超链接调用函数的方法来调用函数，即 javascript:openWin()。

② 通过 close()方法关闭新窗口，使用自定义函数的方法来实现，定义一个关闭窗口的函数 closeWin()，这里使用全局变量保存打开窗口的返回值，通过超链接调用函数的方法来调用函数，即 javascript:closeWin()。

③ 通过 close()方法直接关闭主窗口。

（2）实现代码

```html
<!DOCTYPE html>
<html>
<head>
    <meta charset="utf-8">
    <title>打开/关闭窗口</title>
    <script type="text/javascript">
        var newWin = null; //引用新打开的窗口
        function openWin() { //打开新窗口
            newWin = open("http://www.ryjiaoyu.com", "newWin",
                "width=400,height=100,left=120,top=110");
        }
        function closeWin() {
            if (newWin != null) {
                newWin.close();
                newWin = null;
            } else
                alert("没有要关闭的新窗口");
        }
    </script>
</head>
<body>
    <p><a href="javascript:openWin()">打开新窗口</a></p>
    <p><a href="javascript:closeWin()">关闭新窗口</a></p>
    <p><a href="javascript:close()">关闭主窗口</a></p>
</body>
</html>
```

在实现代码中，openWin()函数中的 open()的参数分别是打开窗口的 URL，新窗口的名称，新窗口的宽度、高度，左边距和上边距等。javascript:openWin()是通过超链接调用函数的方法。closeWin()方法通过使用 openWin()方法的返回值来调用。

（3）实现效果

实现效果如图 7-4～图 7-6 所示。

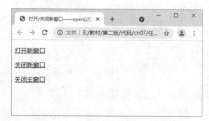

图 7-4 主窗口中显示超链接

图 7-5 打开新窗口

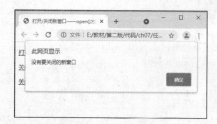

图 7-6 关闭新窗口

4. 改变窗口大小

resizeTo(x,y)方法用来改变窗口的大小，x 和 y 代表改变后的宽度和高度，单位是 px；而 resizeBy(x,y)方法也用来改变窗口的大小，但是 x 和 y 代表在原来的基础上扩大或者缩小的数值，为正数表示扩大，为负数表示缩小，具体用法如下。

```
window.resizeTo(400,400);//窗口大小调整为400*400
window.resizeBy(-500,-500);//窗口大小在原来基础上各缩小500
```

所有主要浏览器都支持 resizeTo() 方法，但是从火狐浏览器 7 开始，不能改变浏览器窗口的大小了，要依据下面的规则。

● 只能设置通过 window.open()创建的窗口大小。

● 当一个窗口里面含有一个以上的 Tab 时，无法设置窗口的大小。

除此之外，浏览器窗口本身的大小我们可以通过 outerWidth 和 outerHeight 属性来获取，还可以通过 innerWidth 和 innerHeight 属性来获取浏览器窗口减去浏览器自身边框及菜单栏、地址栏、状态栏等的宽度/高度。

【任务实践 7-3】改变窗口大小——resizeTo ()和 resizeBy()方法

任务描述：要求改变窗口的大小，并且获取当前窗口的信息。

（1）任务分析

① 根据任务要求，通过 open()方法打开新窗口，使用自定义函数的方法来实现，定义一个打开窗口的函数 openWin()，通过使用超链接调用函数的方法来调用函数，即 javascript:openWin()。

② 通过 resizeTo ()和 resizeBy()两个方法来改变窗口大小，同时通过两组属性来查看浏览器

窗口的大小，最后通过使用超链接调用函数的方法来调用自定义函数。
（2）实现代码

```html
<!DOCTYPE html>
<html lang="en">
<head>
    <meta charset="UTF-8">
    <title>改变窗口大小</title>
    <script>
        var newWin = null; //引用新打开的窗口
        function openWin() { //打开新窗口
            newWin = open("", "", "width=400,height=100,left=120,top=110");
            newWin.document.write(`初始大小: <br />
outerWidth:${newWin.outerWidth}\nouterHeight:${newWin.outerHeight}<br />
innerWidth:${newWin.innerWidth}\n innerHeight:${newWin.innerHeight}<br />`);
        }
        function resizeWin() {
            newWin.resizeTo(600, 300);
            newWin.focus();
            newWin.document.write(`第一次改变大小: <br />
outerWidth:${newWin.outerWidth}\nouterHeight:${newWin.outerHeight}<br />
innerWidth:${newWin.innerWidth}\n innerHeight:${newWin.innerHeight}<br />`);
        }
        function resizeX() {
            newWin.resizeBy(-100, 0);
            newWin.focus();
            newWin.document.write(`第二次改变大小: <br />
outerWidth:${newWin.outerWidth}\nouterHeight:${newWin.outerHeight}<br />
innerWidth:${newWin.innerWidth}\n innerHeight:${newWin.innerHeight}`);
        }
        function showSize() {
            alert(`outerWidth:${newWin.outerWidth}\nouterHeight:${newWin.outerHeight}\n
innerWidth:${newWin.innerWidth}\n innerHeight:${newWin.innerHeight}\n`);
            newWin.focus();
        }
    </script>
</head>
<body>
    <p><a href="javascript:openWin()">打开新窗口</a></p>
    <p><a href="javascript:resizeWin()">改变窗口大小</a></p>
    <p><a href="javascript:resizeX()">水平缩小100px</a></p>
    <p><a href="javascript:showSize()">显示目前大小</a></p>
</body>
</html>
```

（3）实现效果

实现效果如图 7-7 ~ 图 7-10 所示。

图 7-7 在主窗口中单击超链接

图 7-8 打开新窗口

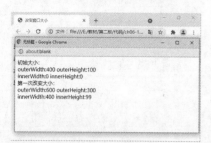

图 7-9 改变窗口大小

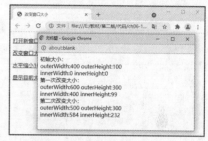

图 7-10 水平缩小 100px

5. 改变窗口位置

MoveTo(x,y)方法用来移动窗口，x 和 y 代表距离屏幕左上角的水平和垂直距离，单位是 px；而 MoveBy(x,y)方法也用来移动窗口，但是 x 代表在原来的基础上向左移动（x<0）或者向右移动（x>0）的距离，y 代表在原来的基础上向上移动（y<0）或者向下移动（y>0）的距离。具体用法如下。

```
window.moveTo(100,100);//窗口移动到(100,100)
window.moveBy(10,-50);//窗口在水平方向上向右移动10px，向上移动50px
```

除此之外，窗口当前位置我们可以通过 screenLeft 和 screenTop 属性来获取，这表示窗口相对于屏幕左边和上边的位置。screenX 和 screenY 属性也提供相同的位置。

【任务实践 7-4】改变窗口位置——moveTo()和 moveBy()方法

任务描述：改变窗口的位置，并且获取当前窗口的信息。

（1）任务分析

① 根据任务描述要求，通过 open()方法打开新窗口，使用自定义函数的方法来实现，定义一个打开窗口的函数 openWin()，通过使用超链接调用函数的方法来调用函数，即 javascript:openWin()。

② 通过 moveTo ()和 moveBy()两个方法来改变窗口位置，同时通过 screenLeft 和 screenTop 属性来查看浏览器窗口的位置，最后通过使用超链接调用函数的方法来调用自定义函数。

（2）实现代码

```
<!DOCTYPE html>
<html lang="en">
<head>
    <meta charset="UTF-8">
```

```
    <title>改变窗口位置</title>
    <script>
        var newWin = null; //引用新打开的窗口
        function openWin() { //打开新窗口
            newWin = open("", "", "width=400,height=200,left=120,top=110");
            newWin.document.write(`初始位置: <br
/>Left:${newWin.screenLeft}\nTop:${newWin.screenTop}<br />`);
        }
        function moveWin() {
            newWin.moveTo(100, 100);
            newWin.focus();
            newWin.document.write(`第一次改变位置: <br
/>Left:${newWin.screenX}\nTop:${newWin.screenY}<br />`);
        }
        function moveY() {
            newWin.moveBy(0, -100);
            newWin.focus();
            newWin.document.write(`第二次改变位置: <br
/>Left:${newWin.screenLeft}\nTop:${newWin.screenTop}<br />`);
        }
        function showPos() {
            alert(`Left:${newWin.screenLeft}\nTop:${newWin.screenTop}`);
        }
    </script>
</head>
<body>
    <p><a href="javascript:openWin()">打开新窗口</a></p>
    <p><a href="javascript:moveWin()"> 改变窗口位置</a></p>
    <p><a href="javascript:moveY()"> 向上移动100px</a></p>
    <p><a href="javascript:showPos()"> 显示目前位置</a></p>
</body>

</html>
```

（3）实现效果

实现效果如图 7-11~图 7-14 所示。

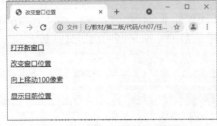

图 7-11 在主窗口中单击超链接

图 7-12 打开新窗口

图 7-13 改变窗口位置

图 7-14 向上移动 100px

任务 7.2 使用 Screen 对象

窗口的 screen 属性会引用 Screen 对象，它包含有关客户端显示屏的信息，并且每个浏览器的 Screen 对象都包含不同的属性。常用的属性如表 7-5 所示。

7-4 使用 Screen 对象

表 7-5 Screen 对象的常用属性

属性	说明
width	返回屏幕的总宽度
height	返回屏幕的总高度
availHeight	返回屏幕的高度（不包括 Windows 任务栏）
availWidth	返回屏幕的宽度（不包括 Windows 任务栏）
colorDepth	返回目标设备或缓冲器上的调色板的位深度
pixelDepth	返回显示屏幕的颜色分辨率（比特每像素）

【任务实践 7-5】显示当前屏幕分辨率和可用区域——Screen 对象

任务描述：通过 Screen 对象显示屏幕信息。

（1）任务分析

① 根据要求，使用 Screen 对象的属性获得屏幕的信息。

② 使用 document.write() 输出结果。

（2）实现代码

```
<!DOCTYPE html>
<html lang="en">
<head>
    <meta charset="UTF-8">
    <title>显示屏幕信息</title>
    <script>
        function getScreen() {
            alert(`屏幕信息: \n
分辨率: ${screen.width}*${screen.height}\n
可用区域: ${screen.availWidth}*${screen.availHeight}`)
        }
    </script>
```

```
</head>
<body>
    <p><a href="javascript:getScreen()">显示屏幕信息</a></p>
</body>
</html>
```

（3）实现效果

实现效果如图 7-15 所示。

图 7-15 显示屏幕信息

任务 7.3 使用 Navigator 对象

窗口的 navigator 属性会引用 Navigator 对象，它是指浏览器对象，包含浏览器的信息。常用的属性如表 7-6 所示。

表 7-6 Navigator 对象的常用属性

属性	说明
appCodeName	返回浏览器的引擎名称，如返回"Mozilla"
appName	返回浏览器的名称
appVersion	返回浏览器的平台和版本信息
cookieEnabled	返回指明浏览器中是否启用 cookie 的布尔值
platform	返回运行浏览器的操作系统平台
userAgent	返回由客户端发送给服务器的 user-agent 头部的值

提示：用户代理（User Agent，UA）是 HTTP 中的一部分。它是一个特殊字符串头，是一种向访问网站提供使用的浏览器类型及版本、操作系统及版本、浏览器内核等信息的标识。通过这个标识，用户所访问的网站可以显示不同的排版，从而为用户提供更好的体验或者进行信息统计。

【任务实践 7-6】显示当前浏览器和操作系统信息——Navigator 对象

任务描述：通过 Navigator 对象显示当前浏览器的信息。

（1）任务分析

① 根据要求，直接使用 Navigator 对象的属性获得关于浏览器的信息。

② 使用 document.write()输出结果。

（2）实现代码

```
<script type="text/javascript">
    document.write("操作系统信息:" + navigator.platform + "<br />");
    document.write("浏览器名称:" + navigator.appName + "<br />");
```

```
        document.write("是否启用cookie:" + navigator.cookieEnabled + "<br />");
        document.write("浏览器版本号:" + navigator.appVersion + "<br />");
        document.write("用户代理:" + navigator.userAgent + "<br />");
    </script>
```

（3）实现效果

实现效果如图 7-16 所示。

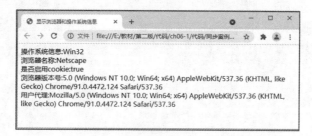

图 7-16 显示浏览器和操作系统信息

【任务实践 7-7】显示当前窗口占据显示器的区域大小——Navigator 对象

任务描述：在页面上显示出当前窗口占据显示器的区域大小。

（1）任务分析

① 根据要求，需要用到 Window 对象、Navigaor 对象和 Screen 对象的属性和方法。

② 使用 navigator.userAgent.indexOf() 方法获得浏览器的类型。

③ 使用 window.outerWidth 和 window.outerHeight 获得窗口的大小，使用 screen. width 和 screen.height 获得屏幕大小。

④ 使用 Math 对象的数学运算方法得出占据显示区域的百分数，在页面上输出结果。

（2）实现代码

```
<!DOCTYPE html>
<html>
<head>
    <meta charset="utf-8">
    <title>显示当前窗口占用显示器的区域大小</title>
    <style>
        body {
            background-color: #fef4d2;
        }

        h2 {
            text-align: center;
        }
    </style>
</head>


<body>
    <h2>显示占用区域</h2>
```

```
    <hr>
    <br>
    <script type="text/javascript">
        function GetWinSize() {
            if (navigator.userAgent.indexOf("MSIE") > 0) {
                var sSize = (document.body.clientWidth * document.body.clientHeight);
                return sSize;
            } else {
                var sSize = (window.outerWidth * window.outerHeight);
                return sSize;
            }
            return;
        }
        var percent = Math.round((GetWinSize() / (screen.width * screen.height) * 100)
* Math.pow(10, 0));
        document.write("此窗口占用当前显示器大约" + percent + "% 的区域。");
    </script>
</body>
</html>
```

在实现代码中，navigator.userAgent.indexOf()是判断浏览器类型的方法，"MSIE"是 IE 的标志。

（3）实现效果

实现效果如图 7-17 所示。

图 7-17 显示当前窗口占据显示器的区域大小

任务 7.4 使用 Location 对象

窗口的 location 属性会引用 Location 对象，它包含有关当前 URL 的信息。在网络中，统一资源定位符（Uniform Resource Locator，URL）是信息资源的一种字符串表示方法，通称网址，格式如下。

```
protocol :// hostname [:port] / path / [;querystring][?query]#fragment
```

7-5 Location 对象

各部分说明如下。

① protocol 表示通信协议方法，比如 http、https、ftp 等。

② hostname 表示主机名，指服务器的域名系统（Domain Name System，DNS）主机名或 IP 地址。

③ port 表示端口，是一个整数，可以省略。当省略时，表示使用对应协议的默认端口，比如 http 的默认端口是 80，https 的默认端口是 443。

④ path 代表访问资源的具体路径，通常表示服务器的目录或者文件地址。

⑤ querystring 表示查询字符串，通常用于向动态网页传递参数，将参数使用问号连接在访问资源路径之后，传递的参数使用"名=值"的格式进行传递，如果有多个参数则使用"&"连接。

⑥ fragment 代表指定资源中的信息片段，比如我们在锚点连接时的连接参数。

Location 对象常用的属性和方法如表 7-7、表 7-8 所示。

表 7-7 Location 对象常用的属性

属性	说明
hash	返回 URL 的锚点部分
host	返回 URL 的主机名和端口
hostname	返回 URL 的主机名
href	返回完整的 URL
pathname	返回 URL 的路径名
port	返回 URL 服务器使用的端口号
protocol	返回 URL 协议
search	返回 URL 的查询部分

表 7-8 Location 对象常用的方法

方法	说明
assign()	载入新的文档
reload()	重新载入当前文档
replace()	用新的文档替换当前文档

如果我们想设置浏览器的地址栏，可以使用 Location 对象的属性和方法进行，具体如下。

```
location.href = "https://www.ryjiaoyu.com/";//设置href属性
location.assign("https://www.ryjiaoyu.com/");//使用assign()方法
location.replace("https://www.ryjiaoyu.com/");//使用replace()方法
```

【任务实践 7-8】登录成功，自动跳转——Location 对象

任务描述：通过 Location 对象实现自动跳转。

（1）任务分析

① 根据要求，首页需要获取显示秒数的元素，然后实现动态倒计时显示。

② 当倒计时结束时，使用 Location 对象的属性和方法实现页面的自动跳转。

（2）实现代码

```
<!DOCTYPE html>
<html lang="en">
<head>
    <meta charset="UTF-8">
    <title>自动跳转</title>
```

```
    </head>
    <body>
        <h4>登录成功</h4>
        <p>
            <span id="second">5</span>秒后回到主页 <a href="https://www.ryjiaoyu.com/">返回</a>
        </p>
        <script type="text/javascript">
            var i = 5;
            setInterval(count, 1000);
            function count() {
                i--;
                document.getElementById("second").innerHTML = i;
                if (i == 1) {
                    location.href = "https://www.ryjiaoyu.com/";
                    //location.assign("https://www.ryjiaoyu.com/")
                }
            }
        </script>
    </body>
</html>
```

（3）实现效果

实现效果如图 7-18 所示。

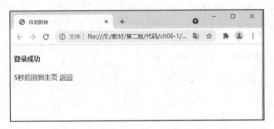

图 7-18 自动跳转

任务 7.5 使用 History 对象

窗口的 history 属性会引用 History 对象，它包含用户（在浏览器窗口中）访问过的 URL。出于安全方面的考虑，开发人员无法获取 History 对象中的具体信息，但可以控制浏览器实现"前进"和"后退"。History 对象常用的属性和方法如表 7-9 所示。

表 7-9 History 对象常用的属性和方法

属性/方法	说明
length	返回浏览器历史列表中的 URL 数量
back()	加载浏览器历史列表中的前一个 URL
forward()	加载浏览器历史列表中的后一个 URL
go()	加载浏览器历史列表中的某个具体页面

【任务实践 7-9】页面"前进"和"后退"——History 对象

任务描述: 在页面上实现"前进"和"后退"。

(1)任务分析

① 根据要求,设计两个页面,在第一个页面中通过超链接可跳转到第二个页面,单击第二个页面中的"后退"可以返回第一个页面,单击第一个页面中的"前进"可以再跳转到第二个页面。

② 使用 history.back()方法实现"后退"。

③ 使用 history.forword()方法实现"前进"。

④ 使用 location.assign()方法进入新的页面。

(2)第一个页面实现代码

```
<!DOCTYPE html>
<html lang="en">
<head>
    <meta charset="UTF-8">
    <title>前进和后退</title>
</head>
<body>
    第一个页面
    <p><a href="javascript:Forward()">前进</a></p>
    <p><a href="javascript:newPage()">第二个页面</a></p>
    <script>
        function Forward() {
            history.forward();
        }
        function newPage() {
            location.assign("任务实践7-9-1.html");
        }
    </script>
</body>
</html>
```

(3)第二个页面实现代码

```
<!DOCTYPE html>
<html lang="en">
<head>
    <meta charset="UTF-8">
    <title>后退</title>
</head>
<body>
    第二个页面
    <p><a href="javascript:Back()">后退</a></p>
    <script>
        function Back() {
            history.back();
            history.go(-1);
        }
```

```
        </script>
    </body>
</html>
```

（4）实现效果

实现效果如图 7-19 和图 7-20 所示，在第二个页面中单击"后退"返回第一个页面，在第一个页面中单击"前进"又可以再跳转到第二个页面。

图 7-19 第一个页面

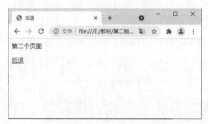

图 7-20 第二个页面

任务 7.6 使用 Document 对象

Document 对象是指文档对象，表示在浏览器窗口中显示的页面文档。Document 对象既属于 BOM 对象，也属于 DOM 对象。Document 对象的属性/方法如表 7-10 所示。

表 7-10 Document 对象的属性/方法

属性/方法	说明
parentWindow	返回当前页面文档所在窗口对象
cookie	设置或返回与当前文档相关的所有 cookie
domain	返回当前服务器的域名
lastModified	返回当前文档的最后修改时间
title	返回当前文档的标题，即由\<title\>提供的文本
referrer	返回将用户引入当前页面位置的 URL
URL	返回当前文档的完整 URL
open([type])	打开一个指定 MIME 类型的新文档，默认为"text/html"
close()	关闭用 open()打开的文档
write()	输出文本
writeln()	按行输出文本

【任务实践 7-10】显示浏览某页面的时间——Document 对象

任务描述：当退出页面时能够显示浏览当前页面所用的时间。

（1）任务分析

① 根据要求，需要用到 Date 对象、文档对象的属性和方法。

② 为了有效地显示打开页面所用的时间，需要在打开页面时就装载统计函数，装载时使用 onload()函数即可。

③ 使用 document 接收在页面上浏览所用的时间值。

④ HTML 页面可以使用表单的形式呈现。

（2）实现代码

```
<!DOCTYPE html>
<html>
<head>
    <meta charset="utf-8">
    <title>统计浏览某页面所用的时间</title>
    <style>
        body {
            background-color: #fef4d2;
        }
        h2,p {
            text-align: center;
        }
    </style>
</head>
<body onload="Timetrack()">
    <h2>浏览某页面所用时间</h2>
    <hr>
    <form name="time">
        <p>浏览本页面总共用去
            <input type="text" name="timer" size="6" value="0:00">秒
        </p>
    </form>
    <script type="text/javascript">
        var entered = new Date();
        function Timetrack() {
            var now = new Date();
            var seconds = Math.floor((now.getTime() - entered.getTime()) / 1000);
            var minutes = Math.floor(seconds / 60);
            var second = seconds % 60;
            var minute = minutes % 60;
            document.time.timer.value = minutes + ":" + seconds;
            setTimeout("Timetrack()", 1000);
        }
    </script>
</body>
</html>
```

（3）实现效果

实现效果如图 7-21 所示。

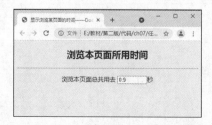

图 7-21 显示浏览当前页面的时间

项目分析

根据项目目标，实现自动轮播图效果。该页面所有内容通过最外层的"大盒子"slider 来封装，也就是轮播图的可视区域，图片放在 list 盒子中，具体如图 7-22、图 7-23 所示。

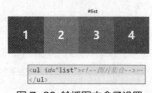

图 7-22 轮播图内盒子设置

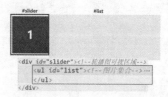

图 7-23 轮播图外盒子设置

轮播的关键在于每隔一段时间更换一张图片，工作原理如图 7-24 所示。各大网站上的轮播图默认情况下是循环向右（向后）轮播的，包括自动轮播和手动轮播，本项目实现自动轮播效果。图片每次移动一张图片的宽度的距离，采用定时器实现连续移动。为了保证平滑过渡，我们添加 transition 属性。但是这样又出现一个问题，当图片第一轮轮播显示后，第二轮轮播时会显示从头翻转播放的效果，也就是说不是无缝衔接。为了实现无缝衔接的效果，我们在图片 4 的后面再放上图片 1，如图 7-25 所示，这样就能保证最后一张图片 4 和下一轮的图片 1 衔接起来，在程序中添加延时器来实现无缝衔接的效果。

图 7-24 轮播图工作原理

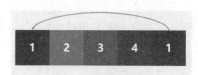

图 7-25 轮播图框架图

项目实施

1. 页面结构

根据项目分析，轮播 6 张图片，图片列表中设置 7 张图片，具体如下。

```html
<!DOCTYPE html>
<html lang="en">
<head>
    <meta charset="UTF-8">
    <title>自动轮播图</title>
</head>
<body>
    <div id="silder">
        <ul id="list">
            <li><img src="image/1.jpg"></li>
            <li><img src="image/2.png"></li>
            <li><img src="image/3.jpg"></li>
```

```
            <li><img src="image/4.jpg"></li>
            <li><img src="image/5.jpg"></li>
            <li><img src="image/6.jpg"></li>
            <li><img src="image/1.jpg"></li>
        </ul>
    </div>
</body>
</html>
```

2. CSS 样式

采用 CSS 样式进行图片美化和网页布局，将图片"浮动"，同时定义父盒子和子盒子的定位关系，具体如下。

```
<style>
    * {
        padding: 0;
        margin: 0;
        list-style: none;
    }
    #silder {
        margin: auto;
        position: relative;
        width: 1366px;
        height: 700px;
        overflow: hidden;
    }
    #list {
        position: absolute;
        left: 0;
        top: 0;
        width: 700%;
        height: 700px;
    }
    #list li {
        float: left;
        width: 1366px;
        height: 700px;
    }
    #list li img {
        max-width: 1366px;
    }
</style>
```

3. 脚本代码

如上代码实现的页面是没有动态效果的，若想实现图片的轮播效果必须添加脚本，轮播的关键在于每隔一段时间更换一张图片。

```
<script>
```

```
//第一轮图片轮播结束，第一轮的图片6和第二轮的图片1衔接，通过切换耗时1s，换片耗时1s
var slider = document.querySelector("#slider");
var list = document.querySelector("#list");
var img = document.querySelector("img");
var uli = list.children; //获取图片列表
var index = 0; //图片序号
setInterval(move, 2000);
function move() {
    if (index < uli.length - 1) {
        index++;
        list.style.left = -index * img.offsetWidth + "px";
        list.style.transition = 'left 1s';
        if (index == uli.length - 1) {
            console.log('tttt');
            setTimeout(function() {
                index = 0;
                list.style.left = -index * img.offsetWidth + "px";
                list.style.transition = 'left 0s';
            }, 1000);
        }
    } else {
        index = 0;
        list.style.left = -index * img.offsetWidth + "px";
        list.style.transition = 'left 0s';
    }
}
</script>
```

浏览网页，显示图 7-26 所示的动态轮播图。

图 7-26 故宫轮播图

项目实训——北斗三号发射动画

【实训目的】

练习 BOM 对象。

【实训内容】

实现图 7-27、图 7-28 所示的北斗三号发射动画。

图 7-27 北斗三号发射

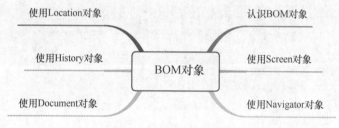

图 7-28 成功发射

【具体要求】

编写脚本实现北斗三号卫星的发射动画，具体要求如下。

① 从动态倒计时 5s 开始，倒计时结束时，位于页面底端的北斗三号开始发射。

② 北斗三号发射完毕，显示"祝贺北斗三号发射成功!"的文字。

小结

本项目使用 BOM 对象实现自动轮播图，具体任务分解如图 7-29 所示。

图 7-29 项目 7 任务分解

BOM 在 Web 前端开发中的应用非常多，希望读者多加练习，加深理解。

扩展阅读——轮播图的 Swiper 插件

Swiper 是使用 JavaScript 打造的滑动特效插件，面向手机、平板电脑等移动终端，它能实现触屏焦点图、触屏 Tab 切换、触屏多图切换等常用效果。Swiper 开源、稳定、使用简单、功能强大，是架构移动终端网站的重要选择。

它的使用主要分为以下几步。

1. 引入 swiper.min.js 和 swiper.min.css 两个文件

```
<link rel="stylesheet" href="css/swiper.min.css">
<script src="js/swiper.min.js"></script>
```

2. 给 Swiper 定义宽度和高度

```
.swiper-container {
    width: 600px;
```

```
        height: 300px;
    }
```

3. 初始化 Swiper

```
<script>
    var swiper=new Swiper('.swiper-container',{
        autoplay:1000,//自动轮播
        autoplayDisableOnInteraction:false,//滑动后继续滚动
        loop:true,//循环
        pagination:'.swiper-pagination',//分页
        paginationClickable:true,//小圆点单击
        spaceBetween:30,//图片间隙
        direction:"horizontal"//默认横向
    })
</script>
```

4. 页面结构设置

```
<div class="swiper-container" id="banner">//在这边加上类名或者id
    <div class="swiper-wrapper">
        <div class="swiper-slide"><img width="100%" src="images/banner.jpg"></div>
        <div class="swiper-slide"><img width="100%" src="images/banner.jpg"></div>
        <div class="swiper-slide"><img width="100%" src="images/banner.jpg"></div>
    </div>
    <!-- Add Pagination -->
    <div class="swiper-pagination"></div>
</div>
```

习题

一、填空题

1. 实现关闭当前窗口的功能使用的是 Window 对象的_____方法。
2. 在 Window 对象中，用于弹出一个确认对话框的是_____方法。
3. 用来存储一个最近所访问网页的 URL 地址列表的是_____对象。
4. 实现一个实时显示当前时间的功能，请将下面代码补充完整。

```
<script type="text/javascript">
    function showTime(){
    var time = new Date();
    var mytime = time.getHours()+":"+ time.getMinutes()+":"+time.getSeconds();
    document.getElementById("myClock").innerHTML = mytime;
}
setInterval(_____);
</script>
<div id="myClock"></div>
```

5. _____对象是 BOM 的最顶层对象，表示浏览器窗口。

二、选择题

1. setTimeout("buy( )",20)表示的意思是_____。
   A. 间隔 20s 后，buy( )函数被调用一次
   B. 间隔 20min 后，buy( )函数被调用一次
   C. 间隔 20ms 后，buy( )函数被调用一次
   D. buy( )函数被持续调用 20 次

2. 在 JavaScript 中，下列代码中可以实现每隔 5s 弹出"5s 到了!"的是_____。
   A. setTimeOut("alert('5s 到了！')",5)
   B. setTimeOut("alert('5s 到了!')",5000)
   C. setInterval("alert('5s 到了!')",5)
   D. setInterval("alert('5s 到了!')",5000)

3. 在 JavaScript 中，下列关于 Window 对象方法的说法中错误的是_____。
   A. Window 对象包括 Location 对象、History 对象和 Document 对象
   B. window.onload( )方法中的代码会在一个页面加载完成后执行
   C. window.open( )方法用于在当前浏览器窗口加载指定的 URL 文档
   D. window.close( )方法用于关闭浏览器窗口

4. 在 JavaScript 中，下列说法中错误的是_____。
   A. setInterval( )用于在指定的毫秒数后调用函数或计算表达式，可执行多次
   B. setTimeout( )用于在指定的毫秒数后调用函数或计算表达式，可执行一次
   C. setInterval( )的第一个参数可以是计算表达式，也可以是函数变量名
   D. clearInterval( )和 clearTimeout( )都可以消除 setInterval( )函数设置的 timeout

5. 在 JavaScript 中，下列说法中正确的是_____。
   A. Window 对象是 BOM 中的顶层对象
   B. Window 对象的属性和方法是 Navigator 对象的一部分
   C. BOM 中并不存在 Window 对象
   D. Window 对象是 Document 对象的一部分

6. Navigator 对象中能够返回当前浏览器名称的属性是_____。
   A. appCodeName   B. appName   C. platform   D. name

7. 以下不属于 Window 对象的属性的是_____。
   A. closed   B. value   C. name   D. status

8. 将对话框移动到指定坐标处使用的是_____方法。
   A. moveTo()   B. moveBy()   C. scrollTo()   D. scrollBy()

项目8

滑块验证码——事件和事件处理

08

情境导入

张华最近想参加创新创业大赛，需要在网站中注册，注册完后重新登录。页面中有滑块验证码效果，如图 8-1 所示。他想学着实现一下，可是发现有关鼠标的操作自己并没有学。

模拟滑块验证码效果

图 8-1 滑块验证码

李老师告诉他，这需要学习事件和事件处理的相关知识，这是 JavaScript 的核心技术之一，也是用户与页面交互的关键。张华还了解到，表单登录时有多种验证方式，例如普通验证码、手机短信验证码、滑块验证码等，这是为了防止暴力破解用户名和密码，提高个人信息的安全性而设置的。

李老师让张华以这个滑块验证码为载体，认真学习事件和事件驱动的相关知识，并让他制订了详细的学习计划，分为 3 步完成。

第 1 步：学习事件和事件对象的相关知识。

第 2 步：学习鼠标事件和键盘事件。

第 3 步：学习表单事件的相关知识。

项目目标（含素质要点）

■ 掌握事件及事件处理的概念（传统文化）

■ 掌握事件绑定的几种方式

■ 掌握事件对象的概念及应用
■ 掌握常用事件，即键盘事件、鼠标事件、页面事件、表单事件的应用

知识储备

任务 8.1 认识事件

事件（Event）是动态页面的核心，是 JavaScript 与网页之间交互的"桥梁"，也是把页面中所有元素粘在一起的"胶水"。当我们与浏览器中显示的页面进行交互时，事件就发生了。因而，使用事件处理用户与浏览器的交互，能够制作出具有良好交互效果的动态页面。

8.1.1 事件的基本概念

1. 事件

事件是指在页面上与用户进行交互时发生的操作，主要包括用户动作和状态变化。

用户动作：用户对页面鼠标或键盘的操作。例如，click、keydown 等。

状态变化：页面的状态发生变化。例如，load、resize、change 等。

8-1 事件

例如，当用户单击一个超链接或按钮时就会触发单击事件；当浏览器载入一个页面时，会触发载入事件；当用户调整窗口大小的时候，会触发改变窗口大小事件。表 8-1 所示都是常用的事件。

表 8-1 JavaScript 常用的事件

分类	事件	说明
事件动作	click	单击事件
	dblclick	双击事件
	mousedown	鼠标按键按下事件
	mouseover	鼠标经过事件
	mouseup	鼠标按键弹起事件
	keydown	键盘按键按下事件
	keyup	键盘按键弹起事件
	submit	表单提交事件
	focus	获得焦点事件
	blur	失去焦点事件
状态变化	load	文档载入事件
	resize	改变窗口大小事件
	change	表单元素内容改变事件

2. 事件处理和事件处理程序

事件处理是指对发生的事件进行处理的行为或者操作。例如，当用户单击一个超链接或按钮时就会触发单击事件，浏览器会根据用户动作进行相关的事件处理操作。

事件处理程序是指为响应用户行为或者状态变化所执行的程序。

8-2 事件驱动和事件驱动编程

3. 事件驱动和事件驱动编程

事件驱动是程序的一种执行方式，也就是响应事件的发生而执行相关的事件处理程序的过程。例如，当我们单击页面上的超链接触发单击事件时，浏览器会根据用户动作进行相关的事件处理操作，这里的事件驱动就是通过单击事件执行的。

事件驱动编程是指为需要处理的事件编写相应的事件处理程序，它包括 3 个步骤，触发事件、启动事件处理程序、处理程序做出反应。事件驱动编程的一般步骤如下。

第 1 步，确定响应事件的元素。

第 2 步，为指定元素确定需要响应的事件类型。

第 3 步，为指定元素的指定事件编写相应的事件处理程序。

第 4 步，将事件处理程序绑定到指定元素的事件处理程序。

在事件驱动执行方式下，程序代码的执行顺序并不是按照代码的顺序从上而下地执行的，而是根据事件触发的需要来执行的。当触发一个事件时，该事件的处理程序就会被启动执行，不管这段程序代码在程序中处于什么位置。在 JavaScript 中，由于事件是用户交互产生的，所以其触发的顺序是无法预测的，其执行程序的路径都是不同的。

8-3 事件分类

4. 事件分类

JavaScript 事件大致可以分为以下 4 类。

（1）键盘事件

键盘事件是指用户在使用键盘输入时触发的事件，包括 keydown（某个键盘按键被按下时触发的事件）、keypress（某个键盘按键被按住时触发的事件）、keyup（某个键盘按键被松开时触发的事件）。

（2）鼠标事件

鼠标事件是指用户进行单击或移动鼠标操作而产生的事件，主要包括 click（当用户单击某个对象时触发的事件）、dblclick（当用户双击某个对象时触发的事件）、mousedown（鼠标按键被按下时触发的事件）、mouseup（鼠标按键被松开时触发的事件）、mouseover（鼠标指针移到某元素上时触发的事件）、mousemove（鼠标指针在某元素上移动时触发的事件）、mouseout（鼠标指针从某元素上移开时触发的事件）。

（3）页面事件

页面事件是指因页面状态的变化而产生的事件，主要包括 load（页面或图像加载完成时触发的事件）、unload（用户退出页面时触发的事件）、resize（用户改变窗口大小时触发的事件）、error（加载文档或图像时发生错误而触发的事件）等。

（4）表单事件

表单事件是指与表单相关的事件，是 JavaScript 中最常用的事件，包括 submit（表单提交时触发的事件）、reset（表单重置时触发的事件）、change（表单元素内容改变时触发的事件）、select（文本选中时触发的事件）、focus（表单元素获得焦点时触发的事件）、blur（表单元素失去焦点时触发的事件）等。

8.1.2 事件处理

事件处理是指为某个元素对象的事件绑定或者移除事件处理程序，使得当事件发生时就会触发该事件的事件处理程序。在 JavaScript 中，事件处理有两种方式，分别为 DOM 0 级事件处理和 DOM 2 级事件处理。在介绍这两种事件处理方式之前，首先介绍两个概念：事件属性和事件流。

1. 事件属性

事件的绑定和移除是通过事件的属性进行的。在 JavaScript 中，事件属性名称就是"on"+ "事件名称"。如 click 是单击事件名，onclick 就是对应的事件属性名。按照事件属性名的定义，常用的事件属性如表 8-2 所示。

表 8-2 JavaScript 常用的事件属性

分类	事件属性	说明
键盘事件属性	onkeypress	当单击键盘按键时触发
	onkeydown	当键盘按键被按下时触发
	onkeyup	当键盘按键弹起时触发
鼠标事件属性	onclick	当单击鼠标左键时触发
	ondblclick	当双击鼠标左键时触发
	onmousedown	当按下鼠标左键时触发
	onmouseover	当鼠标移动时触发
	onmouseout	当鼠标移开时触发
	onmouseup	当鼠标左键弹起时触发
页面事件属性	onload	当文档载入时触发
	onunload	当文档卸载时触发
	onresize	当改变窗口大小时触发
	onerror	当文档载入出错时触发
表单事件属性	onselect	当选中文本时触发
	onreset	当表单被重置时触发
	onsubmit	当表单被提交时触发
	onfocus	当元素获得焦点时触发
	onblur	当元素失去焦点时触发

2. 事件流

在 JavaScript 中，事件流指的是 DOM 事件流。当一个事件发生时，不仅产生事件的元素可以响应，其他元素也可以响应。由于 DOM 是一个树型结构，其中的 HTML 元素上产生一个事件时，该事件会在 DOM 树中元素节点和根节点之间按照特定的顺序传播，路径所经过的节点都会收到该事件，这个过程就是 DOM 的事件流。按照传播方向的不同，DOM 事件流有两种方式：冒泡事件和捕获事件。

（1）冒泡事件

IE 采用的事件流是冒泡事件。当事件在某一元素上触发时，事件将沿着各个节点的父节点自下而上穿过各个 DOM 节点，就像冒泡一样，所以这种方式称为冒泡事件方式。在冒泡的过程中，任何时候都可以终止事件的冒泡。如果不终止冒泡，事件流会沿着 DOM 节点一直向上直至 DOM 的根节点。冒泡事件的过程如图 8-2 所示。

（2）捕获事件

Netscapte 采用捕获事件，它与冒泡事件相反，在捕获事件中，事件的传播将从 DOM 树的根节点开始，而不是从触发事件的目标元素开始。事件是从目标元素的所有父元素依次向下传递。在这个过程中，事件会从 DOM 树的根元素到事件目标元素之间各个元素处捕获。捕获事件的过程如图 8-3 所示。

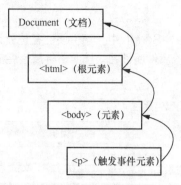

图 8-2 冒泡事件的过程　　　　　　　　　　图 8-3 捕获事件的过程

3. 事件流的 3 个阶段

在 W3C 定义的事件模型中，事件流可以分为下面 3 个阶段，具体如图 8-4 所示。

（1）捕获阶段：事件将沿着 DOM 树向下传递，经过目标节点的每一个父节点，直到目标节点。例如，若用户单击了一个超链接，则该单击事件将从 Document 节点转送到<html>元素、<body>元素以及包含该链接的<p>元素。目标节点就是触发事件的 DOM 节点，这里的超链接就是目标节点。

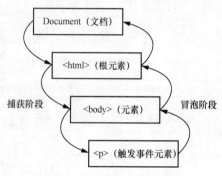

图 8-4 W3C 规定的事件流方式

（2）目标阶段：在此阶段中，事件传导到目标节点。浏览器在查找到已经指定给目标事件的事件监听器之后，就会运行该事件监听器。

（3）冒泡阶段：事件将沿着 DOM 树向上传送，再逐次访问目标元素的父节点直到 Document 节点。该过程中的每一步，浏览器都将检测那些不是捕获事件监听器的事件监听器并执行。

4. DOM 0 级事件处理

DOM 0 级事件处理是 JavaScript 指定事件处理程序的传统方式，就是指将一个函数赋值给一个事件处理程序属性，主要分为以下两种形式。

形式一：行内绑定

这种方式通过设置 HTML 标签的事件属性实现，具体语法格式如下。

```
<标签名 事件属性="事件处理程序">
```

上述语法格式中，标签名可以是任意的 HTML 标签名，事件属性是表 8-2 所示的事件属性，事件处理程序是事件执行的程序代码，如下。

```
<input id="btn" type="button" value="单击我" onclick="alert('thanks');" >
```

【任务实践 8-1】天干地支——行内绑定

任务描述：在页面上设置两个按钮，分别显示"天干""地支"字样，当用户单击不同的按钮时，会分别弹出对应的结果对话框。

（1）任务分析

① 根据任务描述要求，可定义两个按钮，使用 alert()函数和自定义函数作为其 onclick 事件属

性的属性值。

② 分别为两个事件属性的处理函数添加 alert()函数和自定义函数 eb()。

（2）实现代码

```html
<!DOCTYPE html>
<html>
<head>
    <meta charset="utf-8">
    <title>天干地支——行内绑定</title>
    <script type="text/javascript">
        function eb() {
            alert("子、丑、寅、卯、辰、巳、午、未、申、酉、戌、亥");
        }
    </script>
</head>
<body>
    <p>
        <button name="Abutton1" onclick="alert('甲、乙、丙、丁、戊、己、庚、辛、壬、癸');">
天干</button>
    </p>
    <p>
        <button name="Abutton2" onclick="eb();">地支</button>
    </p>
</body></html>
```

（3）实现效果

代码执行后，页面上有两个按钮"天干""地支"，如图 8-5 所示。当单击"天干"按钮时，会显示图 8-6 所示的结果；当单击"地支"按钮时，会显示图 8-7 所示的结果。

图 8-5 天干地支——行内绑定

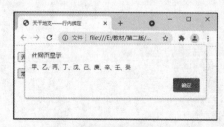

图 8-6 显示天干

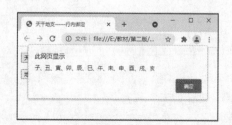

图 8-7 显示地支

由于实际开发中，我们提倡 HTML 代码和 JavaScript 脚本相分离，所以不建议使用这种方式。

形式二：动态处理

动态处理包括动态绑定和动态移除两个过程。其中，动态绑定是指通过将事件对象的属性值设置为一个函数，来执行事件处理程序。具体语法格式如下。

```
DOM对象.事件属性=事件处理程序
```

上述语法格式中，事件处理程序可以是有名函数，也可以是匿名函数。具体代码如下。

```javascript
document.getElementById("btn").onclick = function () {
    alert('thanks');
}
```

而动态移除就是指将事件属性设置为 null，具体语法格式如下。

```
DOM对象.事件属性=null;
```

使用元素对象的事件属性来作为事件处理函数对象的引用，不能将函数对象用引号标注，因为它不是字符串。

【任务实践 8-2】天干地支——动态绑定

任务描述：通过动态绑定的形式实现【任务实践 8-1】，即在页面上设置两个按钮，分别显示"天干""地支"字样，当用户单击不同按钮时，会分别弹出对应的结果对话框。

（1）任务分析

① 根据任务描述要求，在页面上定义两个按钮，并设置不同的 id，方便使用 id 获取元素对象。

② 采用自定义函数 eb() 来处理"天干"的显示，采用匿名函数的形式来处理"地支"的显示。

③ 使用 document.getElementById() 获得元素对象，并将定义的函数对象赋值给获得的元素。

（2）实现代码

```html
<!DOCTYPE html>
<html>
<head>
    <meta charset="utf-8">
    <title>天干地支——动态绑定</title>
    <script type="text/javascript">
        function eb() {
            alert("子、丑、寅、卯、辰、巳、午、未、申、酉、戌、亥");
        }
    </script>
</head>
<body>
    <p>
        <button name="button1" id="button1">天干</button>
    </p>
    <p>
        <button name="button2" id="button2">地支</button>
    </p>
    <script type="text/javascript">
        document.getElementById("button1").onclick = function() {
            alert('甲、乙、丙、丁、戊、己、庚、辛、壬、癸');
```

```
        };
        document.getElementById("button2").onclick = eb;
    </script>
</body>
</html>
```

（3）实现效果

浏览网页，显示结果如图 8-5～图 8-7 所示。

这种动态处理的方式实现了代码和脚本分离。此任务实践中事件处理是原始的事件模型，称为 DOM 0 级事件处理。这种处理方式下同一个 DOM 对象的同一个事件不能同时绑定多个事件处理程序，只会执行最后一个函数。

5. DOM 2 级事件处理

为了解决 DOM 对象的同一个事件不能同时绑定多个事件的问题，在 JavaScript 中定义了 DOM 2 级事件处理，实现同一个 DOM 对象的同一个事件可以绑定多个事件处理程序。DOM 2 级事件处理使用两种方法来添加和移除事件处理程序，即 addEventListener() 和 removeEventListener()。具体语法格式如下。

8-4 DOM2 级事件处理

```
DOM对象.addEventListener(type,callback.[capture]);
DOM对象.removeEventListener (type,callback.[capture]);
```

其中，第 1 个参数 type 是事件名（如 click）；第 2 个参数 callback 是事件处理程序函数，这个函数可以是有名函数，也可以是匿名函数；第 3 个参数有两个值，true 和 false，true 表示在捕获阶段调用，false 表示在冒泡阶段调用，默认值为 false。通过 addEventListener() 添加的事件处理程序只能使用 removeEventListener() 来移除，移除时的参数与添加时的参数相同。

【任务实践 8-3】天干地支——事件监听

任务描述：通过事件监听的形式实现【任务实践 8-2】，即在页面上设置两个按钮，分别显示"天干""地支"字样，当用户单击不同按钮时，弹出不同的结果对话框，同时设置移除事件监听的处理程序。

（1）任务分析

① 根据要求，在页面上定义两个按钮，并设置不同的 id，方便使用 id 获取元素对象。

② 采用匿名函数的形式来处理天干的显示，通过事件监听的方式调用；采用自定义函数 hb() 来处理地支的显示，通过事件监听的方式调用。

③ 使用 document.querySelector() 获得元素对象。

（2）实现代码

```
<!DOCTYPE html>
<html>
<head>
    <meta charset="utf-8">
    <title>天干地支——事件监听</title>
</head>
<body>
    <p>
        <button name="button1" id="button1">天干</button>
```

```
    </p>
    <p>
        <button name="button2" id="button2">地支</button>
    </p>
    <script type="text/javascript">
        var btn1 = document.querySelector("#button1");
        var btn2 = document.querySelector("#button2");
        btn1.addEventListener("click", function() {
            alert('甲、乙、丙、丁、戊、己、庚、辛、壬、癸');
            btn1.removeEventListener("click", function() {
                alert('甲、乙、丙、丁、戊、己、庚、辛、壬、癸');
            })
        });
        btn1.addEventListener("click", function() {
            alert("以上是天干");
        })
        btn2.addEventListener("click", hb);
        function hb() {
            alert("子、丑、寅、卯、辰、巳、午、未、申、酉、戌、亥");
            btn2.removeEventListener("click", hb);
        }
    </script>
</body>
</html>
```

（3）实现效果

浏览页面，显示"天干""地支"按钮，单击"天干"按钮，会弹出内容为"甲、乙、丙、丁、戊、己、庚、辛、壬、癸"和"以上是天干"的两个对话框，如图 8-8、图 8-9 所示。当我们再次单击"天干"按钮时会显示相同的效果，虽然代码中设置了移除事件监听的操作，但是这个移除操作并不执行。

图 8-8 第一次事件处理

图 8-9 第二次事件处理

单击"地支"按钮，弹出内容为"子、丑、寅、卯、辰、巳、午、未、申、酉、戌、亥"的对话框，当我们再次单击"地支"按钮时，就不再弹出对话框了，因为我们在第一次单击"地支"按钮时已经设置了移除事件监听的操作。

通过【任务实践 8-3】验证说明，对同一个对象可以添加多个事件监听的程序，这些程序会依次执行；对同一个对象同时执行添加和移除事件监听的操作时，要采用有名函数的方式。

任务 8.2 认识事件对象

当事件发生时，有关事件的一些信息，比如发生事件的类型、鼠标和键盘的一些信息，应如何获取呢？这就涉及事件对象的概念。当事件发生时，都会产生一个 Event 对象，这个对象包含所有与事件有关的信息。接下来将针对 Event 对象进行详细讲解。

8.2.1 Event 对象

8-5 Event 对象

在编写事件处理函数时，有时需要用到 Event 对象。Event 对象代表事件的状态，如发生事件的元素名称、键盘按键的状态、鼠标指针的位置、鼠标按键的状态等。只有当事件发生时，Event 对象才有效，并且只能在事件处理程序中访问 Event 对象。在早期的 IE 中，通过 Window 对象的 event 属性可以访问 Event 对象。在标准浏览器中，都有一个 Event 对象直接传入事件处理程序中。

【任务实践 8-4】显示触发事件——Event 对象

任务描述：当鼠标在页面上单击时，会出现对话框显示单击鼠标的事件名称。

（1）任务分析

① 根据要求，在页面上显示触发事件。

② 定义函数，在函数中通过对话框显示触发事件。首先获取事件对象，采用兼容处理的方式。

③ 在页面上使用 DOM 2 级事件处理的方法进行处理。

（2）实现代码

```html
<!DOCTYPE html>
<html>
<head>
    <meta charset="utf-8">
    <title>显示触发事件</title>
</head>
<body>
    <p id="p1">单击鼠标左键，测试触发事件
    </p>
    <script>
        var p1 = document.querySelector("#p1");
        p1.addEventListener("click", function(e) {
            var event = e || window.event;
            alert(event); //弹出事件名
        });
    </script>
</body></html>
```

（3）实现效果

在程序中我们使用"var event = e || window.event"获取不同浏览器中的事件对象，其中"e"是传递的参数，一定要注意事件对象必须在事件处理程序中获取。代码执行后，当在页面中单击鼠标左键时，会弹出含有触发事件的对话框，效果如图 8-10 所示。

图 8-10 显示触发事件

8.2.2 Event 对象常用属性和方法

通过 Event 对象，可以访问事件的发生状态，如事件名、键盘按键状态、鼠标指针位置等信息。其常用的属性/方法如表 8-3 所示。

表 8-3 Event 对象常用的属性/方法

分类	属性/方法	说明
标准 Event 属性	type	返回事件名称，如单击事件名 click
	target	返回触发此事件的元素（事件的目标节点）
	currentTarget	返回其事件监听器触发该事件的元素
	bubbles	返回布尔值，表示事件是否是冒泡事件类型
	cancelable	返回布尔值，表示事件是否取消默认动作
	cancelBubble	表示是否取消当前事件向上冒泡、传递给上一层的元素对象。默认为 false，允许冒泡；否则为 true，禁止该事件冒泡
	eventPhase	返回事件传播的当前阶段。1 表示捕获阶段，2 表示目标阶段，3 表示冒泡阶段
标准 Event 方法	stopPropagation()	阻止事件冒泡
	preventDefault()	阻止默认行为

【任务实践 8-5】显示触发事件名称——Event 对象的属性

任务描述：当鼠标在页面上单击时，通过对话框显示单击鼠标的事件名称。

（1）任务分析

① 根据要求，在页面上显示事件名称，使用 event.type 来得到捕获的事件名称。

② 定义一个函数，在函数中通过对话框显示事件的名称。

（2）实现代码

```
<!DOCTYPE html>
<html>
<head>
    <meta charset="utf-8">
    <title>显示事件名</title>
</head>
<body>
    <p id="p1">单击鼠标左键，测试触发事件名称
    </p>
    <script>
```

```
        var p1 = document.querySelector("#p1");
        p1.addEventListener("mousedown", function(e) {
            var event = e || window.event;
            alert(event.type); //显示事件名
        });
    </script>
</body></html>
```

（3）实现效果

代码执行后，当在页面中单击鼠标左键时，会弹出含有事件名称的对话框，效果如图 8-11 所示。

图 8-11 显示触发事件名称

任务 8.3 处理键盘事件

键盘事件是用户使用键盘时触发的事件。例如，用户按空格键暂停正在播放的视频，按 Ctrl+C 组合键复制当前选中的文本，具体介绍如下。

8.3.1 键盘事件

JavaScript 中，键盘事件包括 onkeypress、onkeydown、onkeyup 这 3 个事件，它们的区别如下。

8-6 键盘事件

（1）onkeypress：键盘上某个键被按下并释放时触发的事件，一般用于单键操作。

（2）onkeydown：键盘上某个键被按下时触发的事件，一般用于组合键操作。

（3）onkeyup：键盘上某个键被按下后松开触发的事件，一般用于组合键操作。

8.3.2 处理键盘事件

处理键盘事件时，经常需要获取键盘按键的键值，实现一些与键盘相关的特效，如键盘的方向键操作。键盘事件的常用属性如表 8-4 所示。

表 8-4 键盘事件的常用属性

属性	说明
keyCode	指示键盘事件的按键的 Unicode 值
altKey	指示 Alt 键的状态，按下时为 true
ctrlKey	指示 Ctrl 键的状态，按下时为 true
shiftKey	指示 Shift 键的状态，按下时为 true
which	表示当前按键的 Unicode 值，不管当前按键是否表示一个字符
repeat	指示 keydown 事件是否正在重复，并且只适用于 keydown 事件

键盘上的按键分为字符键（A~Z、a~z、主键盘数字键 0~9、小键盘数字键 0~9）、功能键（F1~F12）、控制键（Esc、Tab、Caps Lock、Shift、Ctrl、Alt、Enter 等）。在键盘事件处理程序中，使用 Event 对象的 keyCode 属性可以识别用户按下哪个键，该属性值等于用户按下的键对应的 Unicode 值。下面分别通过表 8-5、表 8-6 介绍键盘的 Unicode 值。

表 8-5 字母键和主键盘数字键对应的 Unicode 值

按键	Unicode 值	按键	Unicode 值	按键	Unicode 值	按键	Unicode 值
0	48	G	71	W	87	m	109
1	49	H	72	X	88	n	110
2	50	I	73	Y	89	o	111
3	51	J	74	Z	90	p	112
4	52	K	75	a	97	q	113
5	53	L	76	b	98	r	114
6	54	M	77	c	99	s	115
7	55	N	78	d	100	t	116
8	56	O	79	e	101	u	117
9	57	P	80	f	102	v	118
A	65	Q	81	g	103	w	119
B	66	R	82	h	104	x	120
C	67	S	83	i	105	y	121
D	68	T	84	j	106	z	122
E	69	U	85	k	107		
F	70	V	86	l	108		

表 8-6 控制键对应的 Unicode 值

按键	Unicode 值	按键	Unicode 值	按键	Unicode 值
BackSpace	8	End	35	,<	188
Tab	9	Home	36	-_	189
Enter	13	←	37	.>	190
Shift	16	↑	38	/?	191
Ctrl	17	→	39	`~	192
Alt	18	↓	40	[{	219
Caps Lock	20	Insert	45	|	220
Esc	27	Delete	46	]}	221
空格	32	NumLock	144	'"	222
Page Up	33	;:	186		
Page Down	34	=+	187		

提示　以上 Unicode 值只有在文本框中才完全有效。如果在 HTML 页面中使用，也就是在<body>标签中使用，则只有字母键、数字键和部分控制键可用。

触发 onkeypress、onkeydown、onkeyup 这 3 个事件，主要遵循如下规则。

当按下一次字符键时，依次触发 onkeydown、onkeypress、onkeyup 事件。若按下不放，则持续触发 onkeydown 和 onkeypress 事件。

当按下一次非字符键（功能键和控制键）时，依次触发 onkeydown、onkeyup 事件。若按下不放，则持续触发 onkeydown 事件。

8-7 坦克游戏

1. 处理字符键

按下字符键时，依次触发 onkeydown、onkeypress、onkeyup 这 3 个事件。【例 8-1】所示为当我们按下 a 键时的触发事件过程。

【例 8-1】字符键 a 键触发事件过程。

```
<script>
    document.onkeydown = f; //a键按下触发
    document.onkeyup = f; //a键按住触发
    document.onkeypress = f; //a键按住触发
    function f(e) {
        console.log(`${e.type}:Unicode值${e.keyCode}`);
    }
</script>
```

按下 a 键时，按照 keydown、keypress、keyup 的过程执行，而不是按照代码所写的触发顺序执行，显示结果如图 8-12 所示。同时需要注意的是，keydown 和 keyup 中得到的是 A 键的 Unicode 值 65，在 keypress 中得到的是 a 键的 Unicode 值。

图 8-12 按下 a 键的触发事件过程

按下 A 键时，同样不管代码中的触发顺序，显示结果如图 8-13 所示，按照 keydown、keypress、keyup 的过程执行。在上面的测试中，按下 A 键时，3 个事件获得的 Unicode 值都是 65；而按下 a 键时，keydown 和 keyupkeypress 获得的 Unicode 值是 65，keypress 获得的 Unicode 值是 97。也就是说，keydown 和 keyup 不区分大小写，keypress 事件区分大小写，所以在涉及字符操作时，选择 keypress 事件比较合适。

图 8-13 按下 A 键的触发事件过程

【任务实践 8-6】按键以上、下、左、右移动图片——处理字符键

任务描述：键盘上的按键都对应着不同的 Unicode 值，当按下不同的按键时，上、下、左、右移动图片，以测试不同按键的 Unicode 值。

（1）任务分析

① 不同的按键有不同的 Unicode 值，选取几个按键的 Unicode 进行测试，这里选择 w 键、a 键、s 键、d 键进行测试。

② 分别给 event.keyCode 赋予 4 个方向的 Unicode 值，然后根据不同值进行上、下、左、右的移动等。

③ 将自定义的函数绑定到键盘事件 onkeypress 上。

（2）实现代码

```html
<!DOCTYPE html>
<html lang="en">
<head>
    <meta charset="UTF-8">
    <title>按键以上、下、左、右移动图片</title>
    <style>
        * {
            padding: 0;
            margin: 0;
        }

        #img {
            position: absolute;
            left: 0;
            top: 0;
            width: 500px;
            height: 454px;
            border: 1px solid red;
            background-image: url(img/img3.jpeg);
        }
    </style>
</head>
<body>
    <div id="img"></div>
    <script>
        var img = document.querySelector("#img");
        document.onkeypress = function(e) {
            if (e.keyCode == 119)   //按下w键
                img.style.top = `${img.offsetTop + 10}px`;
            else if (e.keyCode == 115)   //按下s键
                img.style.top = `${img.offsetTop - 10}px`;
            else if (e.keyCode == 97)   //按下a键
                img.style.left = `${img.offsetLeft + 10}px`;
            else if (e.keyCode == 100)   //按下d键
```

```
                img.style.left = `${img.offsetLeft - 10}px`;
            else
                alert("请重新确认按键");
        }
    </script>
</body>
</html>
```

（3）实现效果

当我们按下 w 键、a 键、s 键、d 键时，图片分别向下、右、上、左方向移动，如图 8-14 所示。

图 8-14 图片移动

2. 处理非字符键

按下非字符键时，依次触发 onkeydown、onkeyup 事件。【例 8-2】所示为当我们按下 Alt 键时的触发事件过程。

【例 8-2】Alt 键触发事件过程。

```
<script>
    document.onkeydown = f;    //Alt键按下触发
    document.onkeyup = f;      //Alt键松开触发
    document.onkeypress = f;   //Alt键按住触发
    function f(e) {
        console.log(`${e.type}:Unicode值${e.keyCode}`);
    }
</script>
```

当我们按下非字符键 Alt 键时，不管代码中的触发顺序是什么，显示的结果如图 8-15 所示，按照 keydown、keyup 的执行过程，我们发现在 keydown 和 keyup 中得到的 Unicode 值是 18。

图 8-15 Alt 键触发事件过程

【任务实践 8-7】使用方向键改变图片大小——处理非字符键

任务描述：键盘上的按键都对应着不同的 Unicode 值，当按下方向键时，改变图片大小，以测试不同按键的 Unicode 值。

（1）任务分析

① 不同的按键有不同的 Unicode 值，选取↑键、↓键测试。

② 使用 event.keyCode 赋予不同的数字，然后根据不同数字实现图片放大或者缩小等。

③ 将自定义的函数绑定到键盘事件 onkeyup 上。

（2）实现代码

```html
<!DOCTYPE html>
<html lang="en">
<head>
    <meta charset="UTF-8">
    <title>按键改变图片大小</title>
    <style>
        * {
            padding: 0;
            margin: 0;
        }
        #img {
            position: absolute;
            left: 0;
            top: 0;
            width: 500px;
            height: 454px;
            border: 1px solid red;
            background-image: url(img/img3.jpeg);
        }
    </style>
</head>
<body>
    <div id="img"></div>
    <script>
        var img = document.querySelector("#img");
        var j = 1;
        document.onkeyup = function(e) {
            if (e.keyCode == 38) { //按↑键放大
                j = j + 0.1;
                img.style.transform = `scale(${j})`;
            } else if (e.keyCode == 40) { //按↓键缩小
                j = j - 0.1;
                img.style.transform = `scale(${j})`;
            } else
                alert("请重新确认按键");
```

```
        }
    </script>
</body>
</html>
```

（3）实现效果

当我们按下↑键、↓键时，图片分别放大、缩小，如图 8-16 所示。除此之外，在 Event 对象中还提供了 altKey、ctrlKey、shiftKey 等，当这几个属性为 true 时，表示分别按下 Alt 键、Ctrl 键、Shift 键。

图 8-16 图片缩小

3. 处理组合键

日常的操作中，我们经常需要用组合键来完成一些功能，怎么实现呢？首先需要确定在什么事件中发生事件驱动程序，比如按下 Ctrl+A 组合键实现全选操作，这是非字符键和字符键的组合操作，但是字符键和非字符键支持的事件不同，具体分析过程如图 8-17 所示。我们得出在组合键的操作中，应选择这两种键共有的事件，也就是选择 keydown 或者 keyup 事件。

8-8 处理组合键

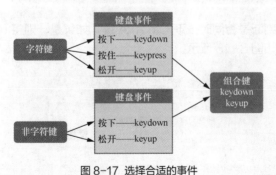

图 8-17 选择合适的事件

【任务实践 8-8】取消组合键的全选功能——处理组合键

任务描述：键盘上的 Alt 键、Ctrl 键、Shift 键可以同其他键组合成组合键实现某一特定功能，如 Ctrl+A 组合键实现全选，编写代码，使 Ctrl+A 组合键的全选功能失效。

（1）任务分析

① 根据要求，首先通过 event.keyCode 获得按键的 Unicode 值。

② 通过分支语句判断是否同时按 A 键和 Ctrl 键，如果是，则将 event.returnValue 赋值为 false，即禁止其组合键的默认行为。

③ 将自定义的函数绑定到键盘事件 onkeydown 上，当按下组合键时，弹出禁止提示。

（2）实现代码

```html
<!DOCTYPE html>
<html>

<head>
    <meta charset="utf-8">
    <title>组合键事件</title>
</head>

<body>
    <p>阻止全选操作</p>
    <script type="text/javascript">
        document.onkeydown = function() {
            if ((event.keyCode == 65) && (event.ctrlKey)) {
                alert("您同时按下了Ctrl和A键,本操作实现了取消全选");
                event.returnValue = false;//取消全选
            }
        }
    </script>
</body>

</html>
```

（3）实现效果

在上述代码中，通过判断是否同时按下 Ctrl 和 A 键，如果是，则将 returnValue 赋值为 false，从而取消组合键的功能，如图 8-18 所示。

图 8-18 取消组合键的全选功能

任务 8.4 处理鼠标事件

鼠标事件是 Web 前端开发中较常用的一类事件，它是指用户操作鼠标而触发的事件。例如，鼠标指针滑过时，切换选项卡显示的内容等。

8.4.1 鼠标事件

JavaScript 中，鼠标事件包括鼠标点击事件和鼠标移动事件，它们的描述如下。

1. 鼠标点击事件

鼠标点击事件包括 onclick（单击）、ondblclick（双击）、onmousedown（鼠标按下）和 onmouseup（鼠标弹起）事件。鼠标点击事件有触发事件顺序，例如在单击对象时，会触发 onclick 事件。在 onclick 事件触发前，会先发生 onmousedown 事件，然后发生 onmouseup 事件。与此类似，在 ondblclick 事件触发前，会依次触发 onmousedown、onmouseup、onclick、onmouseup 事件。

2. 鼠标移动事件

鼠标移动事件包括 onmouseover（鼠标经过）、onmousemove（鼠标移动）、onmouseout（鼠标移开）事件。

在鼠标事件处理程序中，一般只使用 Event 对象的基本属性（如 type）和鼠标的状态属性（如 button、x、y 等）。此外，也可以访问 altKey、ctrlKey 和 shiftKey 属性，从而识别用户配合使用 Alt 键、Ctrl 键和 Shift 键的鼠标操作。

【任务实践 8-9】鼠标指针滑过显示不同图形——鼠标指针移入和移出

任务描述：在页面上鼠标指针移入和移出时，分别显示不同的图片。

（1）任务分析

① 要实现在鼠标指针移入、移出时在页面上显示不同的图片有多种方法。较常用的方法是在页面上显示一张图片，当鼠标指针经过时显示另一张图片，即分别触发 onmouseout 和 onmouseover 事件。

② 分别触发不同的事件处理过程，显示不同的图片。

③ 脚本中分别绑定不同的事件驱动程序。

（2）实现代码

```
<!DOCTYPE html>
<html>
<head>
    <meta charset="utf-8">
    <title></title>
</head>
<body>
    <img src="img/1.gif" id="mouse" />
    <script type="text/javascript">
        mouse.onmouseover = function() {
            document.getElementById("mouse").src = "img/2.gif";
        }
        mouse.onmouseout = function() {
            document.getElementById("mouse").src = "img/1.gif";
        }
    </script>
```

```
    </body>
    </html>
```

（3）实现效果

代码执行后，在页面上首先出现一张图片，当鼠标指针经过时会显示另外一张图片，效果如图 8-19 和图 8-20 所示。

图 8-19 鼠标指针移出显示示例

图 8-20 鼠标指针移入显示示例

8.4.2 处理鼠标事件

处理鼠标事件时，我们经常需要获取鼠标指针的位置、鼠标按键等信息，具体如表 8-7 所示。

表 8-7 鼠标事件的常用属性

属性	说明
button	指示哪一个鼠标按键被按下
clientX、clientY	指示鼠标指针相对于窗口浏览区的 x、y 坐标
screenX、screenY	指示鼠标指针相对于计算机屏幕的 x、y 坐标
pageX、pageY	指示鼠标指针相对于当前屏幕可视区域的 x、y 坐标

1. 鼠标按键对应的 Event 对象的 button 属性

在鼠标事件处理函数中，使用 Event 对象的 button 属性可以识别哪一个鼠标按键被按下。在 IE 8 以前的版本中，若 button 属性为 1，则是左键被按下；若为 2，则是右键被按下；若为 4，则是中键被按下。在 IE 8 以后的版本中，若为 0，则是左键被按下；若为 2，则是右键被按下；若为 1，则是中键被按下。

【任务实践 8-10】判断鼠标按键——Event 对象的 button 属性

任务描述：使用 Event 对象的 button 属性可以识别哪一个鼠标按键被按下。

（1）任务分析

① 根据任务描述要求，首先通过 Event 对象的 button 属性获取按下的鼠标按键值。

② 通过分支语句判断按下的是哪一个鼠标按键。

③ 将事件驱动程序绑定到 onmouseup 上，弹出按键的提示。

（2）实现代码

```
    <!DOCTYPE html>
    <html>
    <head>
        <meta charset="utf-8">
```

```
    <title>判断鼠标按键操作</title>
</head>
<body>
    <p>判断鼠标按键操作</p>
    <script type="text/javascript">
        document.onmouseup = function(e) {
            if (e.button == 0)
                alert("您按下了鼠标左键");
            else if (e.button == 1)
                alert("您按下了鼠标中键");
            else if (e.button == 2)
                alert("您按下了鼠标右键");
        }
    </script>
</body>
</html>
```

（3）实现效果

在上述代码中，判断鼠标按键，如果是，弹出按键的提示如图 8-21 所示。

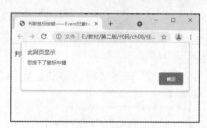

图 8-21 判断鼠标按键

2. 鼠标指针的位置

在鼠标事件处理函数中，可用 Event 对象的 screenX 和 screenY、pageX 和 pageY 等位置属性实现获取鼠标指针位置的效果。它们之间的区别如表 8-8 所示，screenX 和 screenY 以计算机屏幕左上角为原点，clientX 和 clientY 以浏览器左上角为原点，offsetX 和 offsetY 以当前事件的目标对象左上角为原点，pageX 和 pageY 以 Document 对象（文本窗口）左上角为原点，具体选择哪一组坐标属性要针对不同的原点而言。

【任务实践 8-11】跟随鼠标移动的雪花——鼠标事件的位置属性

任务描述：在页面上移动鼠标时，雪花跟随鼠标移动。

（1）任务分析

① 根据要求，首先通过 pageX 和 pageY 获取鼠标指针的位置。

② 通过设置图片的位置和鼠标指针的位置一致，来实现雪花的移动效果。

③ 将事件驱动程序绑定到鼠标事件 onmousemove 上，当移动鼠标时，雪花也跟随移动。

（2）实现代码

```
<!DOCTYPE html>
<html>
<head>
```

```
    <meta charset="UTF-8">
    <title></title>
    <style type="text/css">
        #pic1 {
            position: absolute;
        }
    </style>
</head>
<body>
    <img src="img/snowflake.png" width="50px" id="pic1" />
    <script type="text/javascript">
        var pic1 = document.getElementById("pic1");
        document.onmousemove = function(e) {
            //鼠标移动，事件触发
            var x = e.pageX;
            var y = e.pageY;
            pic1.style.left = x + 20 + "px";
            pic1.style.top = y - 20 + "px";
        }
    </script>
</body>
```

（3）实现效果

在上述代码中，当我们移动鼠标时，雪花图片跟随移动，如图 8-22 所示。

图 8-22 雪花跟随鼠标移动

任务 8.5 处理页面事件

页面事件是在页面加载或者改变浏览器大小、位置，以及对页面的滚动条进行操作时触发的事件。与页面相关的事件如表 8-8 所示。

表 8-8 与页面相关的事件

事件	说明
onload	页面或图像加载完成时触发
onunload	关闭页面或页面跳转时触发
onerror	加载文档或图像发生错误时触发
onresize	改变窗口大小时触发
onbeforeunload	当前页面改变时触发

8.5.1 页面加载

加载（onload）事件在网页加载完成后触发相应的事件处理程序，它可以在页面加载完成后，对页面中的表格样式、字体、背景颜色进行设置。

1. <body>元素绑定 onload 事件

<body>元素绑定 onload 事件后，在浏览器中的 HTML 文档装载完成时会触发 onload 事件，页面中的脚本可以访问页面中的任意元素。根据 onload 元素的这种特性，可以将需要在页面载入后立即执行的脚本放在 onload 事件处理函数中，脚本的执行不受 onload 事件处理函数的定义位置和访问的元素在页面中的先后顺序的影响。具体应用如【例 8-3】所示。

【例 8-3】将 onload 事件绑定到<body>元素示例。

```
<!DOCTYPE html>
<html>
<head>
<meta charset="utf-8">
<title>onload 事件绑定<body>元素示例</title>
<script type="text/javascript">
    function welcome(){
        alert("您好!欢迎您，在这里绑定<body>的函数");
    }
    function start(){
        var welcome_load=document.getElementById("btn");
        welcome_load.onclick=welcome;//绑定函数
    }
</script>
</head>
<body onload="start()">
<p>
    <button id="btn" name="btn">欢迎光临</button>
</p>
</body>
</html>
```

实现效果如图 8-23 所示。

图 8-23 onload 事件绑定<body>元素示例

<body>元素的 onload 事件绑定了 start()函数，该函数包含需要在页面载入完成后立即执行的语句，从而使该文档的所有脚本集中到一个处于<head>...</head>标签之间的<script>块中。

219

2. <window>元素绑定 onload 事件

可以绑定到<body>元素的一些页面事件（如 onload、onunload、onresize 和 onerror 等）也可以绑定到 Window 对象，效果基本相同，具体应用如【例 8-4】所示。

【例 8-4】onload 事件绑定 window 元素示例。

```
<!DOCTYPE html>
<html>
<head>
<meta charset="utf-8">
<title>onload 事件绑定window元素示例</title>
<script type="text/javascript">
    window.onload = function() {
        alert("您好!欢迎您,在这里绑定window的函数");
    };
</script>
</head>
<body>
</body>
</html>
```

实现效果如图 8-24 所示。

图 8-24　onload 事件绑定 window 元素示例

【任务实践 8-12】网页加载时缩小图片——onload 事件

任务描述：在页面上加载图片时，图片太大会影响图片加载的速度，经常会在页面加载图片时对图片进行缩小设置，以提高加载速度和节省带宽。要求在加载图片时对图片进行缩小设置。

（1）任务分析

① 根据任务描述要求，通过图片 ID 得到图片元素。

② 对图片元素的宽度进行减小（缩小图片）。

③ 在<body>标签内进行 onload 事件绑定。

（2）实现代码

```
<!DOCTYPE html>
<html>
<head>
<meta charset="utf-8">
<title>网页加载图片</title>
<script type="text/javascript">
```

```
    function blow(){
        var img1=document.getElementById("img1");
        img1.width=img1.width-100;
    }
    </script>
</head>
<body onload="blow()">
<img id="img1" src="images/3.jpg"/>
</body>
</html>
```

（3）实现效果

在上述代码中，首先通过 document.getElementById("img1")得到图片元素 img1，然后对 img1 的 width 属性进行-100px 处理，即缩小图片。最后通过绑定 onload 事件实现在加载时缩小图片。实现效果如图 8-25 所示。

图 8-25 网页加载时对图片进行缩小设置示例

8.5.2 页面大小事件

页面大小（onresize）事件在用户改变浏览器大小时触发事件处理程序，主要用于固定浏览器的大小。

【任务实践 8-13】改变浏览器大小时弹出提示——onresize 事件

```
<!DOCTYPE html>
<html>

<head>
    <meta charset="utf-8">
    <title>改变浏览器大小时弹出提示示例</title>
</head>
```

```
<body>
    当改变浏览器大小时，弹出提示
    <script type="text/javascript">
        function changesize() {
            alert("您改变了浏览器大小");
        }
        document.body.onresize = changesize;
    </script>
</body>

</html>
```

当我们改变浏览器的大小时，弹出提示，实现效果如图 8-26 所示。

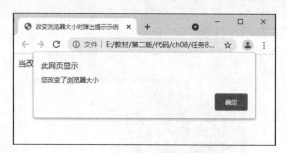

图 8-26 改变浏览器大小时弹出提示示例

任务 8.6 处理文本编辑事件

JavaScript 可以对页面内容（文本）进行复制、剪切、粘贴等编辑操作，可以通过 JavaScript 的相关操作事件完成此类操作。

JavaScript 对文本的复制、剪切和粘贴操作提供了相应的绑定事件，具体事件如表 8-9 所示。

表 8-9 复制、剪切和粘贴操作的事件

事件	说明
oncopy	当用户复制选中内容时在源元素上触发
oncut	当用户剪切选中内容时在源元素上触发
onpaste	当用户粘贴数据时在目标元素上触发

【任务实践 8-14】禁止使用复制、粘贴方式输入密码——复制、剪切和粘贴操作

任务描述：当我们输入表单中的用户名和密码时，经常会被禁止复制和粘贴，要求模拟禁止复制和粘贴的操作。

（1）任务分析

① 对文本框内容进行禁止复制和粘贴操作，通过动态绑定的方式实现。

② 将事件驱动程序绑定到 oncopy 和 onpaste 事件。

③ 将 return false 直接赋值给 oncopy 或 onpaste 事件，效果相同。

（2）实现代码

```html
<!DOCTYPE html>
<html>
<head>
    <meta charset="utf-8">
    <title>复制、粘贴事件示例</title>
</head>

<body>
    <form name="form1" action="" method="post">
        用户名: <input type="text" name="username" size="20" value="输入用户名">
        <br> 密码: <input type="text" name="password" size="20"><br>
        <input type="submit" value="提交" />
    </form>
    <script type="text/javascript">
        form1.username.oncopy = function() {
            alert("禁止复制! ");
            return false;
        }
        form1.password.onpaste = function() {
            alert("禁止粘贴! ");
            return false;
        }
    </script>
</body>
</html>
```

（3）实现效果

在上述代码中，用户名文本框绑定了 oncopy 事件驱动程序，密码文本框绑定了 onpaste 事件驱动程序，实现效果如图 8-27 和图 8-28 所示。

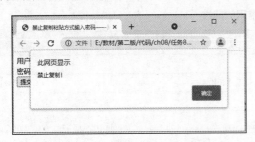

图 8-27 禁止复制方式输入密码示例

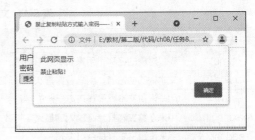

图 8-28 禁止粘贴方式输入密码示例

任务 8.7 处理表单事件

表单事件就是在操作表单时发生的事件。例如，表单输入前的双击操作、表单提交时输入密码和确认密码的操作等。

8.7.1 表单和表单对象

表单是一个容器对象，用来存放表单对象，并负责将表单对象的值提交给服务器端的某个程序处理。它的应用范围非常广泛，不仅可用于收集信息和反馈意见，还可用于资料检索、网上购物等交互式场景。表单对象是表单中所包含的用于不同功能的控件，比如文本框、密码框、按钮、复选框等。

1. 定义表单

我们使用 <form> 标签定义表单，语法格式如下。

```
<form id="formid" name="myForm" method="post" action="check.php">
   ...
</form>
```

<form> 标签常用的属性如表 8-10 所示。

表 8-10 <form> 标签常用的属性

属性	功能
id	表单的 ID，用来获取和访问表单
name	表单的名称，用来获取和访问表单
action	处理表单数据的页面或者脚本，用来定义表单数据发送的位置
method	表单信息传递到服务器的方式，默认为 GET GET：表单提交的数据通过 "?" 连接并直接附加到 URL 后，这个地址限定在 8192 字符之内 POST：表单提交的数据放在 HTTP 消息的正文中

2. 文本框

文本框是用于输入单行文本的表单控件，通常用来填写用户名及简单的回答。使用 <input> 标签定义单行文本框，如下。

```
<input type="text" name="username" value="" />
```

文本框常用的属性如表 8-11 所示。

表 8-11 文本框常用的属性

属性	功能
name	表单对象的名称，用来获取表单对象
value	文本框的初始值，用来设置首次加载时文本框中显示的值
size	用来设置文本框最多可以显示的字符数
maxlength	用来设置文本框允许输入的最大字符数
readonly	用来设置文本框是否可编辑
type	用来设置文本框的类型，默认为 text 类型 text：默认值，普通的单行文本框 password：密码文本框 hidden：隐藏文本框，用来记录和提交不希望用户看到的数据 file：选择文件的文本框

3. 单选按钮

单选按钮是用于从多个项目中选一个项目的表单控件，将<input>标签的 type 属性设置为 radio 即可定义单选按钮。语法格式如下。

```
<input type="radio" value="female" name="gender" checked>女
<input type="radio" value="male" name="gender">男
```

单选按钮常用的属性如表 8-12 所示。

表 8-12　单选按钮常用的属性

属性	功能
name	标记按钮的名称，属于同一组的单选按钮的 name 属性必须一致
value	用来设置单选按钮的初始值
checked	用来设置单选按钮的初始选择状态，默认为未选中

4. 复选框

复选框是用于选择或取消某个项目的表单控件，将<input>标签的 type 属性设置为 checkbox 即可定义复选框。语法格式如下。

```
<input type="checkbox" value="rock" name="m1" checked>摇滚乐
<input type="checkbox" value="jazz" name="m2" checked >爵士乐
<input type="checkbox" value="pop" name="m3" >流行乐
```

复选框常用的属性如表 8-13 所示。

表 8-13　复选框常用的属性

属性	功能
name	标记复选框的名称
value	用来设置复选框的初始值
checked	用来设置复选框的初始选择状态，默认为未选中

5. 列表或菜单

列表或菜单是用于从多个项目中选择某个项目的表单控件，使用<select>标签定义列表或菜单。语法格式如下。

```
<select name="name" size="3" multiple>
    <option value="beijing" selected>北京</option>
    <option value="tianjin">天津</option>
    <option value="shanghai" selected>上海</option>
</select>
```

列表或菜单常用的属性如表 8-14 所示。

表 8-14 列表或菜单常用的属性

属性		功能
select	name	标记列表的名称
	size	用来设置能同时显示的列表选项个数，取值大于或等于 1（默认为 1），为可选属性
	checked	用来设置复选框的初始选择状态，默认为未选中
	multiple	设置列表中的项目可多选，为可选属性
option	value	设置选项值，该值将被提交到服务器端处理，为必设属性
	selected	设置默认选项，如果使用了 multiple，则可对多个列表选项进行此属性的设置，为可选属性

6. 按钮

HTML 支持 3 种类型的按钮，即普通按钮、提交按钮和重置按钮。单击普通按钮实现某些操作，比如弹出提示、得到信息等；单击提交按钮，能够将表单中的数据提交到服务器；单击重置按钮，能够将表单中所有控件的值设置为初始值。使用<input>标签定义按钮，通过 type 属性指定按钮的类型，其中 type="button"表示定义普通按钮，type="submit"表示定义提交按钮，type="reset"表示定义重置按钮，语法格式如下。

```
<input type="button" value="问好" name="hello" />
<input type="submit" name="submit" />
<input type="reset" name="reset" />
```

按钮常用的属性如表 8-15 所示。

表 8-15 按钮常用的属性

属性	功能
name	标记按钮的名称
value	用来设置按钮上的文字

【任务实践 8-15】会员注册表单——表单元素

任务描述：使用表单中的文本框、单选按钮、复选框、列表和按钮来实现一个会员注册的页面。

（1）任务分析

① 根据要求，首先创建表单。

② 在表单中添加各种表单元素。

（2）实现代码

```
<!DOCTYPE html>
<html>
<head>
    <meta charset="utf-8">
    <title>会员注册页面</title>
</head>

<body>
    <form id="formid" name="myForm" method="post" action="check.php">
        用户名: <input type="text" name="username" value="" /><br /><br /> 密码: <input
```

```
type="password" name="password1" value="" /><br /><br /> 确认密码:
          <input type="password" name="password2" value="" /><br /><br /> 性别:
          <input type="radio" name="radioSex" id="boy" checked />男
          <input type="radio" name="radioSex" id="girl" />女<br /><br /> 爱好: <input
type="checkbox" value="rock" name="m1" checked>摇滚乐
          <input type="checkbox" value="jazz" name="m2" checked>爵士乐
          <input type="checkbox" value="pop" name="m3">流行乐<br /><br /> 工作地点:
          <select name="name" size="3" multiple>
              <option value="beijing" selected>北京</option>
              <option value="tianjin">天津</option>
              <option value="shanghai" selected>上海</option>
          </select><br /><br />
          <input type="submit" name="submit" value="注册" />
          <input type="reset" name="reset" />
      </form>
  </html>
```

（3）实现效果

实现效果如图 8-29 所示。

图 8-29 会员注册页面

8.7.2 访问表单和表单元素

了解了表单和表单对象以后，接下来要对表单进行操作，首先必须能够访问表单，接下来详细介绍如何访问表单和表单元素。

1. 通过表单的 ID 来访问表单

首先，我们需要给表单或者表单元素定义 id 属性，然后使用 document. getElementById() 方法获取对应的 DOM 对象，语法格式如下。

```
var myForm = document.getElementById("myFormId"); //myFormId为表单的id属性值
var Name = document.getElementById("userId"); //userId为表单中控件的id属性值
var userName = document.querySelector("#userId"); //userId为表单中控件的id属性值
```

具体应用如【例 8-5】所示。

【例 8-5】通过表单 id 属性访问表单示例。

```
<!DOCTYPE html>
<html>
```

```
<head>
    <meta charset="UTF-8">
    <title>通过表单id属性访问表单示例</title>
</head>
<body>
    <form id="formid" name="myForm" method="post" action="check.php">
        用户名: <input type="text" id="userid" name="username" value="" /><br /><br />
        密　码: <input type="password" name="password1" value="" /><br /><br />
        <input type="button" value="获取表单名" id="getname" />
    </form>
    <script type="text/javascript">
        var getName = document.getElementById("getname");
        getName.onclick = function () {
            var fname = document.getElementById("formid").name;
            var uname = document.getElementById("userid").name;
            alert("表单的name属性是" + fname + "\n" + "用户名的name属性是" + uname);
        }
    </script>
</body>
</html>
```

在上述代码中，使用 document.getElementById()访问表单和表单元素，再获取它们的 name 属性，然后通过警示对话框显示出来。实现效果如图 8-30 所示。

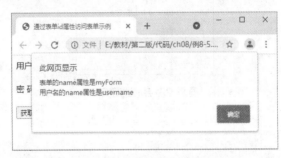

图 8-30 通过表单 id 属性访问表单示例

2. 通过表单名称来访问表单

首先，我们需要给表单或者表单元素定义 name 属性，然后使用 document.getElementsByName() 方法获取对应的 DOM 对象，语法格式如下。

```
//myForm为表单的name属性值
var myForm=document.getElementsByName("myForm")[0];
//userName为表单中控件的name属性值
var userName=document.getElementsByName("userName")[0];
```

具体应用如【例 8-6】所示。

【例 8-6】通过表单名称 name 属性访问表单示例。

```
<!DOCTYPE html>
<html>
```

```
<head>
    <meta charset="UTF-8">
    <title>通过表单name属性访问表单示例</title>
</head>
<body>
    <form id="formid" name="myForm" method="post" action="check.php">
    用户名: <input type="text" id="userid" name="username" value="" /><br /><br />
    密    码: <input type="password" name="password1" value="" /><br /><br />
    <input type="button" value="获取表单id" id="getname"/>
    </form>
    <script type="text/javascript">
        var getName=document.getElementById("getname");
        getName.onclick=function()
        {
            var fid=document.getElementsByName("myForm")[0].id;
            var uid=document.getElementsByName("username")[0].id;
            alert("表单的id属性是"+fid+"\n"+"用户名的id属性是"+uid);
        }
    </script>
</body></html>
```

在上述代码中，使用 document.getElementsByName()访问表单和表单元素，再获取它们的 id 属性，然后通过警示对话框显示出来。实现效果如图 8-31 所示。

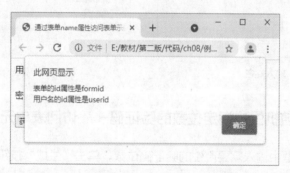

图 8-31 通过表单 name 属性访问表单示例

3. 通过表单标签名来访问表单

在这里，我们不需要定义任何属性，而是直接使用 document.getElementsByTagName()方法来获取对应的 DOM 对象，语法格式如下。

```
var obj=document.getElementsByTagName("input");
```

具体应用如【例 8-7】所示。

【例 8-7】通过表单标签名访问表单示例。

```
<!DOCTYPE html>
<html>
<head>
    <meta charset="UTF-8">
```

```
    <title>通过表单标签名访问表单示例</title>
    <script type="text/javascript">
        function welcome()
        {
            var name=document.getElementsByTagName("input")[0];
            alert("欢迎您,"+name.value);
        }
    </script>
</head>
<body>
    <form>
        您的姓名: <input type="text"/>
        <input type="button" value="欢迎" onclick="welcome()"/>
    </form>
</body></html>
```

在上述代码中，使用 document.getElementsByTagName()获得文本框的值，然后通过警示对话框显示出来。我们在表单的文本框中输入姓名，如图 8-32 所示，单击"欢迎"按钮，弹出带有姓名的问候语，如图 8-33 所示。

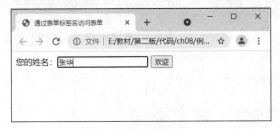

图 8-32 输入姓名

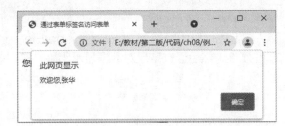

图 8-33 弹出带有姓名的问候语

【任务实践 8-16】随机生成指定位数的验证码——访问表单元素

任务描述：在文本框中输入需要产生的验证码位数，单击"生成"按钮，产生验证码。

（1）任务分析

① 根据要求，要获取文本框中的数字，需要获取表单对象，首先要定义其 name 属性。

② 在页面上使用获取元素的方法获取文本框的数值，接下来判断这个数值是否合法，合法则产生验证码。

（2）实现代码

```
<!DOCTYPE html>
<html>
<head>
    <meta charset="UTF-8">
    <title>随机生成指定位数的验证码</title>
</head>
<body>
    <form name="myform">
```

请输入要产生的验证码的位数：

```html
<input type="text" name="num" id="num">
<br><br>
<input type="button" value="生成" id="generate">   
<input type="button" value="刷新" id="refresh">
<br><br>
<div id="result"></div>
</form>
<script type="text/javascript">
    var num = document.getElementById("num");
    var result = document.getElementById("result");
    var generate = document.querySelector("#generate");
    var refresh = document.querySelector("#refresh");
    function rad(num) //生成随机数
    {
        var result = "";
        for (i = 0; i < parseInt(num); i++) {
            result = result + (parseInt(Math.random() * 10)).toString();
        }
        return result;
    }
    generate.onclick = function() { //显示
        if (check(num.value))
            result.innerHTML = "产生的验证码是: " + rad(num.value);
        else
            result.innerHTML = "重新输入合法的数字";
    }
    refresh.onclick = function() { //清空
        num.value = "";
    }
    function check(num) //判断是不是数字
    {
        if (isNaN(num)) {
            alert("您输入的是非数字，请输入数字");
            return false;
        }
        if (num < 0) {
            alert("您输入的数字要求大于等于0，请重新输入");
            return false;
        }
        return true;
    }
</script>
</body>
</html>
```

（3）实现效果

实现效果如图 8-34 和图 8-35 所示。

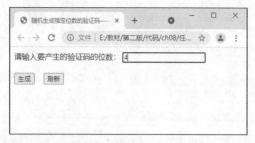

图 8-34 输入验证码的位数   图 8-35 产生指定位数的验证码

8.7.3 操作表单对象

通过前面的学习，我们通过 3 种方式访问了表单对象，接下来我们学习对获取的表单对象可进行的操作。

1. 禁用和启用表单对象

表单对象的 disabled 属性，如果设置为 true，代表禁用这个表单对象；设置为 false，将启用这个表单对象。具体应用如【例 8-8】所示。

【例 8-8】启用和禁用表单对象。

```html
<!DOCTYPE html>
<html>
<head>
    <meta charset="UTF-8">
    <title>启用和禁用表单对象</title>
    <script type="text/javascript">
        function disable(){
            document.getElementById("fname").disabled=true;
        }
        function enable(){
            document.getElementById("fname").disabled=false;
        }
    </script>
</head>
<body>
    <form id="myForm">
        姓名：<input id="fname" type="text" value="张三" />
        <input  type="button" value="禁用" onclick ="disable()" />
        <input  type="button" value="启用" onclick ="enable()" />
    </form>
</body>
</html>
```

当我们单击"禁用"按钮时，文本框中的文字变成灰色，即为禁用状态，如图 8-36 所示；当我们单击"启用"按钮时，文本框中的文字变成黑色，即为启用状态，如图 8-37 所示。

图 8-36 禁用表单

图 8-37 启用表单

2. 表单对象获得和失去焦点

当页面上有多个文本框时，如果在某个文本框上双击，这个文本框就获得了焦点，可以使用表单对象的 focus()方法实现同样的效果。同样，如果想让某个表单对象失去焦点，那么可以使用 blur()方法实现。具体应用如【例 8-9】所示。

【例 8-9】表单对象获得和失去焦点。

```html
<!DOCTYPE html>
<html>
<head>
    <meta charset="UTF-8">
    <title>表单对象获得和失去焦点</title>
</head>
<body>
<form id="myForm">
    姓名：<input id="fname" type="text" value="张三" />
    <input type="button" value="获得焦点" id="myfocus" />
    <input type="button" value="失去焦点" id="myblur" />
</form>
<script type="text/javascript">
    var myfocus = document.querySelector("#myfocus");
    var myblur = document.querySelector("#myblur");
    myfocus.onclick = function() {
        document.getElementById("fname").focus();
    }

    myblur.onclick = function() {
        document.getElementById("fname").blur();
    }
</script>
</body>
</html>
```

当我们单击"获得焦点"按钮时，文本框中的文字呈现闪烁状态，如图 8-38 所示；当我们单击"失去焦点"按钮时，文本框中的文字不再闪烁，如图 8-39 所示。

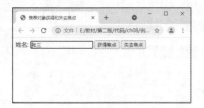

图 8-38 获得焦点

图 8-39 失去焦点

3. 提交表单

提交表单是指将用户在表单中填写或选择的内容传送给服务器端的特定程序（由 action 属性指定），然后由该程序进行具体的处理。

将表单数据提交给服务器端的方法有两种：第一种是单击表单中的"提交"按钮；第二种是调用表单对象的 submit()方法。这两种方法基本相同，不同之处在于第一种方法执行事件处理函数 onsubmit，并且可以中止表单提交；第二种方法将数据直接提交给服务器。在这里我们使用第一种方法介绍表单的提交，语法格式如下。

```
<form id="fm" method="post" action=" "  onsubmit="return check()" >
```

具体应用如【例 8-10】所示。

【例 8-10】提交表单。

```
<!DOCTYPE html>
<html>
<head>
    <meta charset="UTF-8">
    <title>提交表单</title>
    <script type="text/javascript">
        function check(){
            if(fm.tx.value=="")
            {
                alert("请输入您的名字");
                fm.tx.focus();
                return false;   //中止表单提交
            }
        }
    </script>
</head>
<body>
    <form id="fm" method="post" action=" " onsubmit="return check()" >
        请输入您的名字:
        <input type="text" name="tx" size="20" />
        <input type="submit" value="提交" id="btn" />
    </form>
</body></html>
```

具体的实现效果如图 8-40 所示。

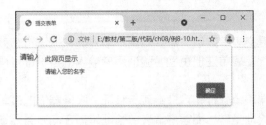

图 8-40 表单提交示例

4. 重置表单

重置表单是指对用户在表单中填写或选择的内容进行重新设置，要调用表单的 reset()方法，语法格式如下。

```
myform.reset();
```

具体应用如【例 8-11】所示。

【例 8-11】重置表单。

```
<!DOCTYPE html>
<html>
<head>
    <meta charset="UTF-8">
    <title>重置表单示例</title>
</head>
<body>
    <form id="myForm">
        年龄: <input type="text" size="20"><br />
        <br />
        <input type="reset" value="重置" onclick="freset()">
    </form>
    <script type="text/javascript">
        function freset() {
            myform.reset();
        }
    </script>
</body>
</html>
```

在"年龄"文本框中输入具体的数值，如图 8-41 所示，单击"重置"按钮后，数据清空，具体的实现效果如图 8-42 所示。

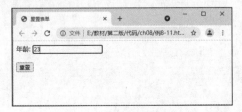

图 8-41 输入年龄

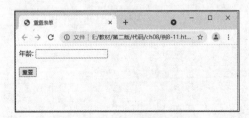

图 8-42 单击"重置"按钮后

5. 表单验证

表单验证是指在用户提交表单之前，需要对用户输入的数据进行有效性验证，如果满足有效性要求，则提交表单。例如，在表单注册页面，验证用户输入的身份证号码是否正确、年龄是否符合要求等。

验证表单分为服务器端表单验证和客户端表单验证。服务器端的表单验证是指在服务器端接收到用户提交的数据后进行验证工作；而客户端表单验证是指在向服务器端提交表单数据之前进行表单验证工作。使用 JavaScript 实现客户端验证，可以防止无效数据传送到服务器，减轻服务器的数据处理负担，从而提高系统性能。

在表单的 onsubmit 事件处理函数中进行表单验证，语法格式如下。

```
<form name="myform" id="myform" method="post" action="服务器端脚本" onsubmit="return 验证函数">
```

onsubmit 事件会在单击表单中的"确认"按钮时发生。验证函数根据表单对象的值返回 true 或 false，若返回 true 则表单被提交，否则表单不被提交。

【任务实践 8-17】验证表单合法性——表单验证

任务描述：验证表单文本框中的内容是否为空。

（1）任务分析

根据要求，我们设计了用户登录界面，当用户名或者密码为空时，提示用户输入。

（2）实现代码

```html
<!DOCTYPE html>
<html>
<head>
    <meta charset="UTF-8">
    <title>验证表单文本框提交内容的合法性示例</title>
    <script type="text/javascript">
        function checkFields()//是否为空
        {
            if (fm.txtUserName.value=="") {
                alert("用户名不能为空");
                fm.txtUserName.focus();
                return false;
            }
            if (fm.txtPwd.value=="") {
                alert("密码不能为空");
                fm.txtPwd.focus();
                return false;
            }
            return true;
        }
        function formReset()
        {
        document.getElementByid("myform").reset();
```

```
        }
    </script>
</head>
<body>
    <form name="fm" id="myform" method="get" action="login.php" onsubmit="return
checkFields()" onreset="formReset()">
        <p align="center">用户名:
            <input type="text" name="txtUserName" size="20">
        </p>
        <p align="center">密码:
            <input type="password" name="txtPwd" size="20">
        </p>
        <p align="center">
            <input type="submit" value="登录">
            <input type="reset"  value="重置">
        </p>
    </form>
</body>
</html>
```

（3）实现效果

我们在"用户名"文本框中没有输入内容，验证有效性后，弹出提示"用户名不能为空"，具体的实现效果如图 8-43 和图 8-44 所示。

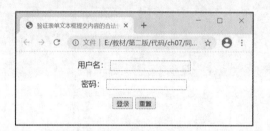

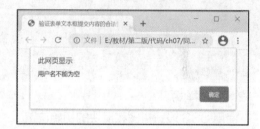

图 8-43 未输入用户名　　　　　　　　　图 8-44 验证有效性后提示"用户名不能为空"

项目分析

根据项目要求，实现滑块验证码效果，分为以下两步。

（1）滑块和拼图移动

滑块、拼图和鼠标指针的位置是一致的，滑块的移动过程触发 mousedown 和 mousemove 事件，接下来设置它们的移动距离及移动范围。

（2）滑块和拼图停止移动

滑块和拼图停止移动触发 mouseup 事件。

项目实施

1. 页面框架

页面整体分拼图和滑块两部分，具体如下。

```html
<!DOCTYPE html>
<html>
<head>
    <meta charset="UTF-8">
    <title>模拟滑块验证码效果</title>
</head>
<body>
    <h1 align="center">模拟滑块验证码效果</h1>
    <div class="drag">
        <div class="image">
            <img src="img/5-1.png" />
        </div>
        <div class="box">
            <i class="iconfont iconhuakuai1"></i>
            <p class="text" unselectable="on" onselectstart="return false;" style="-moz-user-select:none;">请向右滑动滑块</p>
            <div class="bg"></div>
        </div>
    </div>
</body>
</html>
```

2. CSS 样式

使用 CSS 设置拼图和滑块的初始位置。

```css
<style type="text/css">
    *{padding: 0;margin: 0;}
    h1{margin: 20px;}
    .drag{
        margin: 20px auto;
        width:400px;
        height: 300px;
    }
    .drag .image{
        position: relative;
        width: 400px;
        height: 250px;
        background-image: url(img/5-2.png);}
    .image img{
        position: absolute;
```

```
            left:0px;
            top:76px;
            }
    .drag .box{
        position: relative;
        width: 400px;
        height: 40px;
        line-height: 40px;
        background: #ccc;
        }
    .box i{
        position: absolute;
        width: 26px;
        height: 38px;
        border:1px solid #666;
        line-height: 40px;
        background: #fff;
        z-index: 5;
        cursor: move;
    }
    .box .text{
        position: absolute;
        width: 100%;
        text-align: center;
        z-index: 2;
    }
    .box .bg{
        position: absolute;
        height: 100%;
        background:#0D5DFC;
        z-index: 1;
    }
</style>
```

3. 脚本代码

使用 JavaScript 分别为 mousedown 事件和 mouseup 事件编写事件驱动程序。

```
<script type="text/javascript">
    window.onload = function() {
        var img = document.querySelector("img");
        var slider = document.querySelector("i");
        var box = document.querySelector(".box");
        var txt = document.querySelector(".text");
        var bg = document.querySelector(".bg");
        var flag = false; //设置验证标志
        //鼠标按下事件响应
```

```
        slider.onmousedown = function(e) {
            var startX = e.clientX; //鼠标开始的位置
            slider.onmousemove = function(e) {
                var moveX = e.clientX - startX; //鼠标移动距离
                this.style.left //滑块的位置
                    = img.style.left //拼图移动的距离
                    = bg.style.width //背景的宽度
                    = `${moveX}px`;
                if (moveX <= 0) moveX = 0;
                if (moveX >= 142) {
                    flag = true; //设定验证成功标志
                    moveX = 142;
                    txt.innerHTML = "验证成功";
                    txt.style.color = "#fff";
                    slider.onmousemove = null; //清除滑块移动
                    slider.onmousedown = null; //清除滑块按下
                }
            }
        }
        //鼠标松开事件响应
        slider.onmouseup = function() {
            slider.onmousemove = null; //清除滑块移动
            if (flag) return;
            this.style.left = bg.style.width = img.style.left = 0;
        }
    }
</script>
```

　　浏览网页，拖动滑块，当达到指定位置时，显示"验证成功"，具体的实现效果如图 8-45 所示。

图 8-45 滑块验证成功

项目实训——选项卡切换

【实训目的】

练习事件和事件处理。

【实训内容】

实现图 8-46 所示的选项卡切换。

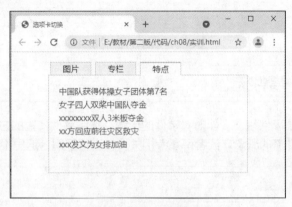

图 8-46 选项卡切换

【具体要求】

默认显示第一个选项卡的内容，当将鼠标指针移动到其他选项卡上时，显示其他选项卡对应的内容。当将鼠标指针移动到选项卡上时，选项卡样式发生变化，同时显示其对应的内容，其他选项卡样式保持不变，同时它们对应的内容全部隐藏。

① 页面框架。

页面分选项卡标签和新闻列表两部分。

② CSS 样式。

使用 CSS 对选项卡的<li>元素进行浮动排版，以及设置第一个选项卡默认显示。同时设置样式，实现当鼠标指针滑过对应的新闻时，改变选项卡的样式。

③ 脚本代码。

使用 JavaScript 修改选项卡和内容的类名来应用不同的样式，实现选项卡和对应内容的显示和隐藏。当把鼠标指针移动到其他选项卡上时，触发 onmouseover 事件。在该事件中，首先将所有的选项卡样式清除并隐藏所有内容，然后设置当前的选项卡样式并显示其内容。

小结

本项目使用事件驱动实现滑块验证码，具体任务分解如图 8-47 所示。

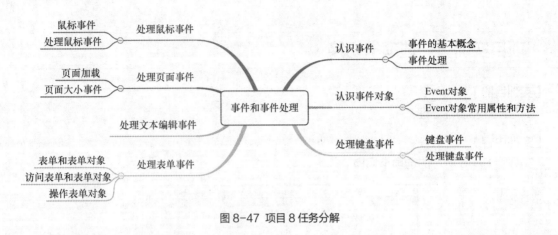

图 8-47 项目 8 任务分解

扩展阅读——事件流

在 JavaScript 中，事件触发会伴随着事件的传输，按照事件传输的方向事件流分为冒泡事件和捕获事件。详细的事件流的概念，读者可参考相关资料进行了解，这里不做详细描述。

习题

一、填空题

1. 键盘事件一般是指用户操作键盘而触发的事件，主要包括_____、_____和_____这 3 种事件。

2. 在键盘事件中，所有按键都对应着 Unicode 值，通过 Event 对象的_____属性可获得键盘上按键的 Unicode 值。

3. 字符键触发的事件依次是_____、_____、_____。

4. 利用____属性返回事件名称。

5. 使用_____属性返回 Alt 键的状态。

二、选择题

1. 在使用事件处理程序对页面进行操作时，通过对象的事件来指定事件处理程序，其指定方式主要有_____。

    A. 直接在 HTML 标签中指定   B. 指定特定对象的特定事件

    C. 在 JavaScript 中说明   D. 以上 3 种方法都具备

2. 下面不是鼠标、键盘事件的是_____。

    A. onclick 事件   B. onmouseover 事件

    C. oncut 事件   D. onkeydown 事件

3. 当前元素失去焦点并且元素的内容发生改变时触发_____。

    A. onfocus 事件   B. onchange 事件   C. onblur 事件   D. onsubmit 事件

4. 对浏览器中被选择的内容进行复制、剪切、粘贴时所触发的事件是_____。

    A. 文本编辑事件   B. 鼠标、键盘事件   C. 滚动字幕事件   D. 表单相关事件

5. onclick 事件属于_____。

    A. 页面事件   B. 鼠标事件   C. 键盘事件   D. 表单事件

6. 以下不是 Event 对象属性的是_____。

    A. x   B. srcElement   C. time   D. keycode

7. 在鼠标事件处理函数中，可以识别鼠标右键被按下的表达式是_____。

    A. event.button==0   B. event.button==1

    C. event.button==2   D. event.button==4

8. 在键盘事件处理函数中，可以识别是否按下组合键 Ctrl+C 的表达式是_____。

    A. "C"&&event.ctrlKey   B. "C"&&event.keyCode

    C. "C"&&event.Key   D. "C"||event.ctrlKey

9. 在鼠标处理事件中，可以获得鼠标指针位置的对象是_____。

    A. Window 对象   B. Document 对象

    C. Event 对象   D. Navigator 对象

10. 在事件绑定中，将处理事件的 JavaScript 函数直接指定为 HTML 元素事件属性值的方式是_____。

    A. 静态绑定   B. 动态绑定   C. 直接绑定   D. 对象绑定

11. 以下对象包含 onsubmit 事件的是_____。

    A. Window   B. Document   C. Form   D. Link

12. 下列对表单对象属性的表述中不正确的是_____。

    A. name：返回表单的名称

    B. action：返回/设定表单的提交地址

    C. target：返回/设定表单提交内容的编码方式

    D. length：返回该表单所含元素的数目

项目9

异步获取用户信息——
AJAX技术

情境导入

张华同学报名参加了"献爱心"志愿者活动，需要先在网站进行注册。他发现自己在网页上填写个人信息时，没有刷新页面就显示"用户名已经存在"这样的提示信息，他想不通为什么会这样。李老师告诉他这是通过 AJAX 实现的，AJAX 可以异步获取 JSON、XML 等数据格式的数据。

李老师建议他通过 AJAX 来获取 XML 文档中的数据，并以表格的形式在前端页面显示，实现图 9-1 所示的结果。

获得用户信息

编号	姓名	性别	年龄	住址	爱好
202101	zhangsan	male	18	Beijing	swimming
202102	lisi	female	20	Beijing	dance
202103	wangwu	male	18	shanghai	sing
202104	zhaoliu	female	19	guangzhou	football

图 9-1 XML 数据显示

为了便于张华同学更系统地学习相关知识，李老师帮助他制订了循序渐进的学习计划，具体如下。

第 1 步：认识 AJAX。

第 2 步：学会使用 AJAX 来处理各种数据。

第 3 步：学会使用 AJAX 与服务器进行数据交互。

项目目标（含素质要点）

■ 掌握 AJAX 的基本概念
■ 掌握 AJAX 的几种基本操作（热爱运动）
■ 掌握使用 AJAX 操作表单的方法

知识储备

任务 9.1 认识 AJAX

AJAX 是杰西·詹姆斯·加勒特（Jesse James Garrett）创造的，是 Asynchronous JavaScript And XML（异步 JavaScript 和 XML）的缩写，由一组相互关联的 Web 开发技术（JavaScript、XML、CSS、DOM）组成，是用来创建交互式网页应用的网页开发技术。它通过在后台与服务器进行少量数据交换，能够使网页实现异步更新。这意味着可以在不重新加载整个网页的情况下，只对网页的部分内容进行更新，更新结果通过状态、通知和回调函数等方式来通知调用者。可以说，AJAX 是"增强的 JavaScript"，而且 JavaScript 提供了很多与 AJAX 技术相关的 API，这样可以方便地实现 AJAX 功能。有很多使用 AJAX 的应用程序案例，如新浪微博、谷歌地图等。

在"Web 1.0 时代"，多数网站都采用传统的开发模式，从 Web 2.0 开始，越来越多的网站采用 AJAX 开发模式。在这种模式下，首先页面中用户的操作将通过 AJAX 引擎与服务器端进行通信，然后将返回结果提交给客户端页面的 AJAX 引擎，最后由 AJAX 引擎将这些数据插入页面的指定位置。

AJAX 是 XMLHttpRequest 对象和 JavaScript、XML、CSS、DOM 等多种技术的组合。其中 XMLHttpRequest 对象是核心技术，是浏览器接口，开发者可以使用它发出 HTTP 和 HTTPS 请求，而且不需要刷新页面就可以修改页面的内容。它可以实现如下功能。

（1）在不重新加载页面的情况下更新网页。

（2）在页面已经加载后可以从服务器接收数据、请求数据。

（3）在后台向服务器发送数据。

9.1.1 XMLHttpRequest 对象

XMLHttpRequest 对象是 AJAX 的核心技术，它是一个具有 API 的 JavaScript 对象，能够使用 HTTP 连接服务器，于 1999 年由微软公司在 IE 5.0 中率先推出。进行操作前，首先需要初始化这个对象，由于它不是一个 W3C 标准，所以对于不同的浏览器，初始化的方法是不同的。通常情况下，初始化 XMLHttpRequest 对象时只需要考虑两种情况，一种是 IE，另一种是非 IE，下面分别介绍。所有现代浏览器（IE 7+、火狐浏览器、Chrome 浏览器、Safari 浏览器以及 Opera 浏览器）都内建了 XMLHttpRequest 对象。

9-1 XMLHttpRequest 对象

1. 创建 XMLHttpRequest 对象

创建 XMLHttpRequest 对象比较简单，在<script> </script>标签中通过 new 关键字就可以创建 XMLHttpRequest 对象。

```
var xhr=new XMLHttpRequest();
```

2. 低版本 IE 的兼容问题

现代浏览器都可以直接通过关键字 new 的方式创建 XMLHttpRequest 对象。但 IE 5.0 以下的浏览器会出现兼容性问题，可以通过下面的方法进行兼容性处理。

```
<script type="text/javascript">
```

```
        var xmlhttp;
    if (window.XMLHttpRequest) {
        xmlhttp = new XMLHttpRequest();
    } else if (window.ActiveXObject) {
        try {
            xmlhttp = new ActiveXObject("Micsoft.XMLHTTP");
        } catch (e) {
            try {
                xmlhttp = new ActiveXObject("Msxml2.XMLHTTP");
            } catch (e) {}
        }
    }
</script>
```

9.1.2 XMLHttpRequest 对象的常用属性

XMLHttpRequest 对象提供了一些常用的属性，通过访问这些属性可以获取服务器的相应状态及响应内容。常用的属性如表 9-1 所示。

表 9-1 XMLHttpRequest 对象常用的属性

属性	具体功能
onreadystatechange	用于指定状态改变时所触发的事件处理
readyState	用于获取请求状态的属性 0 表示未初始化；1 表示正在加载；2 表示已加载；3 表示交互中；4 表示完成
responseText	用户获取服务器相应的属性。当 readyState 的值为 0、1、2 时，responseText 为空字符串；当 readyState 的值为 3 时，responseText 为还未完成的响应信息；当 readyState 的值为 4 时，responseText 为响应信息
responseXML	用于当接收到完整的 HTTP 响应（readyState 的值为 4）时描述 XML 响应。若 readyState 的值不为 4，它取值为 null
status	用于描述 HTTP 状态代码的属性。仅当 readyState 的值为 3 或 4 时，status 属性才可用
statusText	用于描述 HTTP 状态的代码文本。仅当 readyState 的值为 3 或 4 时，statusText 属性才可用

9.1.3 XMLHttpRequest 对象的常用方法

XMLHttpRequest 对象提供了一些常用的方法，通过这些方法可以处理请求。常用的方法如表 9-2 所示。

表 9-2 XMLHttpRequest 对象常用的方法

方法	具体功能
open()	用于设置异步请求的 URL、请求方法以及其他参数信息
send()	用于向服务器发送请求。如果请求声明为异步的，该方法将立即返回，否则将等到接收到响应为止
sendRequestHeader()	用于为请求的 HTTP 头设置值，该方法必须在 open()方法调用之后使用
getRequstHeader()	以字符串的形式返回指定的 HTTP 头信息
getAllRequstHeader()	以字符串的形式返回完整的 HTTP 头信息

9.1.4 AJAX 请求

AJAX 请求过程主要包含如下 4 步。

9-2 AJAX 请求

1. 创建对象

首先需要创建 XMLHttpRequest 对象。该对象的主要作用是在后台与服务器交换数据，这就意味着可以不重新加载整个页面，而实现对网页内容的局部更新。具体创建过程如下。

```
var xhr = new XMLHttpRequest();//创建对象
```

2. 建立连接

通过 XMLHttpRequest 对象的 open()方法来建立连接，语法格式如下。

```
xhr.open(method,url,async);  //发送请求使用open()方法设置请求方式和请求地址
```

其中，method 用于设置请求的方式是 GET 还是 POST，后面具体介绍这两者的区别。url 表示 AJAX 请求的资源地址，这个地址可以是绝对地址也可以是相对地址，在实际应用中，一般都使用相对地址。async 用于设置请求方式是同步还是异步，取值为 true 或 false，取值为 true 时，表示异步请求，脚本执行 send()方法后不等待服务器的执行结果，继续执行脚本代码；取值为 false 时，表示同步请求，脚本执行 send() 后等待服务器的执行结果。具体示例代码如下。

```
xhr.open("GET","example.jsp",true);  //异步请求example.jsp资源
```

3. 发送请求

采用 XMLHttpRequest 对象的 send()方法将请求发送到服务器，过程如下。

```
xhr.send(data);//发送数据
```

在不同的请求方式中，data 的取值是有区别的。在第 2 步中我们讲到 method 用于设置 AJAX 的两种请求方式，主要有 GET 和 POST，这两种请求方式在实际应用中是有区别的。

GET 是 AJAX 请求中最常见的请求，一般用于查询信息。GET 请求没有请求体，如果需要传递参数，可以将参数追加到 URL 的末尾，以"?"来引导，参数的格式为"参数名=参数值"，如果有多个参数值，中间需以"&"号分隔。这里发送的请求参数设置为 null，具体形式如下。

```
xhr.open( "get", "example.jsp?name1=value1&name2=value2",true ); //发送GET请求
xhr.send(null);//发送GET请求，不需要参数
```

POST 请求在 AJAX 请求中的使用频率低于 GET 请求，POST 请求数据作为请求的主体向服务器提交，可以包含许多数据，格式不限。POST 请求发送到服务器的数据是可以保存的。发送 POST 请求必须使用 setRequestHeader()方法，为请求的 HTTP 头设置"Content-Type: application/x-form-www-urlencoded"，接下来使用 send()方法发送请求，需要设置请求参数，如下。

```
xmlhttp.open("POST", "example.jsp", true);//发送POST请求
xmlhttp.setRequestHeader("Content-type", "application/x-www-form-urlencoded");
//对于POST请求需设置请求头
xhr.send(param); //设置参数
```

综上所述，若是 GET 请求，send() 的参数为 null；若是 POST 请求，需要填写发送资源的参数，如下。

```
xhr.send(null)//GET请求方式
xhr.send(param)//POST请求方式，param为请求参数
```

4. 接收数据

当异步 HTTP 请求发送到服务器时，就需要进行响应。使用 xhr 对象的 onreadysta-techange 来监听请求状态的变化，状态的变化主要通过 readyState 和 status 属性来表示，其具体数值如表 9-1 所示。当 readyState 的值为 4 和 status 的值为 200 时，表示请求成功。

每当 readyState 的值发生改变时，就会触发 onreadystatechange 事件。readyState 属性用来表示 XMLHttpRequest 的状态信息，当 readyState 的结果为 4 时代表请求已完成，且响应已就绪，此时若 status 的值为 400，就可以获取响应的数据了。

AJAX 接收的返回数据主要有文本数据、XML 格式数据和 JSON 格式数据。AJAX 使用 XMLHttpRequest 对象的 responseText、responseXML 接收这些数据，代码如下。

```
xhr.onreadystatechange = function(){//等待数据
    if(xhr.readyState == 4 && xhr.status == 200){
        console.log(JSON.parse(xhr.responseText));
    }
}
```

【任务实践 9-1】读取文本文件信息——AJAX 异步获取文件

任务描述：页面上显示"读取个人信息"按钮，当单击此按钮时，获取按钮所指向的文本文件，在不刷新当前页面的情况下显示文件内容。

（1）任务分析

① 单击"读取个人信息"按钮获取文本信息，通过事件驱动方式编程，需要编写事件处理函数。

② 在事件处理函数中通过 AJAX 方式异步获取文件信息。

（2）实现代码

① 在 content 文件夹下创建 1.txt 文件，保存自己的个人信息，如图 9-2 所示。

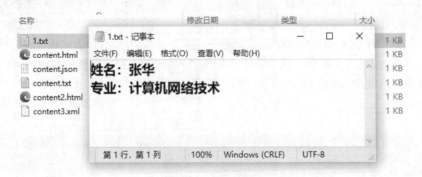

图 9-2 1.txt 文件

② 在任务实践 9-1.html 文件中编写 <body> 部分的代码。

```
<!DOCTYPE html>
<html>
<head>
    <meta charset="UTF-8">
    <title>读取个人信息</title>
</head>
<body>
    <p id="p1"></p>
    <input type="button" value="读取个人信息" onclick="readText()">
</body>
</html>
```

③ 在<head>…</head>标签中创建<script>…<script>，在<script>标签中编写 readText()
函数，创建 XMLHttpRequest 对象，获取 1.txt 文件的内容。

```
<script>
    <script type="text/javascript">
        function readText() {
            var xhr = new XMLHttpRequest();
            xhr.onreadystatechange = function() {
                if (xhr.readyState == 4 && xhr.status == 200) {
                    document.getElementById("p1").innerHTML = xhr.responseText;
                    console.log(xhr.responseText);
                }
            }
            xhr.open("GET", "content/1.txt", true);
            xhr.send(null);
        }
</script>
```

（3）实现效果

在浏览器地址栏输入"localhost/ajax/任务实践 9-1.html"，单击"读取个人信息"按钮，如
图 9-3 所示，获取文本文件内容，并在当前页面上显示，如图 9-4 所示。

图 9-3 读取个人信息

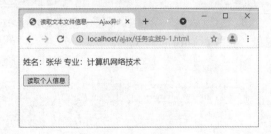

图 9-4 显示结果

任务 9.2 AJAX 处理数据

AJAX 向服务器请求数据，服务器会根据请求，返回不同格式的数据。AJAX 根据返回的数据

9-3 AJAX 处理
文本数据

格式进行数据处理，在浏览器上显示数据内容。

9.2.1 AJAX 处理文本数据

文本数据是由一些普通文本组成的，是 AJAX 接收的服务器传递的最常用的数据。使用 XMLHttpRequest 对象的 responseText 属性来获取服务器的响应信息，信息内容保存在 responseText 属性中。文本数据以字符的形式显示在浏览器上，可以直接以文本形式显示，也可以作为 HTML 内容显示。AJAX 可以直接请求文本文件的内容，也可以请求 HTML 文件的内容，将请求后的数据存储在 responseText 属性中。responseText 中的数据是 HTML 能够识别的格式，直接插入页面中即可。插入 HTML 数据较简单的方法是更新 innerHTML 属性。

【任务实践 9-2】读取"健走的好处"页面——AJAX 异步获取 HTML 文件

任务描述：首页 index.html 有 3 个超链接，当单击某个超链接时，不会跳转到链接的页面，而是将链接的内容直接以文本或者 HTML 形式显示在当前页面。

（1）任务分析

① 单击超链接时，将链接内容以 HTML 形式显示在当前页面上，首先需要获取文本文件的内容。

② 文本文件的内容通过 AJAX 的方式异步获取。

（2）实现代码

① 在 content 文件夹下分别创建 content.txt、content.html、content2.html 文件。

② 在 index.html 文件中编写<body>部分的代码，具体如下。

```html
<body>
    <a href="content/content.txt">健走的好处</a>
    <br><span id="span1"></span>
    <a href="content/content.html">健走的好处</a>
    <br><span id="span2"></span>
    <a href="content/content2.html">健走的好处</a>
    <br><span id="span3"></span>
</body>
```

③ 在<head>…</head>标签中创建<script>…<script>，在<script>标签中创建 XMLHttpRequest 对象，获取 content.txt 文件。

```javascript
<script>
    window.onload = function() {
        document.getElementsByTagName("a")[0].onclick = function() {
            var xhr = new XMLHttpRequest();
            var url = this.href;
            xhr.open("GET", url);
            xhr.send(null);
            xhr.onreadystatechange = function() {
                if (xhr.readyState == 4) {
                    if (xhr.status == 200) {
```

```
                        var result = xhr.responseText;
                        document.getElementById("span1").innerText = result;
                    }
                }
            }
            return false;
        }
    }
</script>
```

④ 获得<span>元素，通过 innerText 属性对结果进行更新。

```
var result=xhr.responseText;
document.getElementById("span1").innerText=result;
```

（3）实现效果

在浏览器上输入 "localhost:8080/ajax/index.html"，单击"健走的好处"超链接，在当前页面上显示文本内容，如图 9-5 所示。

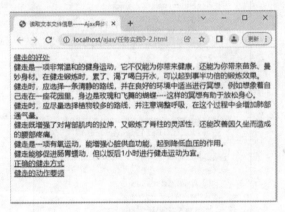

图 9-5 显示结果

获取 HTML 文档内容与获取文本文档内容的方法一样，也是使用 responseText 属性保存返回结果，通过 Document 对象的 innerHTML 属性用返回结果更新<span>内容。

```
var result=xhr.responseText;
document.getElementById("span2").innerHTML=result;
```

9.2.2 AJAX 处理 XML 数据

AJAX 通过 XMLHttpRequest 对象的 responseXML 属性接收和保存服务器发送的 XML 格式的数据。XML 数据是 HTTP 传输的通用数据类型，支持各种传输环境，特别是远程传输。在兼容性和速度上，XML 格式的数据都具有很大的优势。XML 格式数据的缺点是，在解析时比较麻烦。

9-4 AJAX 处理
XML 数据

【任务实践 9-3】读取学生信息——AJAX 异步获取 XML 数据

任务描述：首页 index.html 有 3 个超链接，当单击某个超链接时，不会跳转到链接的页面，而是将链接的内容直接以文本或者 HTML 形式显示在当前页面。

（1）任务分析

① 单击超链接时，将链接内容以 HTML 形式显示在当前页面上，首先需要获取 XML 文件的内容。

② XML 文件的内容通过 AJAX 的方式异步获取。

（2）实现代码

① XML 文件 content3.xml 的内容如图 9-6 所示。

```xml
<?xml version="1.0" encoding="UTF-8"?>
<users>
    <user>
        <id>202101</id>
        <name>zhangsan</name>
        <gender>male</gender>
        <age>18</age>
        <address>Beijing</address>
        <hobby>swimming</hobby>
    </user>
    <user>
        <id>202102</id>
        <name>lisi</name>
        <gender>female</gender>
        <age>20</age>
        <address>Beijing</address>
        <hobby>dance</hobby>
    </user>
    <user>
        <id>202103</id>
        <name>wanwu</name>
        <gender>male</gender>
        <age>18</age>
        <address>shanghai</address>
        <hobby>sing</hobby>
    </user>
    <user>
        <id>202104</id>
        <name>zhaoliu</name>
        <gender>female</gender>
        <age>19</age>
        <address>guangzhou</address>
        <hobby>football</hobby>
    </user>
</users>
```

图 9-6 XML 文件

② 按照【任务实践 9-1】的方式读取 content3.xml 文件的内容。

```javascript
<script type="text/javascript">
    window.onload = function() {
        document.getElementsByTagName("a")[0].onclick = function() {
            var xhr = new XMLHttpRequest();
```

```
            var url = this.href;
            xhr.open("GET", url, true);
            xhr.send(null);
            xhr.onreadystatechange = function() {
                if (xhr.readyState == 4) {
                    if (xhr.status == 200) {
                        var result = xhr.responseXML;
                        console.log(result);
                    }
                }
            }
        return false; //取消<a>标签的默认行为
        }
    }
</script>
```

（3）实现效果

控制台输出结果如图 9-7 所示。

图 9-7 控制台输出结果

9.2.3 AJAX 处理 JSON 数据

JSON 是一种轻量级的数据交互格式，全称为 JavaScript Object Notation，是较常用的一种数据格式。JSON 是基于 ECMAScript 规范的一个子集，采用完全独立于编程语言的文本格式来存储和表示数据。JSON

9-5 AJAX 处理
JSON 数据

虽然基于 ECMAScript 语法，但它可以在各种编程语言中流通，负责不同编程语言的数据传递和交互。JSON 中的所有数据以键值对的形式存在，多个键值对之间用逗号隔开，键值对的键和值之间用冒号连接。可以用花括号或方括号标注，对应 JavaScript 中的 object 和 array。"键"类似属性，"值"可以是 4 种基本数据（字符串、数值、布尔值、空值），也可以是两种结构（数组、对象），具体如图 9-8 所示。

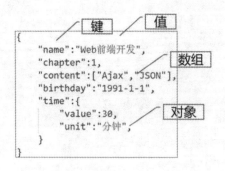

图 9-8 JSON 数据格式

【任务实践 9-4】读取信息——AJAX 异步获取 JSON 文件数据

任务描述：通过 ajaxJson.html 页面超链接，获得给定 JSON 文件数据。

（1）任务分析

① 单击页面超链接时，获取 JSON 文件数据，首先需要获取 JSON 文件的内容。

② JSON 文件的内容通过 AJAX 的方式异步获取。

（2）实现代码

① 在 content 文件夹下创建 content.json 文件，测试内容如下。

```
{"name":"zhanghua","gender":"male","age":26}
```

② 在 ajaxJson.html 中输入测试代码，如下。

```
<body>
    <div>
        <a href="content/content.json">AJAX获得JSON数据</a>
    </div>
</body>
```

③ 在<head>标签内通过 AJAX 获得 content.json 数据。

```
<script>
    window.onload = function() {
        document.getElementsByTagName("a")[0].onclick = function() {
            var xhr = new XMLHttpRequest();
            var url = this.href;
            xhr.open("GET", url, true);
            xhr.send(null);
            xhr.onreadystatechange = function() {
```

```
                            if (xhr.readyState == 4) {
                                if (xhr.status == 200) {
                                    var result = xhr.responseText;
                                    console.log(result);
                                }
                            }
                        }
                        //取消<a>标签默认行为
                return false;
            }
        }
    </script>
```

（3）实现效果

在控制台中输出结果，如图 9-9 所示。

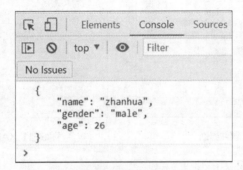

图 9-9 在控制台中输出结果

任务 9.3 AJAX 与服务器数据交互

AJAX 可以与几乎所有的服务器进行数据交互，比如现在市场上主流的 Apache、Tomcat、NGINX、IIS 等几款服务器，AJAX 都可以与它们进行数据交互。为了便于不同学习方向的读者理解，下面基于 PHP 服务器和 Java 服务器分别进行讲解。

9.3.1 与 PHP 服务器交互

PHP 程序设计语言主要应用于 Web 服务端开发、命令行和编写桌面应用程序，是非常流行的一种程序设计语言。PHP 应用开发主要使用 Apache 服务器，AJAX 通过 PHP 可以与 Apache 服务器进行数据交互。

1. PHP 服务器环境搭建

搭建 PHP 服务器环境，需要 Apache 服务器和 PHP 开发模块。Apache 服务器和 PHP 都是开源的，可以直接从其官网上下载。为了方便搭建服务器，网上有多款一键安装 PHP 服务器的软件，里面封装了 Apache、MySQL、PHP 等常用的 PHP 开发组件。下面介绍两款 PHP 服务器环境搭建软件。

（1）XAMPP 服务器环境搭建

① XAMPP 介绍。

XAMPP（Apache+MySQL+PHP+PERL）是一个功能强大的建站集成软件包。XAMPP 可以在 Windows、Linux、Solaris、macOS 等多种操作系统下安装使用，并支持英文、简体中文、繁体中文、韩文、俄文、日文等多种语言。读者可以在网络上搜索这个软件，安装方法非常简单，安装并启动后如图 9-10 所示。

② XAMPP 的使用。

XAMPP 启动后，单击图 9-10 所示的 Moudle 列 Apache 服务器的"Start"按钮。因为默认的端口号是 80，所以在浏览器上直接输入"http://localhost"就可打开服务器首页。出现图 9-11 所示的界面就意味着 XAMPP 服务器启动成功。

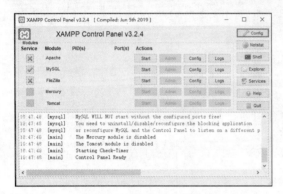

图 9-10 XAMPP 软件界面　　　　　　　　图 9-11 XAMPP 服务器启动成功

（2）PhpStudy 服务器环境搭建

PhpStudy 是另一款非常好用的 PHP 调试环境集成包，包含 Apache 和 PHP 等程序，下面详细介绍用 PhpStudy 搭建 PHP 服务器的方法。

① 下载 PhpStudy。

从 PhpStudy 官网上下载安装软件。图 9-12 所示为 PhpStudy 官网首页。

图 9-12 PhpStudy 官网首页

② 安装 PhpStudy。

下载完成后，按照安装向导进行安装。安装时尽量不要安装在 C 盘上，以防影响系统性能。安装的默认文件夹为 phpstudy_pro，WWW 文件夹为项目存储位置，如图 9-13 所示。

③ 启动 PhpStudy 服务器。

启动 PhpStudy，在弹出的小皮面板上启动 Apache 组件，如图 9-14 所示。

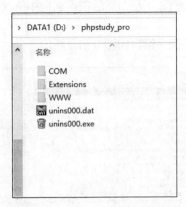

图 9-13 PhpStudy 安装路径

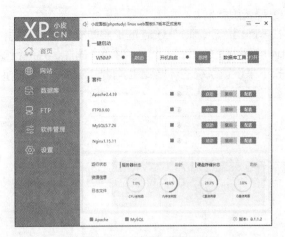

图 9-14 PhpStudy 的启动界面

接下来，在浏览器地址栏输入"http://localhost"，如果出现图 9-15 所示的界面，说明 PhpStudy 服务器启动成功。

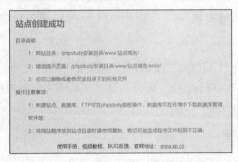

图 9-15 PhpStudy 服务器启动成功

2. Visual Studio Code 集成开发环境搭建

PHP 服务器环境搭建好以后，为了方便开发，在实际开发中往往使用一些集成开发工具，如 PhpStorm、Visual Studio Code 等，这里我们采用 Visual Studio Code 集成开发工具来进行说明。

（1）配置 Visual Studio Code 服务器环境

① 下载并安装 Visual Studio Code。

从 Visual Studio Code 官网下载该软件，下载、安装、启动后的界面如图 9-16 所示。

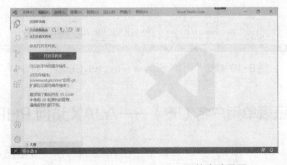

图 9-16 Visual Studio Code 的启动界面

② 配置服务器。

在 Visual Studio code 的扩展中安装相应的插件，如图 9-17 所示，然后在搜索框中依次搜索 php server、Code Runner 这两个插件，并进行安装。

接下来设置系统的环境变量，此时选择 PhpStudy 的安装路径，设置如图 9-18 所示。

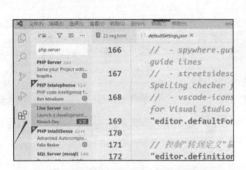

图 9-17 Visual Studio Code 的扩展

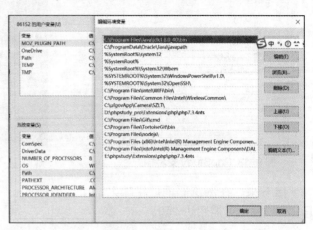

图 9-18 设置环境变量

（2）运行调试程序

在运行程序时，单击"Run Code"按钮，可以直接在界面上看到运行结果。或者在右键快捷菜单中单击"PHP Server: Reload Sever"命令，在浏览器中可查看运行结果，如图 9-19 所示。

```html
<!DOCTYPE html>
<html lang="en">
<head>
    <meta charset="UTF-8">
    <title>验证表单用户名（一）——Ajax访问PHP服务器</title>
    <script>
        window.onload = function() {
            var userName = document.getElementById("userName");
            userName.onblur = function() {
                var userNameValue = userName.value;
                var xhr = new XMLHttpRequest();
                var url = "php/9-5.php";
                xhr.open("post", url, true);
                xhr.setRequestHeader("Content-type", "application/x-www-form-urlencoded");
                var param = "userName=" + userNameValue;
                xhr.send(param);
                xhr.onreadystatechange = function() {
                    if (xhr.readyState == 4) {
                        if (xhr.status == 200) {
                            var result = xhr.responseText;
                            //将字符串转换成JSON对象
                            result = JSON.parse(result);
                            //将获得的值放到对应的span标记中去
                            if (result.status == 1) {
                                document.getElementById("span1").innerText = result.msg;
                            } else {
```

图 9-19 单击"PHP Server: Reload Sever"命令

【任务实践 9-5】验证表单用户名（一）——AJAX 访问 PHP 服务器

任务描述：通过 AJAX 技术访问 9-5.php 文件，验证用户名是否可用，9-5.php 文件为 JSON 数据格式。

（1）任务分析

① 通过 AJAX 技术读取 9-5.php 文件，读取方式与前文介绍的方式相同。

② 要想验证用户名是否可用，需要在 PHP 文件中获取前端 HTML 文件表单中填写的用户名，通过$_POST 方式来获取表单内容。

③ 在 9-5.php 文件中，将获取的在前端输入的用户名和服务器上的用户名进行比较，得到提示信息。

（2）实现代码

① 在项目中创建 php 文件夹，用来存放 PHP 文件，在文件夹中创建 9-5.php 文件，如图 9-20 所示。

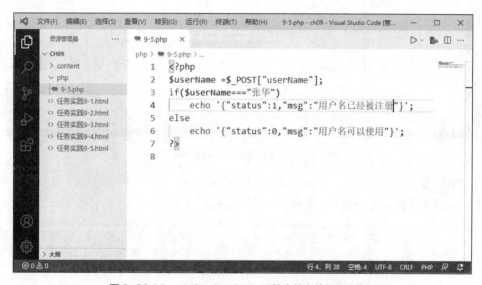

图 9-20 Visual Studio Code 环境中的文件目录及代码

② 在 Visual Studio Code 中编写前端代码，如图 9-21 所示。

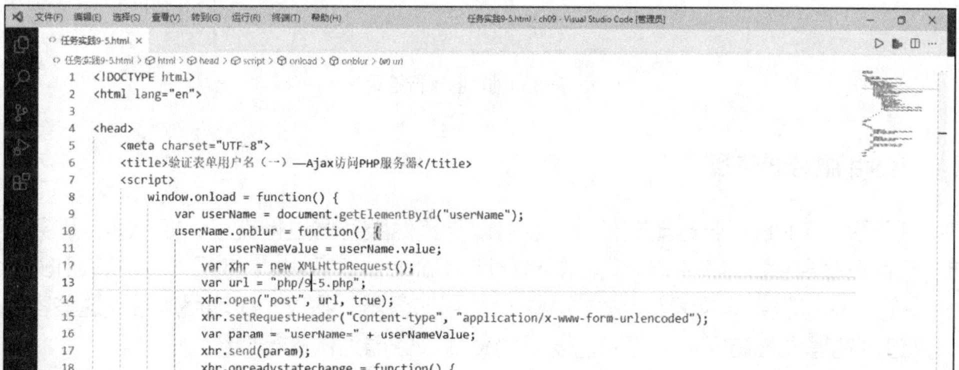

图 9-21 Visual Studio Code 环境中的前端代码

③ 在程序界面单击鼠标右键，在弹出的快捷菜单中单击"PHP Server:Reload server"命令，如图 9-22 所示。

图 9-22 Visual Studio Code 运行程序

（3）实现效果

此时可以在浏览器中看到图 9-23 所示的运行结果。

图 9-23 浏览器运行结果

9.3.2 与 Java 服务器交互

AJAX 除了可与 PHP 服务器交互外，也可以与其他服务器进行交互，如 Java 服务器。支持 Java 的 Web 服务器有多种，比较常用的有 Tomcat、Resin、JBoss、WebSphere 和 WebLogic 等，这些服务器是运行及发布 Web 应用的容器。将 Web 项目放置到这些容器中，用户就可以通过浏览器进行访问。这里我们以 Tomcat 服务器为例进行介绍。

1. Tomcat 服务器环境搭建

Tomcat 是由 Apache 提供的开源服务器。多家公司参与了 Tomcat 的开发，最新的 JSP/Servlet 规范都能在 Tomcat 中有所体现。当前最新版本是 Tomcat 10，本书中使用的是 Tomcat 8。Tomcat 从 Tomcat 7 开始支持 Servlet 3.0 及以上版本，所以 Tomcat 8 完全可以实现我们所需要的功能。

（1）Tomcat 下载

Tomcat 是 Apache 提供的，可以通过 Apache 官网直接下载。

（2）Tomcat 服务器环境搭建

Tomcat 分为两种形式，即安装版和压缩版。安装版要通过安装程序，在本地主机或者服务器上进行安装配置；压缩版也叫绿色版，直接解压缩即可使用，本书推荐使用压缩版。

在安装配置 Tomcat 之前，必须要安装好 Java 开发工具包（Java Development Kit，JDK），并配置好环境变量。如何进行 JDK 的安装配置，本书不再进行叙述，读者可以参考相关资料进行了解。将 Tomcat 压缩版解压，解压的文件夹不要放在包含中文和空格的目录下，方便起见可以直接放在 D 盘或其他盘的根目录下。Tomcat 的目录结构如图 9-24 所示。

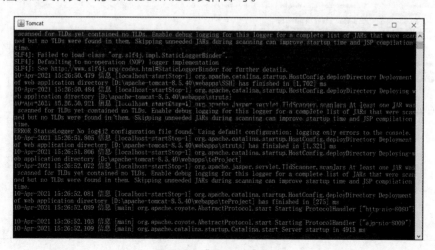

图 9-24 Tomcat 的目录结构

在 Tomcat 的目录结构中，bin、conf、webapps 3 个文件夹是最常用的，分别包含服务器的系统命令、配置文件和项目文件。项目文件都保存在 webapps 下，每个项目都以文件夹的形式体现，一个文件夹代表一个项目。

（3）Tomcat 启动

打开 bin 文件夹，双击 startup.bat 文件，在 "Tomcat" 窗口中出现 "start Server startup in xxxx ms" 提示就表示启动成功，如图 9-25 所示。如果启动时，窗口一闪而过，说明 JDK 环境变量配置有问题，检查一下环境变量并重新进行配置。若想关闭 "Tomcat" 窗口，直接关闭当前窗口或者双击 bin 文件夹下的 shutdown.bat 文件即可。

图 9-25 "Tomcat" 窗口

（4）Tomcat 测试

Tomcat 启动后，在浏览器中输入 "http://localhost:8080/"（8080 为 Tomcat 默认端口），出现 Tomcat 主页面，即表示启动成功，如图 9-26 所示。

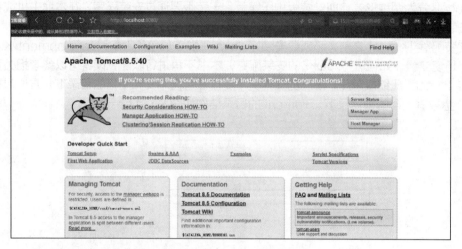

图 9-26 Tomcat 主页面

2. Eclipse 和 IDEA 集成开发环境

（1）Eclipse 集成开发环境

Eclipse 是开源的 Java 集成开发环境，是一个跨平台的集成开发环境（Integrated Development Environment，IDE）。Java Web 开发用的是 Java EE 版的 Eclipse。Eclipse 主要的特点是可以通过插件组件构建开发环境，对众多插件的支持使得 Eclipse 在功能上具有很大的灵活性。

Eclipse 启动后的操作界面如图 9-27 所示。

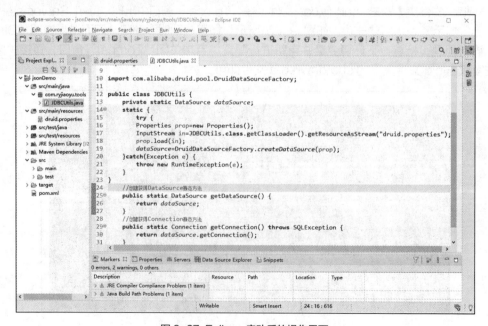

图 9-27 Eclipse 启动后的操作界面

（2）IDEA 集成开发环境

IDEA 的全称是 IntelliJ IDEA，是 JetBrains 公司的产品，是一款功能强大的开发工具，智能化程度较高，在代码自动提示、重构、J2EE 支持、各类版本工具（如 Git、时间机器（Subversion，SVN）、GitHub）、Maven 等方面都有很好的应用。IDEA 有免费的社区版和付费的旗舰版。免费版只支持 Java 等为数不多的语言和基本的 IDE 特性，旗舰版还支持 HTML、CSS、PHP、MySQL、Python 等语言和更多的工具特性。IDEA 采用基于插件的架构，用户可以根据需要下载相应的插件，使 IDEA 具有强大的灵活性和可扩展性。

IDEA 启动后的操作界面如图 9-28 所示。

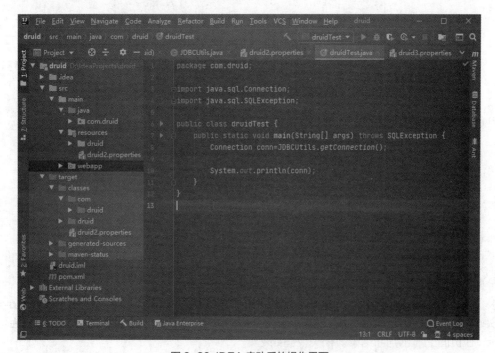

图 9-28 IDEA 启动后的操作界面

【任务实践 9-6】验证表单用户名（二）——AJAX 访问 Java 后台服务器

任务描述：注册表单，当鼠标指针离开文本输入框后，AJAX 通过访问服务器验证当前输入的内容是否合法。

（1）任务分析

① 根据要求，通过访问 Java 服务器来验证当前输入的内容，需要添加 Servlet 依赖来实现。

② 在 regist.html 文件中通过 AJAX 技术访问。

9-6 验证表单用户名（二）——AJAX 访问 Java 后台服务器

（2）实现代码

① 启动 Eclipse，在 Eclipse 上配置 Tomcat 服务器，依次单击"Window"→"Preferences"→"Server"→"Runtime Environments"，在打开的"Preferences"窗口中，单击"Add"按钮，添加本地 Tomcat 服务器，然后单击"Apply and Close"按钮，退出该窗口，如图 9-29 所示。返回主窗口，此时控制台 Servers 标签出现 Tomcat 服务器。

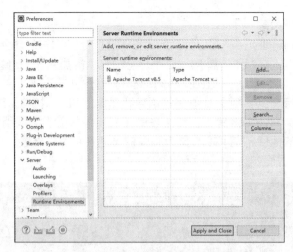

图 9-29 "Preferences" 窗口

② 创建 Maven 项目 AJAX，在 pom.xml 中添加 Servlet 依赖，如图 9-30 所示。

```
<dependencies>
  <dependency>
      <groupId>javax.servlet</groupId>
      <artifactId>javax.servlet-api</artifactId>
      <version>3.0.1</version>
      <scope>provided</scope>
  </dependency>
</dependencies>
```

图 9-30 在 pom.xml 中添加 Servlet 依赖

③ 前端表单页面和【任务实践 9-5】中的相同。

④ 在 regist.html 文档的<head>标签内创建<script>标签，使用 AJAX 技术访问后台 AjaxServlet，并获得 AjaxServlet 数据。根据获得的数据对表单输入的值 userName 是否可用进行判断，在页面上显示判断结果。相关代码如下。

```
<script type="text/javascript">
    window.onload=function(){
    var userName=document.getElementById("userName");
    userName.onblur=function(){
        var userNameValue=userName.value;
        var xhr=new XMLHttpRequest();
        var url="AjaxServlet";
        xhr.open("post",url,true);
        xhr.setRequestHeader("Content-type","application/x-www-form-urlencoded");
        var param="userName="+userNameValue;
        xhr.send(param);
        xhr.onreadystatechange=function(){
            if(xhr.readyState==4){
                if(xhr.status==200){
                    var result=xhr.responseText;
                    //将获得的值放到对应的<span>中去
```

```
                    if(result=="OK"){
                        document.getElementById("span1").innerText="用户名已经存在";
                    }else{
                        document.getElementById("span1").innerText="用户名可以使用";
                    } } } } }}
</script>
```

⑤ 创建 Servlet，向前端输出"OK"或"NO"字符串。

```java
@WebServlet("/AjaxServlet")
public class AjaxServlet extends HttpServlet {
    private static final long serialVersionUID = 1L;
        public AjaxServlet() {
        super();
    }
    protected void doGet(HttpServletRequest request, HttpServletResponse response) throws
ServletException, IOException {
    request.setCharacterEncoding("utf-8");
    response.setContentType("text/html;charset=utf-8");
    String username=request.getParameter("username");
    PrintWriter out=response.getWriter();
    if(username.equals("zhangsan")) {
        out.print("OK");
    }else {
        out.print("NO");
    }
}
    protected void doPost(HttpServletRequest request, HttpServletResponse response) throws
ServletException, IOException {doGet(request, response);}}
```

（3）实现效果

启动 Tomcat 服务器后，在浏览器上输入"http://localhost:8080/ajax/regist.html"，在用户名文本框中输入"zhangsan"或者其他字符，显示效果如图 9-31、图 9-32 所示。

图 9-31 用户名已经存在效果

图 9-32 用户名可以使用效果

项目分析

将 9.2.2 小节的 content3.xml 通过 AJAX 获得，并异步显示到前端页面上。

9-7 项目分析

项目实施

操作步骤（使用 Eclipse 开发工具）如下。

（1）创建 AJAX 项目，在 AJAX 项目的 WebContent 目录下创建 ajaxJson.html 文件，新建 content 文件夹，在文件夹下创建 content3.xml 文件，如图 9-33 所示。

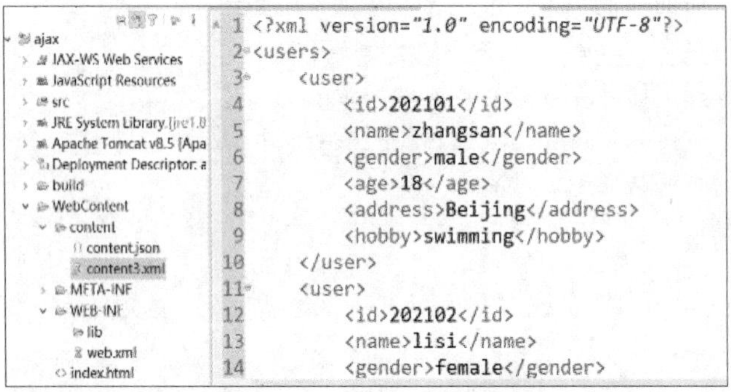

图 9-33 程序框架目录

（2）修改 9.2.2 小节中的页面文件，添加表格，添加<style>样式，将获得的 XML 数据页面显示出来。<style>样式代码如下。

```css
<style>
    div a {
        width: 100%;
    }
    div {
        text-align: center;
        width: 600px;
        height: auto;
        margin: 0 auto;
    }
    div table {
        width: 100%;
    }
    div table tr {
        line-height: 30px;
    }
    div table tr td {
        border-bottom: 1px solid #dedede;
    }
</style>
```

（3）HTML 页面部分代码如下。

```html
<body>
<div>
    <a href="content/content3.xml">获得用户信息</a>
```

```
    <hr>
    <table>
        <tr><td>编号</td><td>姓名</td><td>性别</td><td>年龄</td><td>住址</td><td>爱好</td>
        </tr>
        <tbody id="table">
        <tr><td></td><td></td><td></td><td></td><td></td><td></td>
        </tr>
        </tbody>
    </table>
</div>
</body>
```

（4）将在 9.2.2 小节中获得的 XML 数据添加到 table 中，主要代码如下。

```
<script type="text/javascript">
    window.onload=function(){
        document.getElementsByTagName("a")[0].onclick=function(){
            var xhr=new XMLHttpRequest();
            var url=this.href;
            xhr.open("GET",url,true);
            xhr.send(null);
            xhr.onreadystatechange=function(){
                if(xhr.readyState==4){
                    if(xhr.status==200){
                        var result=xhr.responseXML;
                        var users=result.getElementsByTagName("users")[0].
                        getElementsByTagName("user");
                        var html="";
                        for(var i=0;i<users.length;i++){
                            var user=users[i];
                            var idValue=user.getElementsByTagName("id")[0].
                                textContent;
                            var nameValue=user.getElementsByTagName("name")[0].
                                textContent;
                            var genderValue=user.getElementsByTagName("gender")[0].
                                textContent;
                            var ageValue=user.getElementsByTagName("age")[0].
                                textContent;
                            var addressValue=user.getElementsByTagName("address")[0].
                                textContent;
                            var hobbyValue=user.getElementsByTagName("hobby")[0].
                                textContent;
                            var newhtml="<tr><td>"+idValue+"</td><td>"+nameValue+"</td>
<td>"+genderValue+"</td><td>"+ageValue+"</td><td>"+addressValue+"</td><td>"+hobbyValue+"<
/td></tr>";
```

```
                        html=html+newhtml;
                }
                document.getElementById("table").innerHTML=html;
            }}}
        //取消<a>标签的默认行为
        return false;
    }}
    </script>
```

（5）在浏览器中输入 "http://localhost:8080/ajax/ajaxXML.html"，然后单击 "获得用户信息" 超链接，不刷新页面获得 content3.xml 的数据，如图 9-1 所示。

项目实训——获取宿舍学生信息

【实训目的】
练习 AJAX 技术。

【实训内容】
实现获取宿舍学生信息。

软件技术专业的 2001 宿舍有 6 名学生，请将该宿舍成员信息读取并显示在页面上，如图 9-34 所示。

获得宿舍学生信息

宿舍编号	姓名	性别	年龄	专业
2001	张旭	男	18	软件技术
2001	黄伟宏	男	18	软件技术
2001	王伟	男	19	软件技术
2001	赵小飞	男	18	软件技术
2001	郭凯	男	17	软件技术
2001	谭伦	男	18	软件技术

图 9-34 获取宿舍学生信息

【具体要求】
实现图 9-34 所示的效果，通过单击页面中 "获得宿舍学生信息" 超链接，在页面上显示出宿舍所有学生的宿舍编号、姓名、性别、年龄和专业等基本信息。

① 页面框架。

创建包含宿舍学生基本信息的 XML 文件，可参照本项目中的 content3.xml 文件。

② 开发工具的使用。

开发工具可以选用 Eclipse 或者 IDEA，或者是自己擅长的 IDE 工具。建议使用与本书项目使用的工具不同的开发工具，如 IDEA 工具，来体验不同的开发工具。

③ 脚本代码。

HTML 和 CSS 的代码可参照本项目来写，重点是 JavaScript 代码，使用 AJAX 技术获得 XML 文档内容，并以表格形式显示在页面上。在参照本项目实现效果后加以总结，写出报告以加深理解。

小结

本项目使用 AJAX 实现异步获取用户信息，具体任务分解如图 9-35 所示。

通过本项目的学习，读者应能够掌握 AJAX 执行的步骤，理解程序运行异步刷新的含义，了解请求方式 GET 和 POST 的区别，掌握 AJAX 技术与服务器进行数据的交互，AJAX 处理文本、XML、JSON 等不同数据格式的方法。除此之处，还需要了解简单的 PHP、Java 的知识，体会前后端交互的整个流程。

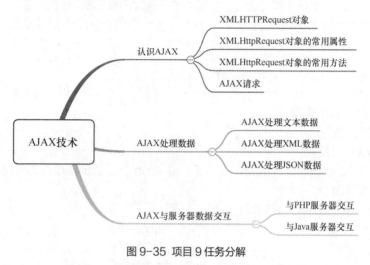

图 9-35 项目 9 任务分解

扩展阅读——jQuery 实现 AJAX

jQuery 是一个快速、简洁的 JavaScript 框架，是继 Prototype 之后又一个优秀的 JavaScript 代码库（框架），于 2006 年 1 月由约翰·莱西格（John Resig）发布。它封装了 JavaScript 常用的功能代码，提供一种简便的 JavaScript 设计模式，可优化 HTML 文档操作、事件处理、动画设计和 AJAX 交互。

jQuery 中已经封装了 AJAX 请求的方法，使用起来非常便捷。

```
$.ajax({
    url:'url'//发送请求的地址
    type:'post',// 类型，post或者get，默认是get
    async:true,
    data:data, //是一个对象，连同请求发送到服务器的数据
    dataType: 'json', //预期服务器返回的数据类型。如果不指定，jQuery将自动根据HTTP包含的MIME信息来智能判断类型。一般我们采用JSON，可以将其设置为"json"
    success:function(data){} //请求成功后的回调函数。传入返回的数据，以及包含成功代码的字符串
})
```

习题

一、填空题

1. 在 AJAX 中，可以使用_____对象与服务器通信。

2. 使用 XMLHttpRequest 对象从服务器接收数据时，首先要指定响应处理函数。指定响应处理函数后，将函数名赋值给 XMLHttpRequest 对象的_____属性即可。

3. 可以调用_____方法从响应信息中获取指定的 HTTP 头。

4. 在发送请求时，HTTP 的_____字段用于设置内容的编码类型。

5. XMLHttpRequest 对象的_____属性用于感知 AJAX 状态的变化。

二、选择题

1. AJAX 技术可以实现客户端的请求操作是_____。
   A. 同步　　　　　　B. 异步　　　　　　C. 同时　　　　　　D. 以上都不是

2. AJAX 的优点具体表现在_____。
   A. 减轻服务器的负担
   B. 无须刷新页面
   C. 调用 XML 数据等外部数据，进一步促进 Web 页面显示和数据的分离
   D. 以上都正确

3. AJAX 技术中，较核心的技术是_____。
   A. XMLHttpRequest　　　　　　　　B. XML
   C. JavaScript　　　　　　　　　　D. DOM

4. 在 IE 中可以创建 XMLHttpRequest 对象的方法是_____。
   A. xmlhttp=new ActiveXObject("Microsoft.XMLHTTP")
   B. xmlhttp=new XMLHttpRequest()
   C. A 和 B 都可以
   D. A 和 B 都不可以

5. 在 XMLHttpRequest 对象发送 HTTP 请求之前，用来初始化 HTTP 请求的方法是_____。
   A. req()　　　　　　B. open()　　　　　　C. post()　　　　　　D. http()

6. XMLHttpRequest 对象的 ReadyState 属性可以表示请求的状态，表示请求已经发送的是_____。
   A. 1　　　　　　B. 2　　　　　　C. 3　　　　　　D. 4

项目10
综合项目——学生成绩查询

10

情境导入

期末考试结束，李老师正忙着开发学院的学生成绩管理系统，希望张华能够参与进来。系统要求在单击"学生考试成绩"超链接后，在不刷新页面的情况下，触发后台 MySQL 数据库查询操作，并将查询出来的结果在前端页面以列表的形式显示出来，效果如图 10-1 所示。

学生考试成绩							
学号	姓名	年龄	JavaScript	Html5	Java	MySQL	JavaEE
1001	张小菲	18	91	76	80	78	85
1002	张娟	18	80	85	81	78	84
1003	李光	18	80	66	87	88	78
1004	李小龙	19	83	65	92	68	85
1005	赵元思	20	80	85	81	78	84
1006	叶灵	18	80	76	81	77	88
1007	李小爽	21	79	75	89	88	85
1008	卢凯	20	79	76	91	88	85
1009	张家振	18	88	67	93	78	85

图 10-1 显示学生成绩

张华明白"纸上得来终觉浅，绝知此事要躬行"的道理。本项目需要综合运用前面所学知识，查询后台数据库中学生成绩管理系统的学生成绩，并通过 AJAX 在前端以列表的形式将读取的学生成绩数据显示出来。于是他制订了详细的实施计划。

第 1 步：实现前端页面效果。

第 2 步：分析前后端交互的逻辑，通过 AJAX 技术将获得的数据信息在不刷新页面的情况下以列表的形式渲染。

第 3 步：后台主要通过 Java 的 Maven 项目来读取数据库数据，并将数据以 JSON 格式通过 Servlet 容器传递到前端

项目目标（含素质要点）

■ 掌握通过 Java 读取后台数据库数据的方法，并能将数据封装到项目的 Servlet 容器中（勤奋好学）

■ 掌握通过 AJAX 技术获得并处理后台 Servlet 容器数据的方法

■ 掌握通过 HTML+JavaScript+AJAX 技术在前端以列表显示获得的数据信息的方法

项目分析

10-1 项目分析

　　根据项目要求，本项目主要分为前端和后台两部分交互操作。前端主要通过 AJAX 技术将获得的数据信息在不刷新页面的情况下以列表的形式显示出来，这一过程需要用 HTML 表格来控制页面的基本布局，通过 AJAX 技术来处理数据，并动态地将数据显示在表格中。后台主要通过 Java 的 Maven 项目来读取数据库数据，并将数据以 JSON 格式通过 Servlet 容器传递到前端。

　　按照以上的项目分析，项目实现需要如下技术支撑。

（1）Java 1.8 或者更高稳定版本。

（2）Tomcat 8.0 以上版本。

（3）Maven 3.x 以上版本。

（4）MySQL 数据库。

（5）AJAX 技术。

（6）IDEA 开发环境。

（7）BeanUtils、DBUtils、Druid 等各种支持 JAR 包或依赖的技术。

项目实施

10-2 项目实施

　　本项目的后台数据使用 IDEA+Maven 项目的方式来处理。IDEA 和 Maven 的相关知识，读者可以参考相关资料进行了解，本书不多做介绍。

　　具体操作步骤如下。

（1）创建 MySQL 数据库 mydb，在 mydb 数据库内创建数据表 stuscore 用来保存学生的基本成绩，插入学生记录，如图 10-2 所示。

id	name	age	JavaScript	Html5	Java	MySQL	JavaEE
1001	张小菲	18	85	80	91	76	78
1002	张娟	18	84	80	81	85	78
1003	李光	18	78	80	87	66	88
1004	李小龙	19	85	83	92	65	68
1005	赵元思	20	87	80	89	78	78
1006	叶灵	18	88	80	81	76	77
1007	李小爽	21	85	79	89	75	88
1008	卢凯	20	85	79	91	76	88
1009	张家振	18	85	88	93	67	78

图 10-2　数据表中的学生成绩记录

　　（2）打开 IDEA 集成开发工具，新建一个 Maven 项目，项目名称为 ajax。在打开的"New Project"对话框中左侧的"New Project"栏中选择"Maven"命令，在右侧的"Project SDK"下拉列表中选择自己本地主机上安装的 Java 版本，为了方便，我们选择 IDEA 提供的 Maven Web 模板"org.apache.maven.archetypes: maven-archetype-webapp"选项，如图 10-3 所示。

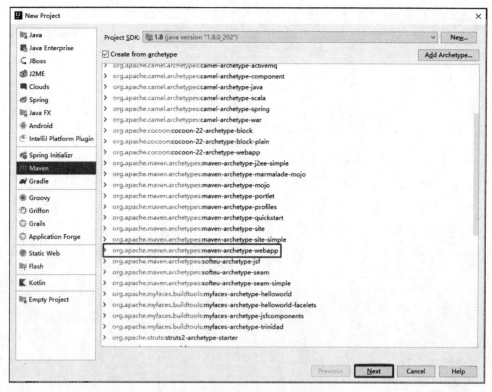

图 10-3 在 IDEA 中选择模板

（3）单击"Next"按钮，在弹出的"New Project"对话框中的"GroupId"和"ArtifactId"文本框中分别填写"com.ryjiaoyu"和"ajax"，如图 10-4 所示。

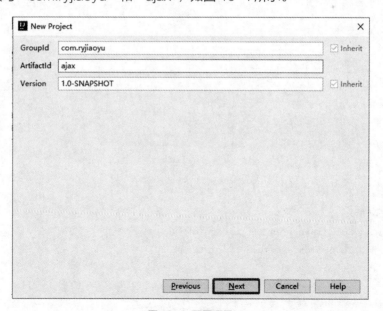

图 10-4 配置项目

（4）单击"Next"按钮，等项目下载完所有依赖后，项目就创建好了，如图 10-5 所示。

图 10-5 程序框架结构

（5）在 pom.xml 文件中添加相关依赖，因为用到了 Tomcat 容器、Druid 数据库连接池、DBUtils 和 JSON 等，所以需要提供 Servlet、Druid、DBUtils、JSON 等依赖，具体内容如下。

```xml
<dependencies>
  <dependency>
    <groupId>junit</groupId>
    <artifactId>junit</artifactId>
    <version>4.11</version>
    <scope>test</scope>
  </dependency>
  <dependency>
    <groupId>javax.servlet</groupId>
    <artifactId>javax.servlet-api</artifactId>
    <version>3.1.0</version>
    <scope>provided</scope>
  </dependency>
  <dependency>
    <groupId>com.alibaba</groupId>
    <artifactId>druid</artifactId>
    <version>1.0.9</version>
  </dependency>
  <dependency>
    <groupId>mysql</groupId>
    <artifactId>mysql-connector-java</artifactId>
    <version>5.1.32</version>
  </dependency>
  <dependency>
    <groupId>commons-beanutils</groupId>
    <artifactId>commons-beanutils</artifactId>
    <version>1.9.3</version>
  </dependency>
  <dependency>
    <groupId>org.json</groupId>
    <artifactId>json</artifactId>
    <version>20200518</version>
```

```
    </dependency>
    <dependency>
      <groupId>net.sf.ezmorph</groupId>
      <artifactId>ezmorph</artifactId>
      <version>1.0.6</version>
    </dependency>
    <dependency>
      <groupId>net.sf.json-lib</groupId>
      <artifactId>json-lib</artifactId>
      <version>2.4</version>
    </dependency>
    <dependency>
      <groupId>commons-logging</groupId>
      <artifactId>commons-logging</artifactId>
      <version>1.2</version>
    </dependency>
    <dependency>
      <groupId>commons-lang</groupId>
      <artifactId>commons-lang</artifactId>
      <version>2.5</version>
    </dependency>
    <dependency>
      <groupId>commons-collections</groupId>
      <artifactId>commons-collections</artifactId>
      <version>3.2.2</version>
    </dependency>
    <dependency>
      <groupId>commons-dbutils</groupId>
      <artifactId>commons-dbutils</artifactId>
      <version>1.6</version>
    </dependency>
    <dependency>
      <groupId>com.fasterxml.jackson.core</groupId>
      <artifactId>jackson-core</artifactId>
      <version>2.12.3</version>
    </dependency>
    <dependency>
      <groupId>com.fasterxml.jackson.core</groupId>
      <artifactId>jackson-databind</artifactId>
      <version>2.12.3</version>
    </dependency>
    <dependency>
      <groupId>com.fasterxml.jackson.core</groupId>
      <artifactId>jackson-annotations</artifactId>
      <version>2.12.3</version>
```

```
</dependency>
    </dependencies>
```

（6）在 resources 文件夹下创建数据库连接池配置文件，通过配置文件可以与本地数据库建立连接，配置内容如图 10-6 所示。

（7）为了提高项目的可读性和可维护性，我们创建一个 MVC 框架，具体框架如图 10-7 所示。

图 10-6 druid.properties 数据库连接池配置文件

图 10-7 程序框架

10-3 搭建项目框架

在图 10-7 所示的框架中，5 个包分别代表不同的层，每层实现不同的模块功能。

com.ryjiaoyu.dao：dao 层，是数据库处理层，数据表的增、删、改、查等功能都在这一层实现。

com.ryjiaoyu.entity：实体层，主要包含各种实体类、JavaBean 等。

com.ryjiaoyu.service：业务逻辑层，所有业务逻辑处理功能都在这一层实现。

com.ryjiaoyu.servlet：Servlet 层，主要包含各种 Servlet 容器，来处理不同的请求和不同的响应。

com.ryjiaoyu.tools：工具层，主要包含各种通用工具类。

（8）在工具层创建通用数据库连接工具类 JDBCUtils。在连接数据库时，我们用的是 Druid 数据库连接池来连接数据库 mydb，首先通过 Properties 类加载 druid.properties 配置文件以获得连接。具体代码如下。

在实体层中创建与数据表 stucore 的字段相对应的 JavaBean 类 Stu，如下。

```java
public class Stu {
    private String id;
    private String name;
    private int age;
    private String JavaScript;
    private String Html5;
    private String Java;
    private String MySQL;
```

```
        private String JavaEE;

        public String getId() {
            return id;
        }
        public void setId(String id) {
            this.id = id;
        }
        public String getName() {
            return name;
        }
        public void setName(String name) {
            this.name = name;
        }
        public int getAge() {
            return age;
        }
    ...
}
```

（9）在 dao 层中创建 StuDao 类，并创建 Druid 数据库连接池连接工具类，创建用于查询的 findAll()方法，代码如图 10-8、图 10-9 所示。

```
public class JDBCUtils {
  private static DataSource dataSource;
  static {
    try {
    Properties prop=new Properties();
    InputStream
in=JDBCUtils.class.getClassLoader().getResourceAsStream("druid.properties");
    prop.load(in);
    dataSource=DruidDataSourceFactory.createDataSource(prop);
    }catch(Exception e) {
      throw new RuntimeException(e);
    }
  }
  //创建获得DataSource的静态方法
  public static DataSource getDataSource() {
    return dataSource;
  }
  //创建获得Connection的静态方法
  public static Connection getConnection() throws SQLException {
    return dataSource.getConnection();
  }
}
```

图 10-8 创建 Druid 数据库连接池连接工具类

```
public class StuDao {
    private DataSource ds= JDBCUtils.getDataSource();
    private QueryRunner qr=new QueryRunner(ds);
    public List<Stu> findAll() throws SQLException {
        //准备sql语句
        String sql="select * from stucore";
        //调用query方法查询所有
        List<Stu> stus=qr.query(sql,new BeanListHandler<Stu>(Stu.class));
        return stus;
    }
}
```

图 10-9 在 dao 层创建 StuDao 类

（10）在 com.ryjiaoyu.servlet 层中创建 AjaxServlet，获得前端 AJAX 发送的请求，并将 dao 层查询结果通过 JackSon 的 writeValueAsString()方法转换成 JSON 字符串发送到前端 AJAX，如图 10-10 所示。

```java
@WebServlet("/AjaxServlet")
public class AjaxServlet extends HttpServlet {
    protected void doPost(HttpServletRequest request, HttpServletResponse response)
throws ServletException, IOException {
        this.doGet(request,response);
    }
    protected void doGet(HttpServletRequest request, HttpServletResponse response)
throws ServletException, IOException {
        request.setCharacterEncoding("utf-8");
        response.setContentType("text/html;charset=utf-8");
        PrintWriter out=response.getWriter();
        StuService service=new StuServiceImpl();
        try {
            List<Stu> stus=service.findAll();
            ObjectMapper mapper=new ObjectMapper();
            out.print(mapper.writeValueAsString(stus))
        }catch (Exception e){
            throw new RuntimeException(e);
        }
    }
}
```

图 10-10 在 com.ryjiaoyu.servlet 层中创建 AjaxServlet

（11）在文件目录 src/main/webapps 下创建 ryjiaoyu.html 文件，创建查询表格。<style>代码如下。

```css
<style>
    div a {
        width: 100%;
    }
    div {
        text-align: center;
        width: 600px;
        height: auto;
        margin: 0 auto;
    }
    div table {
        width: 100%;
    }
    div table tr {
        line-height: 30px;
    }
    div table tr td {
        border-bottom: 1px solid #dedede;
    }
</style>
```

表格代码如下。

```html
<body>
<div>
<a href="AjaxServlet">学生考试成绩</a>
<hr>
<table id="table">
    <tr>
        <td>学号</td>
        <td>姓名</td>
        <td>年龄</td>
        <td>JavaScript</td>
        <td>Html5</td>
        <td>Java</td>
        <td>JavaEE</td>
    </tr>
    <tr>
        <td></td>
        <td></td>
        <td></td>
        <td></td>
        <td></td>
        <td></td>
        <td></td>
    </tr>
</table>
</div>
</body>
```

（12）在 ryjiaoyu.html 的<head>标签内添加<script>标签，实现 AJAX 无须刷新获得后台数据，并以表格形式显示出来，代码如图 10-11 所示。

```javascript
<script type="text/javascript">
    window.onload = function () {
        document.getElementsByTagName("a")[0].onclick = function () {
            var xhr = new XMLHttpRequest();
            var url = this.href;
            xhr.open("GET", url, true);
            xhr.send(null);
            xhr.onreadystatechange = function () {
                if (xhr.readyState == 4) {
                    if (xhr.status == 200) {
                        var result = xhr.responseText;
                        result=JSON.parse(result);
                        var str = "";
                        for (var i = 0; i < result.length; i++) {
                            str = "<tr>";//重新装载每一行
                            for (var key in result[i]) {      //遍历key=属性名
                                str = str + "<td>" + result[i][key] + "</td>";
                            }
                            str += "</tr>";
                            document.getElementById("table").innerHTML+=str;//把遍历到的每一行 加入
                        }
                    }
                }
            }
            //取消a标签的默认行为
            return false;
        }
    }
</script>
```

图 10-11 实现 AJAX 无须刷新获得后台数据

（13）启动 Tomcat 服务器，在浏览器地址栏中输入"localhost:8080/ryjiaoyu.html"，在出现的页面中单击"学生考试成绩"超链接，将获得的学生成绩信息显示在浏览器上，如图 10-1 所示。

小结

本项目是当前流行的前后端数据交互的一个典型案例，在前端单击一个查询超链接，通过 AJAX 技术与后台服务器进行交互。AJAX 技术可以与 Apache、Tomcat 等多种服务器进行交互，读取服务器数据的方式也有多种，这里使用了流行的 IDEA 集合开发环境、Java、Tomcat、Maven 项目的方式来完成对后台数据的读取，并将数据转换为 JSON 数据传递到前端进行数据处理。读者如果对后台数据读取方式不熟悉，可以直接将本书提供的源代码复制到项目中，着重理解 AJAX 处理后台服务器、完成前后端数据交互的方法。